U0192782

哈特曼波前探测技术及其应用

Hartmann Wavefront Detection Technology and Its Application

马晓煊 耿 超 周绍林 李 枫 李成平 编著

科学出版社

北 京

内 容 简 介

哈特曼波前传感器作为一种精密的波前探测器件，近年来发展非常迅速，其应用范围已经从原先的天文自适应光学系统的组成部分扩展到眼科科学、镜面检测、图像重构等领域。哈特曼波前传感器的探测精度无论是对自适应光学系统波前校正能力还是对光学检测等领域都有着至关重要的作用。本书在哈特曼波前传感器已有的理论和工程经验的基础上，重点叙述哈特曼波前传感器的工作原理、误差组成及误差控制等内容，并对基于扩展目标和光场相机的哈特曼波前传感器进行了详细讲解，最后讨论了哈特曼波前传感器的开发实例，以及在自适应光学、人眼像差、镜片面形检测和非制冷光光学红外成像系统中的应用。

本书可供从事哈特曼波前探测技术、自适应光学技术的研究和应用的科技工作者，以及其他有兴趣了解或者有志从事该技术的大学生及研究生学习参考。

图书在版编目（CIP）数据

哈特曼波前探测技术及其应用 / 马晓燠等编著. —北京：科学出版社，2022.12

ISBN 978-7-03-074101-1

Ⅰ. ①哈⋯ Ⅱ. ①马⋯ Ⅲ. ①光敏传感器–研究 Ⅳ. ①TP212.1

中国版本图书馆 CIP 数据核字（2022）第 233706 号

责任编辑：刘凤娟 杨 探 / 责任校对：彭珍珍
责任印制：吴兆东 / 封面设计：无极书装

科 学 出 版 社 出版
北京东黄城根北街 16 号
邮政编码：100717
http://www.sciencep.com

北京中石油彩色印刷有限责任公司 印刷
科学出版社发行 各地新华书店经销
*
2022 年 12 月第 一 版 开本：720×1000 1/16
2022 年 12 月第一次印刷 印张：16 1/4
字数：315 000

定价：129.00 元
（如有印装质量问题，我社负责调换）

前　言

　　光，作为一种很重要也很常见的自然现象，人类对它并不陌生。人类感官收到外界的总信息量中，至少有 90%是通过眼睛接收到物体发射、反射或散射的光，从而获得客观世界中各种景象。所以，作为物理学的一个重要分支，光学对指导人类生产、生活具有极重要的意义。早在中国战国时代，墨子就记载了通过小孔成像来分析光源形状的方法；而在四百多年前，伽利略将自己手工制作的望远镜指向太空并发现了木星；这些都可以看作光学的起源。

　　在认识到光的本质之后，光学不断涌现出新的学科和分支，光学检测就是其中之一。早期的光学检测可以推溯到对光学系统的像差评价和对光本质的研究中去。作为光学检测领域的一个重要部分，基于波前探测技术的光学检测逐渐成为现代光学中的一个重要方向。19 世纪 60 年代激光的发明，为波前探测技术提供了很好的相干光源，而电子技术和计算机技术的飞速发展，又促使光、机、电多种学科的新技术能够综合应用于波前探测，大大扩展了波前探测技术的实现手段和应用范围。目前，作为一种非接触性测量手段，波前探测技术被广泛应用在物理实验、光学元件和系统检测、光束诊断、自适应光学系统等领域。

　　波前校正技术作为一种基础技术，目前已经广泛应用在高分辨力成像、激光光束质量校正和生物医学等多个领域，并且光波实现高精度的校正是各国积累国防和科技优势的必由之路。由于波前探测是波前校正的基础，所以如何实现高精度、高灵敏度和高速度的波前探测，是该领域的核心问题。目前常用的为基于波前分割和光斑位移量测量的哈特曼波前传感器（由于夏克在哈特曼波前传感器中做出突出贡献，又称夏克-哈特曼波前传感器）。解决哈特曼波前高精度检测的难题，有利于推动我国国防、科技和生物医疗等弱领域的发展，所以对哈特曼波前探测技术的理论知识进行分析和总结是非常必要的。

　　本书系统地介绍哈特曼波前传感器的组成、工作原理、波前复原方法等基本知识，并详细讨论哈特曼的波前标定方法与质心计算方法，同时对其标定误差和质心探测误差进行详细的总结与分析；然后分别对基于扩展目标的相关哈特曼波前传感器、基于光场相机的波前传感器以及基于光纤激光相控阵的哈特曼探测方法知识进行总结；最后讨论哈特曼波前传感器在自适应光学、人眼像差、镜片面形检测和非制冷光力学红外成像系统中的应用及其开发实例。从哈特曼波前传感器的结构组成、方法分析、性能评估、误差分析以及应用等方面进行全面梳理，为想了解哈特曼波前探测技术的读者提供一条途径。

　　本书参考了近年来哈特曼波前传感器的最新研究成果，部分内容来自国内与国外的论文和期刊。在此向多年来所有从事哈特曼波前探测技术的研究人员表示感谢。特别感谢参与本书编写的多位科技工作者：感谢杨奇龙对本书第 8 章自适应光学部分内容的撰写，以及提供第 9 章中开发实例的相应设计材料与技术支持；感谢丁培娇在本书出版过程中进行大量沟通协调工作，并对本书提出宝贵的修改建议；感谢周万丽对本书进度的跟进和对本书结构与内容的审核；感谢涂鸿等对本书的校对与部分内容的修改；感谢贾天豪、游双慧、唐彪在本书组稿过程中提供的技术支持；感谢万峰编辑在本书出版过程中的帮助和支持。

作　者

2022 年 10 月 31 日

目　　录

第1章 绪 论

1.1 波前像差理论

光学系统的像差以几何光学和波动光学为基础进行描述。几何像差以光线经过光学系统的实际光路相对于理想光路的偏差来描述，从而评价成像系统像质的优劣。但光线本身是抽象的近似概念，像质评价的问题常需要基于光的波动本质才能解决，几何光学的光线相当于波动光学中波阵面（波前）的法线。

对于实际的光学系统，由于像差的存在，经光学系统形成的波面已不是理想波面，这种实际波面与理想波面的偏差称为波前像差。波前像差通常由实际波面到像方参考点的光程减去理想波面到同一参考点的光程来度量。

1.1.1 初级像差理论

实际光学系统不可能对物体理想成像，光学系统的成像缺陷用像差来衡量。几何像差法和波像差法均可用于衡量光学系统内的成像缺陷，两者之间也存在一定的映射关系。其中几何像差法具有简单、直观的优点，但仅由几何光线的密集程度来评价像质的优劣，有时与实际情况并不符合。像质评价和像差容限问题常须基于光的波动本质才能解决[1]。

1.1.1.1 几何像差法

几何像差法以高斯光学为基础，以光学系统出射光线相对高斯像的偏离来衡量光学系统的成像缺陷。单色波成像时，根据像差对像面缺陷的影响方式不同，分为五种单色像差：球差、彗差、像散、场曲和畸变，初级单色像差可以用 Seidel 系数来表示。复色波成像时还有位置色差和倍率色差。光学系统中同时存在各种像差，它们共同影响光学系统的成像性能。

计算光学系统的初级像差，需要对第一近轴光线和第二近轴光线进行追迹，然后逐面计算像差分布系数。为了通过近轴光线的光路计算来校正像差，需要把初级像差表示成结构参数的函数，根据初级像差和结构参数之间的关系建立一系列像差方程式，然后求解这些像差方程式，得到满足像差要求的初始结构参数。

有的像差只和透镜的光焦度、透镜间隔、光线入射高度等外部参数有关，有的像差还和透镜的曲率半径、材料的折射率等内部参数有关。光学系统初级像差的计算如公式（1.1）～（1.5）所示。

$$\text{球差：}\quad \delta L_0' = -\frac{1}{2n'u'^2}\sum S_{\text{I}}, \quad S_{\text{I}} = luni(i-i')(i'-u) \tag{1.1}$$

$$\text{弧矢彗差：}\quad K_{S0} = -\frac{1}{2n'u'^2}\sum S_{\text{II}}, \quad S_{\text{II}} = S_{\text{I}}\frac{i_p}{i} \tag{1.2}$$

$$\text{像散：}\quad x_{\text{sp}}' = -\frac{1}{2n'u'^2}\sum S_{\text{III}}, \quad S_{\text{III}} = S_{\text{II}}\frac{i_p}{i} \tag{1.3}$$

$$\text{像面弯曲：}\quad x_p' = -\frac{1}{2n'u'^2}\sum S_{\text{IV}}, \quad S_{\text{IV}} = J^2\frac{n'-n}{n'nr} \tag{1.4}$$

$$\text{畸变：}\quad \delta y_p' = -\frac{1}{2n'u'^2}\sum S_{\text{V}}, \quad S_{\text{V}} = (S_{\text{III}}+S_{\text{IV}})\frac{i_p}{i} \tag{1.5}$$

其中，$\delta L_0'$ 表示初级球差，K_{S0} 表示初级弧矢彗差，x_{sp}' 表示初级像散，x_p' 表示初级像面弯曲，$\delta y_p'$ 表示初级畸变，n 是物空间折射率，n' 是透镜的折射率，u 是物方倾斜角，u' 是像方倾斜角，S_{I} 表示初级球差分布系数，S_{II} 表示初级弧矢彗差分布系数，S_{III} 表示初级像散分布系数，S_{IV} 表示初级像面弯曲分布系数，S_{V} 表示初级畸变分布系数，l 是物方截距，i 是入射光线与法线的夹角，i' 是折射光线与法线的夹角，r 是折射面的曲率半径，J 是拉赫不变量。

以透镜的球差为例，图 1.1 是球差示意图，边缘光线和光轴交于点 A'，近轴光线和光轴交于点 A_0，O 是折射球面的顶点，C 是折射球面的曲率中心，h 是光线在折射面上的入射高度，l' 是像方截距。单个折射球面的球差是点 A' 与点 A_0 之间的距离 $\delta L_0'$，单个薄透镜的初级球差是前后两个折射球面的球差和：

$$\delta L_0' = -\frac{1}{2n'u'^2}\left[l_1 u_1 n_1 i_1 (i_1-i_1')(i_1'-u_1) + l_2 u_2 n_2 i_2 (i_2-i_2')(i_2'-u_2)\right] \tag{1.6}$$

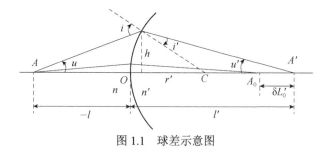

图 1.1   球差示意图

根据几何光学知识可得

$$h = lu \tag{1.7}$$

$$ni = n\left(\frac{h}{r} - u\right) = hn\left(\frac{1}{r} - \frac{1}{l}\right) = hQ \qquad (1.8)$$

$$(i - i')(i' - u) = h^2 Q \Delta \frac{1}{nl} \qquad (1.9)$$

其中，Q 是近轴光纤的阿贝不变量。

由此，单个薄透镜初级球差系数 S_{I} 可以表示为

$$S_{\mathrm{I}} = h^4 Q^2 \Delta \frac{1}{nl} \qquad (1.10)$$

所以单个薄透镜初级球差可以表示为

$$\delta L_0' = -\frac{1}{2n'u'^2} h^4 Q^2 \Delta \frac{1}{nl} \qquad (1.11)$$

根据初级球差要求，可以由公式（1.11）求解单透镜的初始结构参数，由于没有考虑高级像差的影响，且把透镜当作薄透镜，所以只能获得近似解，这个解的近似程度和系统孔径有关。

1.1.1.2　波像差法

波像差法以波动光学为基础，以像空间的实际成像波面相对于理想球面波的偏离来衡量光学系统的成像缺陷。如图 1.2 所示，通常在光学系统出瞳处研究波像差。W_{sp} 表示理想的球面波，W_{ab} 表示实际发生畸变的波面。波像差 $W(x, y)$ 定义为实际波面与理想波面沿着半径 R 方向的光程差（optical path difference，OPD），在直角坐标系中表示为

$$W(x, y) = W_{\mathrm{ab}}(x, y) - W_{\mathrm{sp}}(x, y) \qquad (1.12)$$

其中，x 为出瞳平面的横坐标，y 为出瞳平面的纵坐标。

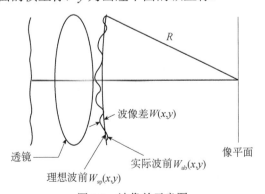

图 1.2　波像差示意图

波像差通常用两种多项式来描述。一种是光学设计者常用的 Seidel 多项式，另一种是光学测试者常用的 Zernike 多项式。Zernike 系数和 Seidel 系数之间存在

联系，可相互推导。

1）Seidel 多项式

考虑五种单色波像差，用 Seidel 多项式表示的波像差公式[2]如下所示：

$$W(\rho,\theta) = \sum_{i,j,k} W_{ijk} \overline{H}^i \rho^j \cos^k \theta \tag{1.13}$$

如图 1.3 所示，ρ 是出瞳处经过归一化的径向坐标，θ 是出瞳处径向坐标按照逆时针方向和 y 轴的夹角，$\overline{H}$ 是像平面的归一化像高，W_{ijk} 是波像差系数。出瞳处的径向坐标除以出瞳半径就可得到归一化径向坐标，像平面上某一像点的物理像高除以像的最大半径就可得到归一化像高。

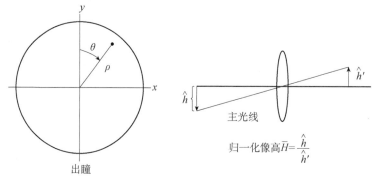

图 1.3   Seidel 波像差的坐标系

当 $i+j=4$ 时，W_{ijk} 对应五种 Seidel 波像差系数，即球差系数 W_{040}、彗差系数 W_{131}、像散系数 W_{222}、场曲系数 W_{220} 和畸变系数 W_{311}，同时 W_{020} 表示离焦系数。

$$W = W_{020}\rho^2 + W_{040}\rho^4 + W_{131}\overline{H}\rho^3 \cos\theta$$
$$+ W_{222}\overline{H}^2\rho^2 \cos^2\theta + W_{220}\overline{H}^2\rho^2 + W_{311}\overline{H}^3\rho\cos\theta \tag{1.14}$$

对于薄透镜而言，两个表面的入射光线高度和出射光线高度是一样的，所以薄透镜球差系数 W_{040}[3]可以表示为

$$W_{040} = \left(\frac{1}{32}\right)h^4\varphi^3\sigma_{\mathrm{I}} = \frac{\sigma_{\mathrm{I}}}{512}\frac{D}{(F^{\#})^3} \tag{1.15}$$

其中，φ 表示光焦度；h 表示入射光线和出射光线的高度；D 表示入瞳直径；$F^{\#}$ 表示光学系统的 F 数；σ_{I} 表示透镜结构系数，$\sigma_{\mathrm{I}} = aX^2 - bXY + cY^2 + d$。在结构系数的表达式中，$a$、$b$、$c$ 和 d 是只与折射率有关的常值，X 是和薄透镜两个表面曲率有关的量，Y 是和系统放大率有关的量。如果保持 F 数不变，将透镜的尺寸缩放 M 倍，则结构系数可以看作是不变的常数。

2）Zernike 多项式

光学系统像差、大气湍流像差等静态和动态的波前像差都可以用 Zernike 多

项式来描述。Zernike 多项式是由荷兰科学家 Frederick Zernike 在 20 世纪提出的,之后经过完善用来描述波前像差。Zernike 多项式中每项有明确的像差物理意义,并且在圆域内相互正交。Zernike 多项式的上述特性使其成为目前应用最广泛的光学波前像差的描述方法。该多项式序列在单位圆内完备正交,而极坐标在描述圆域空间时比较方便。以下关于 Zernike 多项式的描述均在极坐标下进行,如果使用前 J 阶 Zernike 多项式描述波前 $W_z(\rho,\theta)$,则其可表述为

$$W_z(\rho,\theta) = \sum_{j=1}^{j} a_j \times Z_j(\rho,\theta) \qquad (1.16)$$

式中,a_j 为第 j 阶 Zernike 多项式 $Z_j(\rho,\theta)$ 的系数。其表示形式为

$$Z_j = \begin{cases} \left. \begin{array}{l} \sqrt{2(n+1)}R_n^m(\rho)\cos(m\theta), \quad j = \text{奇数} \\ \sqrt{2(n+1)}R_n^m(\rho)\sin(m\theta), \quad j = \text{偶数} \end{array} \right\}, \quad m \neq 0 \\ \sqrt{n+1}R_n^m(\rho), \quad m = 0 \end{cases} \qquad (1.17)$$

式中,$0 \leq \rho \leq 1$,$0 \leq \theta \leq 2\pi$;径向频率数 n 和角向频率数 m 应满足 $m \leq n$,且 $m-n$ 为偶数;j 为多项式项数;$R_n^m(\rho)$ 满足

$$R_n^m(\rho) = \sum_{S=0}^{(n-m)/2} \frac{(-1)^S (n-S)!}{S![(n+m)/2 - S]![(n-m)/2 - S]!} \rho^{n-2S} \qquad (1.18)$$

Zernike 多项式的正交性意味着当内积在单位圆上执行时,任何不同阶数 Zernike 多项式之间的内积都为零,本身内积为 1,即

$$\frac{1}{\pi} \int_0^1 \int_0^{2\pi} Z_k(\rho,\theta) Z_l^*(\rho,\theta) \rho \mathrm{d}\rho \mathrm{d}\theta = \begin{cases} 0, & k \neq l \\ 1, & k = l \end{cases} \qquad (1.19)$$

表 1.1 和表 1.2 分别为前 36 项 Zernike 正交多项式的表达式和前 65 阶 Zernike 模式的二维图。

表 1.1　前 36 项 Zernike 正交多项式的表达式

$\frac{m+n}{2}$	m	k	$Z_k(\rho,\theta)$	名称
0	0	1	1	相移
1	1	2	$\rho\cos\theta$	x 轴倾斜
		3	$\rho\sin\theta$	y 轴倾斜
2	0	4	$2\rho^2 - 1$	离焦
	2	5	$\rho^2\cos(2\theta)$	x 轴像散
		6	$\rho^2\sin(2\theta)$	y 轴像散
	1	7	$(3\rho^3 - 2\rho)\cos\theta$	x 轴彗差

续表

$\dfrac{m+n}{2}$	m	k	$Z_k(\rho,\theta)$	名称
2	1	8	$(3\rho^3-2\rho)\sin\theta$	y 轴彗差
	0	9	$6\rho^4-6\rho^2+1$	初级球差
3	3	10	$\rho^3\cos(3\theta)$	x 轴三叶草
		11	$\rho^3\sin(3\theta)$	y 轴三叶草
	2	12	$(4\rho^4-3\rho^2)\cos(2\theta)$	x 轴三级像散
		13	$(4\rho^4-3\rho^2)\sin(2\theta)$	y 轴三级像散
	1	14	$(10\rho^5-12\rho^3+3\rho)\cos\theta$	x 轴二级彗差
		15	$(10\rho^5-12\rho^3+3\rho)\sin\theta$	y 轴二级彗差
	0	16	$20\rho^6-30\rho^4+12\rho^2-1$	二级球差
4	4	17	$\rho^4\cos(4\theta)$	x 轴四叶草
		18	$\rho^4\sin(4\theta)$	y 轴四叶草
	3	19	$(5\rho^5-4\rho^3)\cos(3\theta)$	x 轴二级三叶草
		20	$(5\rho^5-4\rho^3)\sin(3\theta)$	y 轴二级三叶草
	2	21	$(15\rho^6-20\rho^4+6\rho^2)\cos(2\theta)$	x 轴三级像差
		22	$(15\rho^6-20\rho^4+6\rho^2)\sin(2\theta)$	y 轴三级像散
	1	23	$(35\rho^7-60\rho^5+30\rho^3-4\rho)\cos\theta$	x 轴三级彗差
		24	$(35\rho^7-60\rho^5+30\rho^3-4\rho)\sin\theta$	y 轴三级彗差
	0	25	$70\rho^8-140\rho^6-90\rho^4+20\rho^2+1$	三级球差
5	5	26	$\rho^5\cos(5\theta)$	x 轴五叶草
		27	$\rho^5\sin(5\theta)$	y 轴五叶草
	4	28	$(6\rho^6-5\rho^4)\cos(4\theta)$	x 轴二级四叶草
		29	$(6\rho^6-5\rho^4)\sin(4\theta)$	y 轴二级四叶草
	3	30	$(21\rho^7-30\rho^5+10\rho^3)\cos(3\theta)$	x 轴三级三叶草
		31	$(21\rho^7-30\rho^5+10\rho^3)\sin(3\theta)$	y 轴三级三叶草
	2	32	$(56\rho^8-105\rho^6+60\rho^4-10\rho^2)\cos(2\theta)$	x 轴四级像散
		33	$(56\rho^8-105\rho^6+60\rho^4-10\rho^2)\sin(2\theta)$	y 轴四级像散
	1	34	$(126\rho^9-280\rho^7+210\rho^5-60\rho^3+5\rho)\cos\theta$	x 轴四级彗差
		35	$(126\rho^9-280\rho^7+210\rho^5-60\rho^3+5\rho)\sin\theta$	y 轴四级彗差
	0	36	$252\rho^{10}-630\rho^8-560\rho^6-210\rho^4+30\rho^2-1$	四级球差

表 1.2　前 65 阶 Zernike 模式的二维图（彩表见封底二维码）

N \ M	0	1	2	3	4	5	6	7	8	9	10
0	0										
1											
2											
3											
4											
5											
6											
7											
8											
9											
10											

Zernike 模式二维图 (−1 ～ +1)

1.1.2　波前探测的原理

波前可以定义为光波在传播过程中的等相位面，由于光在不同介质中传播的速度不一样，所以波前又可定义为等光程的光线形成的曲面。对于一个在真空中的点光源来说，光线呈放射状沿各个方向传播，在以点光源为中心的任意球面上，各个方向上的光到达时都具有相同的光程，这个球面就是一个波前。由于波前相位直接反映了光传播距离的变化，所以可以利用这一特性来探测某一对象的表面信息[4]。

如图 1.4 所示，当一束垂直入射的平行光经被测面反射后，反射波前的形状与被测面的起伏具有一定的集合关系，如能测量得到反射波前的形状就可以推测出被测面的面形，这就是波前探测技术的理论基础。

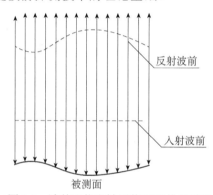

反射波前

入射波前

被测面

图 1.4　波前形状和被测物面形的关系图

1.1.3　波前探测技术分类

目前，比较成熟的波前探测技术分为四种：一是基于干涉原理的波前探测技术；二是基于强度测量反演相位的波前探测技术；三是基于曲率测量的波前探测技术；四是基于斜率测量的波前探测技术。这些技术对应的波前传感器各有特点，下面做一些简单介绍。

1）基于干涉原理的波前探测技术

干涉法是一种直接测量相位值的波前探测方法，它是通过将待测波前与标准波前比较直接获得波前测量数据，典型装置如 Michelson 干涉仪、Mach-Zehnder 干涉仪等[5]。干涉仪具有采样分辨率高、测量精度高等优点，所以已广泛用于光学检测、流场光学层析测量[5-8]等诸多领域。但是干涉法波前测量装置结构复杂，外界振动、温度变化等均会给测量带来较大误差，限制了其在恶劣工程环境中的应用；并且干涉仪依靠干涉图记录波前相位信息，而干涉图的处理和干涉条纹数据提取方法复杂，因此在工程应用中实时性差，不适于变化剧烈的波前测量。

在干涉法波前探测方法中，比较常用的有径向剪切干涉仪和点衍射干涉仪。Hari-Harlan 和 Sen 在 1962 年利用前者成功地检验过显微物镜。Smart 和 Strong 在 1972 年发明的点衍射干涉可以使用白光照明，现在已经成功地用于对天文望远镜的检测领域。

2）基于强度测量反演相位的波前探测技术

从一个或多个强度分布图像重构相位是实时波前传感器的潜在技术，基于强度测量的非干涉式波前探测技术有着非常诱人的前景。典型方法有 GS（Gerchberg-Saxton）算法、Zernike 相衬法和像清晰化测量。1972 年 Gerchberg-Saxton 提出了一种由已知像平面和衍射平面（出射光瞳）的强度分布反演光波相位分布的 GS 算法[9-10]，引起很多学者的兴趣，并对算法的唯一性、收敛性进行了研究[11-15]。Zernike 相衬法[16]是根据阿贝成像理论和 Zernike 相衬法的理论推导的波前探测技术。Zernike 相衬技术，将光场的相位分布转化为强度分布，既不降低实时性，又实现高分辨率测量[17-18]。像清晰化探测技术是一种间接的波前相位畸变探测技术，它不是测量入射光束波前的斜率或曲率，而是测量波前相位扰动对像质的影响，即所谓像清晰度函数。当波前相位误差为零时，像清晰度函数达到极值。

3）基于曲率测量的波前探测技术

1988 年，Roddier 提出了波前曲率探测器[19-20]，它通过测量光波经透镜聚焦的两个等距离焦面上的光强分布，获取波前的曲率和相位分布。从几何光学的观点看，若入射波前无像差，即波前各点曲率为常数，则两个离焦面上的强度分布相同；若入射波前有像差，即波前各点曲率不同，则两个离焦面上的强度分布不再相同，一个离焦面的点强度增加，另一个离焦面对应点的强度就会减弱。由傅里叶（Fourier）光学理论可以导出两个离焦面对应点强度之差与入射波前曲率分布及光瞳边缘波前的法向斜率之间的关系，由此复原待测波前分布。曲率探测器的优点是结构简单、实时性好，对波前空间频率的低频像差测量精度较高，但对于中、高频像差，测量精度较低。目前波前曲率探测器主要用于自适应光学系统中，其最大的优势在于曲率探测器的输出信号可以直接控制双压电变形反射镜或薄膜变形反射镜[21]，无须解耦运算，因此响应速度快，波前曲率探测器也已成功应用于天文望远镜自适应光学系统中，由于其测量精度较低，限制了其在高分辨率自适应系统中的应用[22-27]。

4）基于斜率测量的波前探测技术

基于斜率测量的波前探测技术主要是指哈特曼波前传感器（又称夏克-哈特曼波前传感器），它具有结构简单、使用方便、抗干扰能力强、实时性好等优点；

但它的重构精度低于干涉仪，在 1.2 节将针对哈特曼波前传感器相关知识进行详细介绍，在第 2 章对其工作原理进行分析。

1.2　哈特曼波前探测技术

1.2.1　哈特曼波前传感器结构

哈特曼波前传感器主要是由微透镜阵列（MLA）和光电探测器（CCD）组成，如图 1.5 所示。其中微透镜阵列是由若干个等焦距的小凸透镜排列成的，它们将待探测波面划分为若干个小单元区域，每一个小透镜，被称为子孔径，拥有相同尺寸。与哈特曼波前传感器的每个子孔径对应的是其焦面位置的 CCD 上某一区域的像素阵列，微透镜阵列和 CCD 像面的位置固定。入射波前按照每一个微透镜对应的面积在空间分割成许多子波前，经过微透镜阵列后，在其焦平面上得到光斑点列图像。

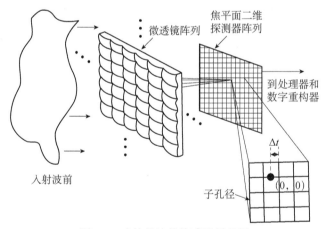

图 1.5　哈特曼波前传感器原理图

单个子孔径上波面的整体倾斜将体现在 CCD 像面上光斑质心的偏移，哈特曼波前传感器正是利用这一偏移探测波前相位的。当入射到微透镜阵列上的是理想平面波时，在 CCD 的感光面上会出现等间隔排列的光斑阵列，而且每个光斑都应该位于各个子像素阵列的中心。但由于元器件的加工误差以及周围环境等因素的影响，所谓"理想平面波"的子光斑中心一般不会严格位于子像素阵列的中心。当畸变波前入射到微透镜阵列上时，子像素阵列上的光斑质心将偏离标准中心，测出每个子波前所成像斑的质心坐标与平面参考波前质心坐标之差，根据简单的几何关系就可以求出子孔径范围内子波前的平均斜率，继而求得全孔径波前的相位分布。

单个子孔径局部波前斜率探测原理，如图 1.6 所示。

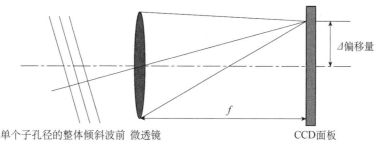

单个子孔径的整体倾斜波前　微透镜　　　　　　　　　　CCD面板

图 1.6　单个子孔径局部波前斜率探测原理

质心计算公式如（1.20）～（1.21）所示：

$$x_c = \frac{\sum x_i I_i}{\sum I_i} = \frac{\lambda f}{2\pi S} \iint \frac{\partial \phi(x,y)}{\partial y} \mathrm{d}x\mathrm{d}y = \frac{\lambda f}{2\pi} G_x \tag{1.20}$$

$$y_c = \frac{\sum y_i I_i}{\sum I_i} = \frac{\lambda f}{2\pi S} \iint \frac{\partial \phi(x,y)}{\partial y} \mathrm{d}x\mathrm{d}y = \frac{\lambda f}{2\pi} G_y \tag{1.21}$$

式中，f 为微透镜焦距；λ 为光束的波长；S 为子孔径的面积；x_c 和 y_c 分别为光斑质心的横、纵坐标位置；G_x 和 G_y 为子孔径波前的平均斜率。哈特曼波前传感器对输入波前的探测精度主要取决于光斑质心的计算精度。

1.2.1.1　微透镜阵列

哈特曼波前传感器中的另一个核心部件是微透镜阵列。制作微透镜阵列的方法较多，早期一般采用拼接方法，即将小透镜磨成方形或者六边形后拼接排列组成透镜阵列，或者将两块柱面镜阵列条板正交叠置组成透镜阵列，采用这种方法制作的各小透镜的一致性较差，各子透镜的偏心差也较大。现在通常采用微光学的方法制作透镜阵列，技术比较成熟。

当微透镜阵列数足够多时，单个微透镜上的入射光束可以简化为平行光束，设被测波前的复振幅为[28-30]

$$\varphi_s(x,y) = E_0 \exp\left[\mathrm{i} \frac{2\pi}{\lambda} (x\cos\theta_x + y\cos\theta_y + z\cos\theta_z) \right] \tag{1.22}$$

从几何光学的角度来看，光线的传播方向为

$$\left(\frac{\partial \varphi_s}{\partial x}, \frac{\partial \varphi_s}{\partial y}, \frac{\partial \varphi_s}{\partial z} \right) = \frac{2\pi}{\lambda}(\cos\theta_x, \cos\theta_y, \cos\theta_z) \tag{1.23}$$

如图 1.7 所示，由几何知识可知

$$\cos\theta_x = \cos(90^\circ - \theta) = \sin\theta \tag{1.24}$$

由于微透镜阵列数足够多，所以单个子孔径出波面的倾角很小，此时

$$\cos\theta_x = \sin\theta \approx \tan\theta = \frac{\Delta x}{f} \tag{1.25}$$

其中，Δx 为光斑相对于微透镜光轴沿 x 方向的偏移；f 为微透镜的焦距。由于光学系统参数在 x，y 两个方向上对称，所以 y 方向与此相似有

$$\cos\theta_y \approx \frac{\Delta y}{f} \tag{1.26}$$

联合式（1.23）、式（1.25）和式（1.26）可得

$$\begin{cases} \dfrac{\partial\varphi_s}{\partial x} = \dfrac{2\pi}{\lambda} \cdot \dfrac{\Delta x}{f} \\[2mm] \dfrac{\partial\varphi_s}{\partial y} = \dfrac{2\pi}{\lambda} \cdot \dfrac{\Delta y}{f} \end{cases} \tag{1.27}$$

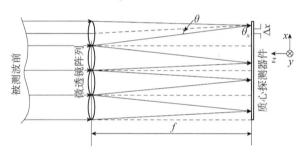

图 1.7　哈特曼波前传感器工作原理几何光学解释

在哈特曼波前传感器的实际使用中，一般分为标定和测量两个过程。在标定过程中，采用一束平行光入射，测出子孔径的光斑质心坐标向量 C_0，作为参考基准；在测量过程中，当被测波前有波前畸变时，子孔径范围波前倾斜将造成光斑的移动，再次测量出子孔径光斑质心坐标向量 C。两次测量的结果相减，就可以得到光斑移动的坐标向量 ΔC

$$\Delta C = C - C_0 \tag{1.28}$$

不同的光阑排布方式，其工作原理也不尽相同，但基本原理均符合哈特曼原理。

1）哈特曼径向光阑排布

哈特曼径向光阑是哈特曼原理形成时所采用的光阑，又称径向光阑，即以圆形遮光板上圆心为基准，以径向方向向外均匀打孔，直至形成一个均匀分布的圆形小孔阵列。遮光板上的小孔沿反射镜圆形孔径的各直径方向分布。此种光阑主要应用于光源与透镜重合且处于凹面镜的近轴曲率中心处的光路，例如传统的望

远镜系统。

该种光阑由于采用圆形径向分布的小孔布局，因而便于采用极坐标系统进行分析和计算。而其缺点在于其径向分布结构决定了离反射镜中心不同远近的小孔，其取样面积相差很大，呈现出一种距离远则取样面积大，距离近则取样面积小的特点，因而该种方法无法真实反映出大部分聚光表面的实际情况，亦检验不出经常存在的非对称加工误差；同时，若径向光阑上的小孔间距不够小，细微的旋转对称误差往往存在于两小孔的间距上，从而造成此种误差无法被检验出来；且其圆形径向结构也会造成在处理数据时若沿圆路径积分，积分误差逐渐增大，从而影响最终的测量精度。

2）螺旋式光阑排布

为克服传统径向光阑的缺点，螺旋式光阑在径向光阑的基础上做出了改进，将每一列沿半径布置的小孔列都与沿相邻半径布置的小孔列在径向错开一定的距离，从而形成了螺旋式光阑。运用该种光阑进行测试时，更加强调用径向积分法和切向积分法进行数据处理。该种光阑能够有效检测到传统径向光阑无法检验的环带误差，但仍然无法避免不同距离的小孔取样面积不一致的缺陷。

3）矩形光阑排布

矩形光阑的光阑阵列是在一个遮光板上，以笛卡儿坐标系为基准，在水平和垂直两个方向上刻画出许多等距离的线条，并在这些线条的交点处加工小孔而成，每个点与其周围的四个点都是等距的。该种光阑具有很多优点，由于矩形阵列光阑的加工难度不高，因而若将之作为固定设备使用，则可简单而精确地控制相邻小孔的距离和整体光阑的各项参数，并把这些参数作为已知且固定的参考量，这样不仅能够从中推导出实际波面的参数，更保证了原始数据的准确性，从而能够达到减少误差的目的。该种检验方法规避了传统径向检验法所带来的圆对称问题，因而减少了估算对称性和检测误差分布的运算，同时也消除了人为产生圆误差的可能。得益于矩形阵列分布结构，该法同时解决了径向光阑采样面积不均的问题，做到了表面均匀取样。根据对曝光时间的调整，矩形光阑检验法能够获得比径向光阑和螺旋状光阑更高的采样频率。

该种方法也有其缺点，其中之一就是受限于加工技术，相邻小孔的间距偏大，依然无法检验出细微的螺旋对称误差和小孔之间存在的微小表面误差，这就需要将矩形光阑检验法与其他能够检测出微小形变的检测方法（例如刀口法和细丝法等）结合；或者采用多次检验的方法，在保持测量环境稳定的前提下，每次将矩形光阑旋转一定角度，通过提高采样的重复率，利用各次测量结果的互补性来达到提高检测精度的目的。

但是这种多次重复测量的方法在提高检测精度的同时，也会带来问题，即采样的次数越多，需要进行的数据分析工作也就越庞杂，这就对数据处理手段提出了更高的要求。高性能计算机的开发和应用解决了运算能力不足的问题，因而计算机科学与光学检验的联系越来越密切。传统哈特曼法光斑直径较大，光斑质心位置的探测精度较低，而且只利用了光阑开孔部分的光线，光能损失较大。夏克于 1971 年对传统的哈特曼法进行了改进，提出采用一片微透镜阵列代替哈特曼光阑对光束进行分割，这样做不仅可以提高光能的利用率，而且可以提高光斑质心的探测精度。改进后的检测方法称为夏克-哈特曼法。

哈特曼波前传感器具有体积小、结构简单、便于操作等优点，因此被广泛应用于各类自适应光学系统中。随着现代计算机的高速发展和 CCD 技术的发展，现代哈特曼波前传感器在动态范围及精度上都得到了极大的提高，其应用范围也在不断地扩大。

1.2.1.2 光电探测器

二维高速高灵敏度低噪声阵列对动态哈特曼波前传感器的探测能力起着关键作用。最早被采用的四象限管阵列因其波前斜率测量灵敏度受光斑形状影响，且光学和结构上的对准较困难，故现在已经很少采用。现在哈特曼波前传感器常使用 CCD 作为光电探测器。

采用 CCD 探测器时,哈特曼波前传感器中子孔径光斑质心的探测误差可简化表述为

$$\sigma_{xc}^2 = \frac{\sigma_A^2}{V} + \frac{\sigma_r^2}{V^2} ML\left(\frac{L^2-1}{12} + x_c^2\right) (像素^2) \tag{1.29}$$

式中，σ_A 是光斑的高斯宽度，σ_r 是 CCD 的读出噪声，V 是探测到的总光子数，x_c 是光斑中心坐标，σ_{xc} 是探测窗口的像素数。式中，第一项是由于光子散粒噪声引起的误差，第二项是由于在窗口范围内 CCD 像素读出噪声引起的误差。显然目标光产生的光电子数越多，CCD 噪声越低，窗口越小，光斑越接近坐标原点，则测量噪声越低，为此必须采用量子效率高读出噪声低的 CCD，并尽量减小窗口尺寸。

光电探测器噪声引起的测量误差的方差与每一子孔径参与测量的像素总数平方成正比。但减少每一子孔径参与测量的像素数受到一些因素的限制：

（1）探测波前斜率的动态范围和精度的限制，哈特曼波前传感器工作时，光斑不能落入相邻子孔径的范围，因而不能有过小的探测区域，在信标的扩展度（如激光导引星的光束质量、近地卫星的扩展度）较大时，更不能有太小的窗口。

（2）减小焦距又受到像素对光斑离散采样造成的质心测量的限制，研究表明，光斑的高斯宽度小于 0.5 像素时，由于离散采样造成的质心测量误差超过 0.02 光斑度，因此光斑的全宽要达到 1.8 像素以上。美国林肯实验室的短波长自适应光学

系统（SWAT）中每个子孔径仅用 4 像素，焦斑尺寸 1.8 像素，最大允许斜率测量范围±1.6 波长，如进一步减少探测器像素到 2×2 像素，就成为典型的四象限探测。这时光斑可以缩小亚像素尺寸，但这时无法用事先标定的方法确定参考波前的零点，而只能以四象限的中心为零点，这就要求微透镜阵列与 CCD 严格对准，因为四象限探测的灵敏度与光斑大小有关，造成整个控制系统增益随目标扩展度的大小而改变。

采样频率与像素数的乘积决定了 CCD 的读出时钟频率，过高的时钟频率将引入很大的读出噪声。抑制这一噪声引起的误差至关重要，在弱光探测时，为增加信噪比，在 CCD 前面加上像增强器将图像增强后再耦合到 CCD（即 ICCD），这时量子效率将取决于像增强器的光阴极。ICCD 的噪声源比较多，例如 CCD 读出噪声、像增强器光阴极暗电子发射引起的雪花现象以及增益起伏等。

哈特曼波前传感器中比较理想的光电探测器是低噪声高量子效率和高级的 CCD 器件。美国林肯实验室为其 SWAT 计划研制了专用的 CCD，采用了背照减薄技术，峰值量子效率达 85%。该 CCD 有 64×64 像素，在 5 兆像素每秒的读出时钟频率下，从两端输出，帧频可达 7000Hz，噪声水平为 25 电子。

1.2.2　哈特曼波前探测技术发展历程

光学精密测量技术在近代科学研究、现代技术、工业生产、国防技术等领域应用非常广泛，它作为计量测量技术领域的主要方法，具有非接触、高灵敏度和高精度三个特点[31]。波前测量技术是光学精密测量技术的重要组成部分，其融合了光学、信息学、微电子学等学科。随着各学科之间相互渗透与促进，为波前测量技术注入了新的活力，其已广泛应用于：高精度光学器件制造中各种光学面形及像差测量；自适应光学系统中的波前检测及校正；生物医学中微观物体的三维成像；微电子技术中超大规模集成电路晶圆表面三维形貌测量；高功率激光参数诊断等领域[32-40]。

不同于光场强度信息，光场波前信息不能利用探测器直接测量，必须将其间接转化为可测量的量，然后再通过重构算法得到波前。目前测量波前的技术手段主要有四类：①通过相移干涉的方法由干涉条纹反演波前，如菲佐干涉仪、泰曼-格林干涉仪等[41]；②通过测量波前斜率重构波前，如剪切干涉测量技术[42-44]、哈特曼波前测量技术[45-47]；③通过测量波前曲率重构波前，如曲率波前测量技术[48]；④通过测量光场强度信息重构波前，如相位恢复技术[49-50]。由于哈特曼波前测量技术相比其他波前测量技术，具有光能利用率高、测量动态范围大、动态测量、测量光路简单且对光源相干性不做要求等优点，故已成为应用比较广泛的一类波前测量技术。

　　为了检测位于德国波茨坦的一个口径为 80cm 的折射式望远镜的光学成像质量（图 1.8），约翰内斯•哈特曼（Johannes Hartmann）（图 1.9）在 1900 年提出了哈特曼检测法（如图 1.10 所示）。在被检测的望远镜镜头前放置一块按照一定规律排列的小孔的光阑，即哈特曼光阑[51]，由望远镜主反射镜反射的光束经过哈特曼光阑成为离散的光线束，然后他将照相板分别插入主反射镜焦点两侧进行曝光，照相板与主反射镜焦点之间的距离大于主反射镜的焦深。曝光的照相板实际记录的是反射镜在焦点两侧位置的光斑点列图，一个照相板上的光斑可以唯一地连接到另一个照相板上的相应的光斑。利用这个信息可以绘制出两个照相板之间的光线束，从而确定不同视场光线穿过光轴的位置。对于无像差光学系统，不同视场光线在光轴上会聚于一点，而对于有像差光学系统，光线在光轴上会聚点的位置会随着视场变化而变化，根据简单的几何关系就可以求得被测的望远镜镜头的面形误差，如图 1.11 所示。利用这种技术，哈特曼成功地实现了对大口径望远镜的几何像差测量。由于测量原理十分简单且有效，因此该技术近 70 年来保持不变。

图 1.8　折射式望远镜

图 1.9　约翰内斯•哈特曼（Johannes Hartmann）

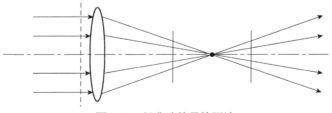

图 1.10　经典哈特曼检测法

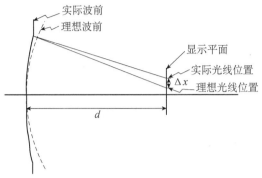

图 1.11 哈特曼检测法波前和光线关系示意图

随着地基望远镜口径不断增大,大气湍流对望远镜的成像质量影响也越来越严重,Meinel 首先提出了利用哈特曼检测法来检测成像时大气湍流对波前的扰动,然后利用得到的扰动信息对成像图片进行事后处理以提高成像质量。夏克在研究中发现,在实际的成像系统中,大部分光能量需要用于成像,而哈特曼测试法只利用了光阑开孔部分的光线,光能损失较大,哈特曼测试法还存在光斑直径较大、光斑中心坐标的测量精度低等缺点。夏克首先提出了在哈特曼光阑的每个开孔部分安装一个透镜,利用透镜的聚焦作用来压缩光斑的尺寸从而提高光斑的光强。夏克的另一个突出贡献是在 1971 年指出哈特曼光阑也是不需要的,如果透镜的边缘相互重叠形成透镜阵列,利用透镜阵列分割整个波面,将光能的利用率提高到了百分之百。早期的透镜阵列由两块柱面透镜阵列条板正交叠置组成(如图 1.12 所示),随着科技的发展,通过微细加工技术加工得到的透镜阵列已经具有微型化和精细化等特点。

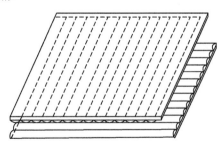

图 1.12 早期利用半圆柱形结构的玻璃板垂直放置形成的透镜阵列

哈特曼波前传感器的质心探测器件也在不断地发展中,最早采用的质心探测器件是四象限探测器;随着半导体工艺的发展,目前多采用 CCD 相机或 CMOS(互补金属氧化物半导体器件)相机作为质心探测器件,但是 CCD 相机具有帧频低、读出噪声大的缺点,而 CMOS 相机的噪声直接就限制了其在弱光波前探测中的应用;随着位置敏感探测器(PSD)的发展,美国林肯实验室和星火实验室采用了一种基于盖革模式下工作的雪崩光电二极管（APD）的 PSD 作为质心探测器件（如图 1.13 所示），有效地降低了噪声和提高了弱光探测能力[52]。

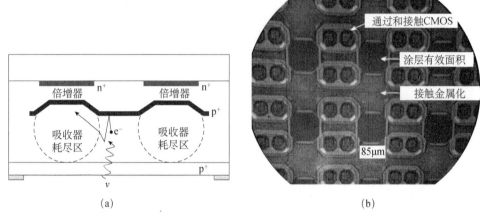

图 1.13   基于 APD 的 PSD 结构图（a）和显微镜下的封装结构图（b）

1.2.3   哈特曼波前传感器的性能指标

评价哈特曼波前传感器的性能指标主要有：绝对测量精度、重复测量精度、动态范围和灵敏度。

1.2.3.1   绝对测量精度

绝对测量精度是指哈特曼波前传感器测量已知波前的能力，定义为一个测量得到的波前和实际输入波前之间的差异。影响绝对精度的因素很多。

首先，从子孔径层面，光斑的定位结果与真实的透镜主光线在 CCD 上聚焦的光斑位置之间是有差别的。一方面，受到噪声的影响，光斑偏移量的测量存在误差，噪声越大，误差也会越大。另一方面，经过探测器像素阵列的采样，光斑图呈现为离散信号，因此带有采样误差。一般来说，光斑覆盖的像素数越多，意味着采样率越高，光斑定位理论上也越准确，但通常光斑范围超过 2×2 像素时，已经满足 Nyquist 采样率，光斑位置就可以准确测量。另外，当光斑具有旋转对称性时，主光线聚焦的位置就是定位算法得到的光斑位置，但若存在其他相差使得光斑失去了对称性，二者就不再一致。

其次，从整个靶面上来看，由于对波前进行采样的透镜数是有限的，因而会引入误差。一般来说，透镜阵列越密集，复原波面的精度也就越高，但在复原波面时，透镜阵列密集到一定程度后，复原精度就不会再随透镜数的增加而有明显提高了[54]。

1.2.3.2 重复测量精度

重复测量精度是指给定一个静态波前时，测量结果的起伏大小。它反映了读出噪声、暗电流、背景光子噪声和信号的强度起伏等随机因素对探测结果的影响程度[55]。

1.2.3.3 动态范围

从入射波前的角度来讲，动态范围是指哈特曼波前传感器可以测量到的最大波前倾斜，这取决于靶面上的透镜总数 N_L 和单个子透镜可以测量的最大角度 θ_{max}

$$\theta_{max} = \frac{d/2 - \rho}{f} \qquad (1.30)$$

其中，ρ 为光斑半径。根据衍射原理，经过透镜聚焦后形成的光斑主瓣宽度约为

$$W_s = 2\rho = 2\frac{\lambda}{d}f \qquad (1.31)$$

其中，λ 为光波波长。因此有

$$\theta_{max} = \left(\frac{d}{2f} - \frac{\lambda}{d}\right) = \left(\frac{N_F}{2} - 1\right)\frac{\lambda}{d} \qquad (1.32)$$

其中，

$$N_F = \frac{d^2}{\lambda f} \qquad (1.33)$$

对应到入射波前，单个子透镜可以测量的最大波前为

$$\Phi_{sub\,max} = \theta_{max}d = \left(\frac{N_F}{2} - 1\right)\lambda \qquad (1.34)$$

于是，对于由倾斜造成的波前畸变，整个透镜阵列可以测得的最大波前为 $2L$。

$$\Phi_{max} = \Phi_{sub\,max}N_L \approx \frac{N_L\lambda}{2}N_F = \frac{N_L d^2}{2f} \qquad (1.35)$$

可见，通过采用短焦距的透镜阵列和增加子透镜数目可以增大动态范围，但是短焦距会使得每个透镜所占的像素数目大大减小，从而降低了探测精度。所以，增加动态范围和提高测量精度往往不能兼得，在设计哈特曼波前传感器时，需要根据实际要求对二者进行取舍[56]。

1.2.3.4 灵敏度

灵敏度的定义为哈特曼波前传感器能够探测到的最小波前斜率。当需要探测一个非常小的光斑偏移量并把它换成一个波前变化时，灵敏度显得十分关键。

斜率对应了光斑偏移量和透镜阵列焦距的比值，因此灵敏度就是能探测到的最小的光斑偏移量与焦距的比值。通常用 CCD 的像素尺寸 p 来表示光斑的偏移量。理想无噪声条件下，当光斑的横向尺寸远大于 CCD 的单像素尺寸时，最小可测的光斑偏移量可以达到 CCD 像素尺寸的几分之一、十几分之一甚至更小，称为亚像素分辨力。若 k_s 为亚像素分辨力系数，则能够探测到的最小波前斜率可以表示为[54]

$$\theta_{\min} = k_s \frac{p}{f} \qquad (1.36)$$

1.2.4　哈特曼波前传感器的应用

哈特曼波前传感器在自适应光学、光学加工及装调检测、眼科医疗和激光参数诊断等领域中得到了广泛应用。

在自适应光学方面，波前探测系统是自适应光学系统的重要组成部分，其波前探测精度将直接影响自适应光学系统的工作性能。由于哈特曼波前探测方法具有能量利用率高、响应速度快和动态测量等优点，美国林肯实验室的 SWAT 系统和欧洲南方天文台的 Come-On 系统[57]将哈特曼波前传感器应用于自适应光学系统中，很好地消除了大气扰动对成像的影响。随后哈特曼波前传感器便成为自适应光学系统中采用最多的波前传感器。根据哈特曼波前传感器实时探测到的波前畸变误差信号，由波前控制器产生出控制信号加载到波前校正器上，以产生与波前传感器探测到的波前畸变误差大小相等、符号相反的波前校正量，来实时补偿大气湍流的动态干扰，从而获得接近衍射极限的成像质量。国内中国科学院光电技术研究所姜文汉院士为云南天文台研制的 1.2m 望远镜 61 单元自适应光学系统中采用的也是哈特曼波前传感器进行波前探测[58]。杨文波[59]对基于哈特曼波前传感器的大气湍流参数测量方法进行了研究。

在光学元件加工及检测方面，Neal 等[60-61]将哈特曼波前传感器应用于光学加工及检测中，并利用哈特曼波前传感器对口径 300mm 的大像差光学系统的波像差进行了测量，波前探测动态范围达到了 100λ@632.8nm，波前探测精度优于 $\lambda/20$@632.8nm。Lee 等[62]提出了基于哈特曼波前传感器测量高数值孔径物镜透射波前的方法，如图 1.14 所示，激光光源耦合入单模光纤输出，经过整形镜入射到半径纳米量级的微圆孔上，产生标准的衍射球面波前，其经过被测高数值孔径物镜，出射波前由瑞利镜头成像至哈特曼波前传感器的微透镜阵列面上，最后通过波前重构方法得到高数值孔径物镜的透射波前。美国 Brookhaven 国家实验室和法国 Imagine Optic 公司联合研制的基于哈特曼波前探测拼接技术的光学元件表面面形检测系统，探测精度达到 50μrad[63]。俄罗斯学者 Nikitin 等[64]采用哈特曼波前传感器对大口径光学元件的面形进行了检测。

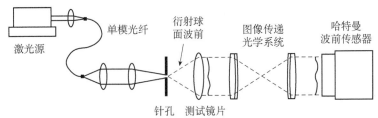

图 1.14 基于哈特曼波前传感器的高数值孔径物镜透射波前探测

国内，中国科学院光电技术研究所的饶学军等[65]将哈特曼波前传感器应用于非球面光学元件加工检测当中。中国科学院长春光学精密机械与物理研究所的张金平等[66]利用哈特曼波前传感器对 350mm 口径旋转对称双曲面反射镜的面形进行了测量，与干涉仪测量结果的偏差峰谷（PV）值和均方根误差（RMSE）值分别为 $0.014\lambda@632.8nm$ 和 $0.001\lambda@632.8nm$，结果表明了哈特曼波前传感器检测大口径非球面反射镜的可行性。魏海松[67]采用基于哈特曼波前传感器的子孔径拼接波前测量技术实现了大口径光学系统的波像差检测。中国科学院西安光学精密机械研究所的段亚轩等[68]提出了基于哈特曼波前传感器的长焦距激光光学系统焦距测量方法，利用此方法对焦距为 7171m 的激光光学系统进行焦距测量，测量扩展不确定度为 13.48mm（$k=2$）。

在眼科医疗方面，Bille 提出了基于哈特曼波前测量原理实现人眼像差测量的概念，随后他的学生 Liang 等将哈特曼波前测量技术应用于人眼像差测量[69-71]。与以往技术完全不同，这项技术测量人眼出瞳面的波前，同时可给出不同瞳孔直径的调制传递函数（MTF），测量光路及研制的仪器实物如图 1.15 所示。氦-氖激光经过中性密度滤光片、空间滤波器和透镜 L_1 准直为平行光，经过分光镜反射，且聚焦到人眼视网膜上，然后被视网膜反射后，经过人眼瞳孔、分光镜及透镜 L_2 和 L_3 组成的 f_4 系统入射到哈特曼波前传感器的微透镜阵列上，人眼瞳孔跟微透镜阵列要保持共轭关系。这种技术能够高精度测量人眼的初级像差和不规则的高级像差。国内，中国科学院光电技术研究所的凌宁、张雨东、饶学军等[72-75]率先展开这方面的研究，并开发了基于哈特曼波前传感器的人眼像差测量仪。中国科学院长春光学精密机械与物理研究所的程少园和夏明亮等[76-77]提出的基于哈特曼波前传感器的人眼波像差测量光学系统，有效准确地测量了人眼在不同瞳孔、不同调焦状态以及不同视场下的高低阶像差。

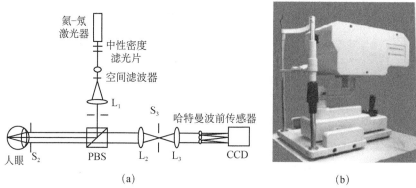

图 1.15　基于哈特曼波前传感器的人眼像差测量光路（a）
和人眼像差探测仪（b）

在激光参数诊断及光束质量评价方面，美国 Lawrence Livernore 国家实验室的国家点火装置（NIF）[78]采用哈特曼波前传感器对 192 束激光近场波前进行了测量，波前传感器有效的微透镜阵列数为 128×128。法国 Image Optic 公司研制出的哈特曼波前传感器除了能够测量激光束波前外，还具有远场点扩散函数（PSF）和光学传递函数（OTF）以及光束质量因子 M^2 的测量功能。国内，中国工程物理研究院激光聚变研究中心[79]也采用哈特曼波前传感器对 64 束激光的近场波前进行了测量。中国科学院光电技术研究所的学者们对哈特曼波前传感器在激光光束质量评价方面做了一些研究工作，李华贵等[80]分析了由哈特曼波前传感器得到的近场相位通过傅里叶变换得到远场的特性，即点扩散函数和光学传递函数。哈特曼波前传感器还可以用于评价衍射极限和环围能量等远场特性[81]。胡诗杰等[82]利用哈特曼波前传感器测量了圆形光束的 M^2 因子。

此外，Mansell 等[83]关于透射式光学热透镜对激光束光束质量的影响进行了理论研究，推导出了热透镜吸收系数、热传导率、热膨胀系数、折射率温度系数及入射激光强度分布对出射光束波前影响的理论模型。在此基础上，Yoshida 等[84]提出了利用哈特曼波前传感器测量弱光学吸收系数的方法，并利用此方法精确测量了吸收系数为 $1×10^{-5} cm^{-1}$ 量级的熔石英材料的吸收系数。王华清等[85]采用哈特曼波前传感器对 TiO_2，SiO_2 单层薄膜的应力进行了测量，测量灵敏度优于 3.3MPa。戴云等[86]结合哈特曼波前探测技术和计算机层析重建技术实现了对温度场的三维重建。

随着空间光学、靶场光学技术的快速发展，光学系统向着高分辨、大视场、宽覆盖的方向发展，要求所采用的非球面元件口径越来越大，对面形精度的要求也越来越高。同时极紫外光刻技术和高能激光装置也需满足高精度的波前探测。这些都对哈特曼波前探测技术提出了新的挑战。如何客观全面地评价哈特曼波前探测精度，如何采用新的光学技术来提高哈特曼波前探测精度，是哈特曼波前探测技术进一步发展的研究重点。

参 考 文 献

[1] Lee J S，Yang H S，Hahn J W. Wavefront error measurement of high-numerical-aperture optics with a Shack-Hartmann sensor and a point source[J]. Applied Optics，2007，46（9）：1411-1415.

[2] Idir M，KaznatcheevV K，Dovillaire G，et al. A 2D high accuracy slope measuring system based on a stitching Shack Hartmann optical head [J]. Optics Express，2014，22：2770-2781.

[3] Nikitin A，Sheldakova J，Kudryashov A，et al. A device based on the Shack-Hartmann wavefront sensor for testing wide aperture optics[C]. International Society for Optics and Photonics，2016.

[4] 李华强. 夏克-哈特曼波前传感器的若干问题分析[D]. 成都：中国科学院光电技术研究所，2008. http://www.irgrid.ac.cn/handle/1471x/738212. [2013-11-19].

[5] 玛拉卡拉 D. 光学车间检验[M]. 白国强，薛君敖，译. 北京：机械工业出版社，1983.

[6] Chen S H，Huang S Y，Shi D F，et al. Orthographic double-beam holographic interferometry for limited-view optical tomography[J]. Applied Optics，1995，34（27）：6282-6286.

[7] Soller C，Enskus R W，Middendorf P，et al. Interferometric tomography for flow visualization of density fields in supersonic jets and convective flow[J]. Applied Optics，1994，33（14）：2921-2932.

[8] Wu D L，He A Z. Measurement of three-dimensional temperature fields with interferometric tomography[J]. Applied Optics，2000，38（16）：3468-3472.

[9] Gerchberg R W，Saxton W O. Phase determination for image diffraction plane pictures in the electron microscope[J]. Optic.，1971，34：275-284.

[10] Gerchberg R W，Saxton W O. A practical algorithm for the determination of phase from image and diffraction plane pictures[J]. Optic.，1972，35：227-246.

[11] Ximen J Y，Yan J W. Numeration examples of retrieving phase from electron microscope image and diffraction intensity[J]. Physics Journal，1983，32（6）：762-769.

[12] Gonsalves R A. Phase retrieval from modulus data[J]. Journal of the Optical Society of America，1976，66（9）：961-964.

[13] 顾本源，杨国桢. 关于光学显微术和电子显微术中的相位恢复问题[J]. 光学学报，1981，1（6）：517-522.

[14] 杨国桢，顾本源. 光学系统中振幅和相位的恢复问题[J]. 物理学报，1981，30（3）：410-413.

[15] Foley J T，Butts R R. Uniqueness of phase retrieval from intensity measurements[J]. Journal of

the Optical Society of America，1981，71（8）：1008-1013.

[16] 波恩 M，沃耳夫 E. 光学原理[M]. 北京：科学出版社，1978.

[17] Freischlad K，Koliopoulos C L. Wavefront reconstruction from noisy slope or difference data using the discrete Fourier transform[J]. SPIE，1985，551：74-80.

[18] Fisher A D，Warde C. Technique for real-time high-resolution adaptice phase compensation[J]. Optics Letters，1983，8（7）：353-355.

[19] 姜文汉. 自适应光学技术[J]. 自然杂志，2006，（1）：7-13.

[20] Roddier F. Curvature sensing and compensation：a new concept in adaptive optics[J]. Apply Optics，1988，27：1223-1225.

[21] Schwartz C，Ribak E，Lipson S G. Bimorph adaptive mirrors and curvature sensing[J]. Journal of the Optical Society of America，1994，11（2）：895-902.

[22] Christ F，Alex K，Curvature S. Adaptive optics and neumann boundary conditions[J]. Applied Optics，2001，40（4）：435-438.

[23] Mark M，David R，Laura N. Analysis of curvature sensing for large aperture adaptive optics systems[J]. Journal of the Optical Society of America A，1996，13（6）：1226-1238.

[24] Forbes F F，Roddier N. Adaptive optics using curvature sensing[J]. SPIE，1991，1542：140-147.

[25] Marcos A，Dam V，Lane R G. Extended analysis of curvature sensing[J]. Journal of the Optical Society of America A，2002，19（7）：1390-1397.

[26] Hickson P. Wave-front curvature sensing from a single defocused image[J]. Journal of the Optical Society of America A，1994，11（5）：1667-1673.

[27] Francois R，Ellerbroek B L，Northcott M J. Comparison of curvature-based and Shack Hartmann-based adaptive optics for the Gemini telescope[J]. Applied Optics，1997，36（13）：2856-2868.

[28] 赵凯华，钟锡华. 光学[M]. 北京：北京大学出版社，1982.

[29] 墨子及墨学弟子. 墨经[M]. 战国时期作品.

[30] 加塔克（印）. 光学[M]. 北京：清华大学出版社，2010.

[31] 吉泽彻（日）. 光学计量手册：原理与应用[M]. 苏俊宏，徐均琪，田爱玲，等译. 北京：国防工业出版社，2015.

[32] Tasman W，Jaeger E A. The optics of wavefront technology[Z]. Duane's Clinical Ophthalmology，Lippincott，Philadelphia，2011.

[33] Daniel M，Manuel S，Zacarias M. Interferogram Analysis for Optical Testing[M]. Boca Raton：The CRC Press，2005.

[34] 周仁忠. 自适应光学[M]. 北京：国防工业出版社，1996.

[35] Maeda N. Clinical applications of wavefront aberrometry-a review[J]. Clinical & Experimental

Ophthalmology，2009，37：118-129.

[36] Bon P，Savatier J，Merlin M，et al. Optical detection and measurement of living cell morphometric features with single-shot quantitative phase microscopy[J]. Journal of Biomedical Optics，2012，17（7）：076004.

[37] Wyant R W，Almeida S P，Oliveiro D D. Surface inspection via Projection interferometry[J]. Applied Optics，1988，27（22）：4626-4630.

[38] Zhou R，Edwards C，Arbabi A，et al. Detecting 20nm wide defects in large area nanopatterns using optical interferometric microscopy [J]. Nano Letters，2013，13（8）：3716-3721.

[39] Kartz M W，Bliss E S，Wonterghem B M V，et al. Wavefront correction for static and dynamic aberrations to within 1 second of the system shot in the NIF Beamlet demonstration facility[J]. Proceedings of SPIE，1997：294-300.

[40] Seppala L G，Williams W H，Wonterghem B M V. Wavefront and divergence of the Beamlet prototype laser[J]. Proceedings of SPIE-The International Society for Optical Engineering，1998，3492：1019-1030.

[41] Malacara D. Optical Shop Testing[M]. New York：John Wiley&Sons，2007.

[42] Bates W J. A wavefront shearing interferometer[J]. Proceedings of the Physical Society，2002，59（59）：940.

[43] Hariharan P. Lateral and radial shearing interferometers：a comparison[J]. Applied Optics，1988，27（17）：3594-3596.

[44] Schwertner M，Booth M J，Wilson T. Wavefront sensing based on rotated lateral shearing interferometry[J]. Optics Communications，2008，281（2）：210-216.

[45] Thibos L N. Principles of Hartmann-Shack aberrometry[J]. Journal of Cataract & Refractive Surgery，2000，16：S563- S565.

[46] Platt B C，Shack R. History and principles of Shack-Hartmann wavefront sensing[J]. Journal of Cataract & Refractive Surgery，2001，17：S573-S577.

[47] Schwiegerling J. History of the Shack Hartmann wavefront sensor and its impact in ophthalmic optics[J]. Proc. SPIE，2014，9186：91860U-1-8.

[48] Roddier F. Curvature sensing and compensation：a new concept in adaptive optics[J]. Applied Optics，1980，27：1223-1225.

[49] Fienup J R. Phase retrieval algorithms：a comparison[J]. Applied Optics，1982，21：2758-2769.

[50] Brady G R，Fienup J R. Measurement of an optical surface using phase retrieval[C]. Optical Fabrication and Testing，Optical Society of America，2006：OFWA5.

[51] Platt B C，Shack R. History and principles of Shack-Hartmann wavefront sensing[J]. Refract. Surg.，2001，（17）：573-577.

[52] Aull B F，Renzi M J，Loomis A H，et al. Geiger-mode quad-cell array for adaptive optics[C]. OSA/QELS，2008.

[53] Curatu C，Curatu G，Rolland J. Fundamental and specific steps in Shack-Hartmann wavefront sensor design[J]. Proceedings of SPIE - The International Society for Optical Engineering，2006：6288：1-9.

[54] Neal D R，Copland J，Neal D A. Shack-Hartmann wavefront sensor precision and accuracy[C]. Advanced Characterization Techniques for Optical，Semiconductor，and Data Storage Components，2002.

[55] Neal D R，Topa D M，Copland J. Effect of lenslet resolution on the accuracy of ocular wavefront measurements[P]. SPIE BiOS，2001.

[56] Kriss M，Parulski K，David L. Critical technologie for still imaging system[J]. Proc. of SPIE，1988，（1082）：157-183.

[57] Beuzit J L，Hubin N N，Gendron E，et al. Performance and results of the COME-ON+ adaptive optics system at the ESO 3.6-m telescope[J]. Proceedings of SPIE-The International Society for Optical Engineering，1994，2201：1088-1098.

[58] Rao C H，Jiang W H，Zhou L，et al. Upgrade on 61-element adaptive optical system for 1.2-m telescope of Yunnan observatory[J]. Chinese Journal of Quantum Electronics，2006，5490（3）：696-703.

[59] 杨文波. 基于哈特曼-夏克传感器的大气湍流参数测量方法研究[D]. 长春：长春理工大学，2010. https://kns.cnki.net/kcms/detail/detail.aspx?dbcode=CMFD&dbname=CMFD2010&filename=2010080182. nh&uniplatform=NZKPT&v=SJ09Lqkkl99A0DeuQpB0aLx3lXI86IaNYauFLZIpeB30axYdx8Ljqivp7w3c3veJ. [2010-03-27].

[60] Neal D R，Armstrong D J. Wavefront sensors for control and processing monitoring in optics manufacture[J]. Proceedings of SPIE—The International Society for Optical Engineering，1997，2993：211-220.

[61] Neal D R，Pulaski P，Wang Q，et al. Testing highly aberrated large optics with a Shack-Hartmann wavefront sensor[J]. Proceedings of SPIE-The International Society for Optical Engineering，2003，5162：129-138.

[62] Lee J S，Yang H S，Hahn J W. Wavefront error measurement of high-numerical-aperture optics with a Shack-Hartmann sensor and a point source[J]. Applied Optics，2007，46（9）：1411-1415.

[63] Idir M，Kaznatcheev K，Dovillaire G，et al. A 2D high accuracy slope measuring system based on a stitching Shack Hartmann optical head [J]. Opt. Express，2014，22：2770-2781.

[64] Nikitin A，Sheldakova J，Kudryashov A，et al. A device based on the Shack-Hartmann wavefront sensor for testing wide aperture optics[C]. SPIE OPTO，International Society for Optics and

Photonics，2016.

[65] 饶学军，凌宁，王成，等. 哈特曼-夏克传感器在非球面加工中的应用[J]. 光学学报，2002，22（4）：491-494.

[66] 张金平，张学军，张忠玉，等. Shack-Hartmann 波前传感器检测大口径圆对称非球面反射镜[J]. 光学精密工程，2012，20（3）：492-497.

[67] 魏海松. 基于扫描哈特曼的大口径空间光学系统检测技术[D]. 长春. 中国科学院长春光学精密机械与物理研究所，2018. https://kns.cnki.net/kcms/detail/detail.aspx?dbcode=CDFD&dbname=CDFDLAST2018&filename=1018189087.nh&uniplatform=NZKPT&v=lxgbGCFuNgTc7l1pWqK-wUyFWPNLzYV1RQ2cytv00C1wo5cO-SJEPPXzKDAHajGH. [2018-06-01].

[68] 段亚轩，陈永权，赵建科，等. 长焦距激光光学系统焦距测试方法[J]. 中国激光，2013，40（4）：187-193.

[69] Liang J. A new method to precisely measure the wave aberrations of the human eye with a Hartmann-Shack-Wavefront-Sensor[D]. Heidelberg：University of Heidelberg，1991.

[70] Liang J，Grimm B，Goelz S，et al. Objective measurement of wave aberrations of the human eye with the use of a Hartmann-Shack wave-front sensor[J]. Journal of the Optical Society of America A，1994，11：1949-1957.

[71] Liang J，Williams D R，Miller D T. Supernormal vision and high-resolution retinal imaging through adaptive optics[J]. J. Opt. Soc. Am. A，1997，14：2884-2892.

[72] Ling N，Rao X J，Yang Z P，et al. Wavefront sensor for measurement of vivid human eye[C]. The 3rd International Workshop on Adaptive Optics for Industry and Medicine，2001：85-90.

[73] Ling N，Zhang Y D，Rao X J，et al. High resolution mosaic of human retina by adaptive optics[J]. Chinese Optics Letters，2005，3：225-226.

[74] 余翔，饶学军，薛丽霞，等. 可诱导人眼自主调节的动态像差测量仪[J]. 光学学报，2007，27（7）：1198-1204.

[75] 张雨东，姜文汉，史国华，等. 自适应光学的眼科学应用[J]. 中国科学，2007，37（增刊）：68-74.

[76] 程少园，曹召良，胡立发，等. 用夏克-哈特曼探测器测量人眼波前像差[J]. 光学精密工程，2010，18（5）：1060-1067.

[77] 夏明亮. 高精度人眼像差哈特曼探测器的研制[D]. 长春：中国科学院长春光学精密机械与物理研究所，2011. https://kns.cnki.net/kcms/detail/detail.aspx?dbcode=CDFD&dbname=CDFD1214&filename = 1012291427.nh&uniplatform=NZKPT&v=oLYgoP4yz8BU3NgdaaMQJ8AIMIxJUGeMtajipjnzLjM_M_6kMiFUboQO7LRCPiIx. [2011-04-01].

[78] Hartley R，Kartz M，Behrendt W，et al. Wavefront correction for static and dynamic aberrations to within 1 second of the system shot on the NIF Beamlet demonstration facility[J]. Proceedings

of the Royal Society of Medicine. Photo-Opt. Instrum. Eng.，1996，3047：294-298.

[79] Peng H S，Zhang X M，Wei X F，et al. Status of the SG-Ⅲ solid state laser project[J]. Proceedings of SPIE，1999，3492：25-33.

[80] Li H G，Jiang W H. Application of H-S wavefront sensor for quality diagnosis of optical system and light beam[C]. ICO-16 Satellite Conference on Active and Adaptive Optics，1994.

[81] 姜文汉，鲜浩，杨泽平，等. 哈特曼波前传感器的应用[J]. 量子电子学报，1998，15（2）：229-235.

[82] 胡诗杰，许冰，侯静.H-S 波前传感器在测量光束质量因 M2 中的应用[J]. 光电工程，2002，29（2）：7-9.

[83] Mansell J D，Hennawi J，Gustafson E K. Evaluating the effect of transmissive optic thermal lensing on laser beam quality with a Shack-Hartmann wave-front sensor[J]. Applied Optics，2001，40（3）：366-374.

[84] Yoshida S，Reitze D H，David B T，et al. Method for measuring small optical absorption coefficients with use of a Shack-Hartmann wave-front detector[J]. Applied Optics，2003，42（24）：4835-4840.

[85] 王华清，薛唯，卢维强，等. 基于哈特曼原理的薄膜应力在线测量系统[J]. 红外与激光工程，2009，38（1）：120-125.

[86] 戴云，张雨东，李恩德，等. 基于哈特曼波前探测层析重建三维温度场[J]. 中国激光，2005，32（10）：1406-1410.

第2章 哈特曼波前传感器原理

2.1 哈特曼波前传感器波前复原方法

2.1.1 模式法波前重构

波前复原算法是哈特曼波前传感器中的一个关键技术问题，在哈特曼波前传感器的发展过程中，人们提出了多种算法，其中 Zernike 模式波前复原算法[1]，因为将波前用一组 Zernike 多项式来描述，而 Zernike 多项式每项都有明确的像差物理意义，并且在单位圆内正交等，所以被广泛采用。

在圆域内，如果设被测波前的平均相位为 0，则可以通过一组 Zernike 多项式来描述：

$$\varphi(x,y) = \sum_{k=1}^{n} a_k Z_k(x,y) \tag{2.1}$$

其中，a_k 为第 k 项 Zernike 多项式的系数；Z_k 为第 k 项 Zernike 多项式，它的表达式为[2]

$$\begin{cases} \left.\begin{array}{l} Z_{\text{envenk}}(r,\theta) = \sqrt{2(n+1)} R_a^b(r) \cos(m \cdot \theta) \\ Z_{\text{oddk}}(r,\theta) = \sqrt{2(n+1)} R_a^b(r) \sin(m \cdot \theta) \end{array}\right\}, \quad b \neq 0 \\ Z_k(r,\theta) = \sqrt{2(n+1)} R_a^0(r), \quad b = 0 \\ R_a^b(r) = \sum_{s=0}^{(b-a)/2} \frac{(-1)^s (a-s)!}{s![(a+h)/2-s]![(a-b)/2-s]!} r^{(a-2s)} \\ b \leqslant a, \quad a-|b| = \text{偶数} \end{cases} \tag{2.2}$$

由于圆域内的整体波前被微透镜阵列分割，因此，如果每个子孔径指定一个编号（如图 2.1 所示），则整个波前斜率就可以联合形成一个斜率向量，斜率向量包含每个子孔径内光斑在 x 和 y 两个方向的斜率数据，即

$$\boldsymbol{G} = \left[G_x(1), G_y(1), G_x(2), G_y(2), \cdots, G_x(m), G_y(m) \right]' \tag{2.3}$$

其中，m 表示有效子孔径的总数。

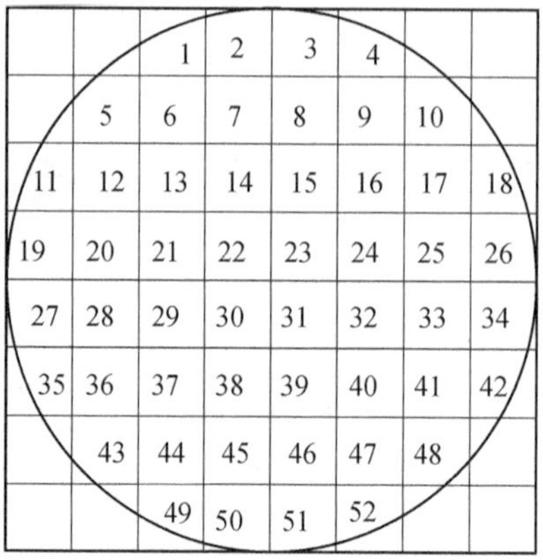

图 2.1 圆域内整体波前被微透镜阵列分割示意图

受 Zernike 多项式在圆域内正交的限制，在第 i 个子孔径内的总体斜率与 Zernike 多项式系数的关系为

$$\begin{cases} \dfrac{\partial \varphi_s}{\partial x} = \sum_{k=1}^{n} a_k Z_{xk} \\ \dfrac{\partial \varphi_s}{\partial y} = \sum_{k=1}^{n} a_k Z_{yk} \end{cases} \tag{2.4}$$

其中，Z_{xk}、Z_{yk} 分别表示第 k 项 Zernike 多项式所代表的像差在该子孔径处 x 方向上和 y 方向上的平均斜率，它们的计算公式分别为

$$\begin{cases} Z_{xk} = \dfrac{\iint\limits_{S} \dfrac{\partial Z_k(x,y)\mathrm{d}x\mathrm{d}y}{\partial x}}{S} \\ Z_{yk} = \dfrac{\iint\limits_{S} \dfrac{\partial Z_k(x,y)\mathrm{d}x\mathrm{d}y}{\partial y}}{S} \end{cases} \tag{2.5}$$

其中，S 为子孔径的归一化面积。

对于特定的哈特曼波前传感器来说，子孔径的个数、Zernike 函数的阶数都是一定的，所以式（2.4）可以写成矩阵形式

$$\begin{bmatrix} G_x(1) \\ G_y(1) \\ G_x(2) \\ G_y(2) \\ \cdots \\ G_x(m) \\ G_y(m) \end{bmatrix} = \begin{bmatrix} Z_{x1}(1) & Z_{x2}(1) & \cdots & Z_{xn}(1) \\ Z_{y1}(1) & Z_{y2}(1) & \cdots & Z_{yn}(1) \\ Z_{x1}(2) & Z_{x2}(2) & \cdots & Z_{xn}(2) \\ Z_{y1}(2) & Z_{y2}(2) & \cdots & Z_{yn}(2) \\ \cdots & \cdots & \cdots & \cdots \\ Z_{x1}(m) & Z_{x2}(m) & \cdots & Z_{xn}(m) \\ Z_{y1}(m) & Z_{y2}(m) & \cdots & Z_{yn}(m) \end{bmatrix} \begin{bmatrix} a_1 \\ a_2 \\ \cdots \\ a_n \end{bmatrix} \tag{2.6}$$

将 Zernike 系数表达为向量形式

$$A = [a_1, a_2, \cdots, a_n]' \tag{2.7}$$

式（2.6）可以简化为

$$G = DA \tag{2.8}$$

其中，D 为复原矩阵。

为了解出所需要的 Zernike 系数向量，需要求 D 的逆矩阵 D^+，求 D^+ 的方法通常有最小二乘法、Gram-Schmidt 正交化法和奇异值分解（SVD）法三种。其中，奇异值分解法是一种数值稳定性较好的算法，不管矩阵条件数如何，用奇异值分解法得到的广义逆矩阵求解方程，在最小二乘最小范数意义下都能得到稳定解，即

$$A = D^+ G \tag{2.9}$$

一般称 D^+ 为重构矩阵。因此，Zernike 模式波前复原算法的复原过程分以下几个关键步骤：

（1）根据式（2.5）和式（2.6）求子孔径的个数、Zernike 函数的阶数一定的哈特曼波前传感器的复原矩阵 D，进而求得重构矩阵 D^+；

（2）利用质心算法得到每个子孔径中光斑在 x、y 方向上的位移量，将位移量转换为斜率后得到斜率向量 G；

（3）利用式（2.9）计算得到第 1 项到第 n 项 Zernike 系数向量 A；

（4）将 Zernike 系数向量代入式（2.1）得到重构波前。

由图 2.2 可以清楚地看到，当被测波前产生一个离焦变化时，测量时光斑的位置（图 2.2（a）白色光斑点）相对于标定时光斑的位置（图 2.2（a）黑色光斑点）会发生漂移；图 2.2（b）则是利用光斑漂移得到的平移量重构后的波前。

2.1.2　区域法波前重构

2.1.2.1　理论模型

根据测量的波前斜率点与重构波前相位点的位置不同，区域法波前重构模型可以分为 Hudgin 模型、Fried 模型和 Southwell 模型[3-5]，如图 2.3 所示。其中，虚线方框表示微透镜阵列子孔径区域，实心圆点表示重构相位点的位置，实线箭头表示测量的波前斜率点的位置和方向。对于不同的波前重构模型，被测波前斜率与重构波前相位之间的关系表达式不同。

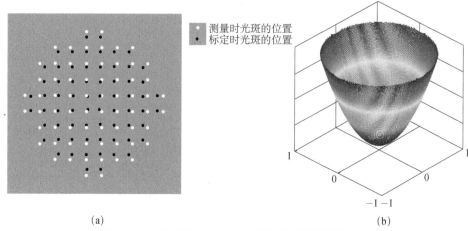

图 2.2　由光斑阵列（a）和复原得到的被测波前（b）
（彩图见封底二维码）

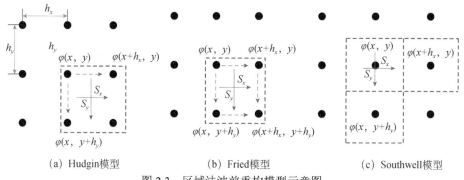

(a) Hudgin模型　　　　　(b) Fried模型　　　　　(c) Southwell模型

图 2.3　区域法波前重构模型示意图

根据 Hudgin 模型，被测 x 方向波前斜率测量点的位置相对重构波前相位点的位置在 x 方向平移了 $h_x/2$，同样，y 方向波前斜率测量点的位置相对重构波前相位点的位置在 y 方向平移了 $h_y/2$，h_x 和 h_y 分别为 x、y 方向采样间隔。这种模型总共有 $2N(N-1)$ 个波前斜率测量点和 N^2 个重构波前相位点。被测波前斜率与重构波前相位的关系可以表示为

$$\begin{cases} S_{i,j}^x = \left(\varphi_{i,j+1} - \varphi_{i,j}\right)/h_x, \ i \in (1, N-1), \ j \in (1, N) \\ S_{i,j}^y = \left(\varphi_{i+1,j} - \varphi_{i,j}\right)/h_y, \ i \in (1, N), \ j \in (1, N-1) \end{cases} \quad (2.10)$$

根据 Fried 模型，被测波前斜率测量点的位置相对重构波前相位点的位置在 x 和 y 方向分别平移了 $h_x/2$ 和 $h_y/2$，即被测波前斜率测量点的位置在相邻两个重构波前相位点的中间。这种模型总共有 $(N-1)^2$ 个波前斜率测量点和 N^2 个重构波前相位点。被测波前斜率与重构波前相位的关系可以表示为

$$\begin{cases} S_{i,j}^{x} = \dfrac{\left(\varphi_{i,j+1} + \varphi_{i+1,j+1}\right) - \left(\varphi_{i,j} + \varphi_{i+1,j}\right)}{2h_{x}} \\[3mm] S_{i,j}^{y} = \dfrac{\left(\varphi_{i+1,j} + \varphi_{i+1,j+1}\right) - \left(\varphi_{i,j} + \varphi_{i,j+1}\right)}{2h_{y}} \end{cases} \tag{2.11}$$

根据 Southwell 模型，被测波前斜率测量点与重构波前相位点位于同一位置，每个重构波前相位点都有 x 和 y 两个方向波前斜率测量值。利用待重构波前相位点所在子孔径内的波前斜率测量值和在 x 和 y 方向上相邻的两个子孔径内的波前斜率测量值，波前重构模型可以表示为

$$\begin{cases} \dfrac{S_{i,j}^{x} + S_{i,j+1}^{x}}{2} = \dfrac{\varphi_{i,j+1} - \varphi_{i,j}}{h_{x}}, & i \in (1,N), \quad j \in (1,N-1) \\[3mm] \dfrac{S_{i,j}^{y} + S_{i+1,j}^{y}}{2} = \dfrac{\varphi_{i+1,j} - \varphi_{i,j}}{h_{y}}, & i \in (1,N-1), \quad j \in (1,N) \end{cases} \tag{2.12}$$

2.1.2.2　求解方法

由于波前斜率数据是离散采样，区域法的三种模型可以用矩阵形式表示为

$$\boldsymbol{S} = \boldsymbol{C\Phi} \tag{2.13}$$

式中，$\boldsymbol{S}$ 是由所有波前斜率测量值构成的列向量，其补零后维数为 $2N^2 \times 1$；$\boldsymbol{C}$ 为维数 $2N^2 \times N^2$ 的系数矩阵；$\boldsymbol{\Phi}$ 为所有待估计波前相位值构成的列向量，其维数为 $N^2 \times 1$。将式（2.13）两边左乘 $\boldsymbol{C}^{\mathrm{T}}$，得到标准方程为

$$\boldsymbol{C}^{\mathrm{T}}\boldsymbol{S} = \boldsymbol{C}^{\mathrm{T}}\boldsymbol{C\Phi} \tag{2.14}$$

将式（2.14）两边左乘 $(\boldsymbol{C}^{\mathrm{T}}\boldsymbol{C})^{-1}$，得到最小二乘意义下的解为

$$\boldsymbol{\Phi} = (\boldsymbol{C}^{\mathrm{T}}\boldsymbol{C})^{-1}\boldsymbol{C}^{\mathrm{T}}\boldsymbol{S} \tag{2.15}$$

当 $\boldsymbol{C}^{\mathrm{T}}\boldsymbol{C}$ 是奇异的，不存在逆矩阵时，无法利用式（2.15）得到待估计的波前相位。一种方法为使用零均值对系数矩阵 $\boldsymbol{C}$ 进行扩展，扩展后的 $\boldsymbol{C}_e^{\mathrm{T}}\boldsymbol{C}_e$ 是非奇异的，可以进行求逆运算。另一种方法为采用奇异值分解（SVD）[6]将系数矩阵 $\boldsymbol{C}$ 分解为

$$\boldsymbol{C} = \boldsymbol{U\Lambda V}^{\mathrm{T}} \tag{2.16}$$

式中，$\boldsymbol{U}$ 和 $\boldsymbol{V}$ 为正交矩阵；$\boldsymbol{\Lambda}$ 为对角矩阵，其对角线上的非零元素为系数矩阵 $\boldsymbol{C}$ 的奇异值。系数矩阵 $\boldsymbol{C}$ 的广义逆矩阵 $\boldsymbol{C}^+$ 为

$$\boldsymbol{C}^+ = \boldsymbol{V\Lambda U}^{\mathrm{T}} \tag{2.17}$$

即线性方程（2.15）的最小二乘最小范数解为

$$\boldsymbol{\Phi} = \boldsymbol{C}^+ \boldsymbol{S} \tag{2.18}$$

区域法的另一种求解方法为迭代法[6]，利用待估计波前相位点四个相邻位置

的波前相位平均值及四个位置上的波前斜率值进行迭代求解。以 Southwell 模型为例，考虑到每个待估计波前相位点的周围并非都有波前斜率测量值，故对式（2.11）进行改进得到

$$g_{i,j}\varphi_{i,j} - \left(\varphi_{i-1,j} + \varphi_{i+1,j} + \varphi_{i,j-1} + \varphi_{i,j+1}\right) = \frac{h_x}{2}\left(S_{i,j-1}^x - S_{i,j+1}^x\right) + \frac{h_y}{2}\left(S_{i-1,j}^y - S_{i+1,j}^y\right)$$

（2.19）

式中，$g_{i,j}$ 满足

$$g_{i,j} = \begin{cases} 2, & i=1 \text{ 或 } N, \quad j=1 \text{ 或 } N \\ 3, & \begin{cases} i=1 \text{ 或 } N, \quad j=2,\cdots,N-1 \\ j=1 \text{ 或 } N, \quad i=2,\cdots,N-1 \end{cases} \\ 4, & \text{其他} \end{cases}$$

（2.20）

其中，$g_{i,j}$ 等于 2、3、4 分别表示待估计波前相位点位于重构区域的四个顶角、四条边及中间位置。

将式（2.19）表示为如下形式：

$$\varphi_{i,j} = \overline{\varphi_{i,j}} + b_{i,j} / g_{i,j}$$

（2.21）

式中，$\overline{\varphi_{i,j}}$ 和 $b_{i,j}$ 分别满足

$$\overline{\varphi_{i,j}} = \varphi_{i-1,j} + \varphi_{i+1,j} + \varphi_{i,j-1} + \varphi_{i,j+1}$$

（2.22）

$$b_{i,j} = \frac{h_x}{2}\left(S_{i,j-1}^x - S_{i,j+1}^x\right) + \frac{h_y}{2}\left(S_{i-1,j}^y - S_{i+1,j}^y\right)$$

（2.23）

公式（2.23）为迭代算法的基础公式，迭代时将初始波前的相位值设为 0。迭代算法主要有 Jacobi 算法和 Gauss-Seidel 算法。Gauss-Seidel 算法[6]相比 Jacobi 算法收敛速度更快，其对迭代公式（2.22）进行了补充，并引入了松弛因子 ω，其数学形式为

$$\varphi_{i,j}^{(t+1)} = \varphi_{i,j}^{(t)} + \omega\left(\overline{\varphi_{i,j}^{(t)}} + b_{i,j} / g_{i,j} - \varphi_{i,j}^{(t)}\right)$$

（2.24）

式中，t 为迭代次数。松弛因子 ω 对迭代算法的收敛速度有较大影响，经过优化其值为

$$\omega = \frac{2}{1 + \sin\left[\pi / (N+1)\right]}$$

（2.25）

2.1.3 混合模式法波前重构

上述两种波前重构算法各有优缺点：区域法波前重构算法的优点是拟合面形可以是任意形状的，并且对高频误差有很好的重构精度，缺点是拟合速度慢，且

不能给出如离焦、像散、彗差、球差等初级像差系数；模式法的优点是可以很好地给出初级像差系数且拟合速度较快，在光学检测、自适应光学、激光光束检测中都有很好的应用，缺点是拟合波面要求是圆口径，且对高频成分有平滑作用。

基于上述分析，接下来介绍将区域法和模式法相结合的波前重构模式。不管拟合波面面形是否为圆形，首先采用模式法即 Zernike 多项式法对重构面形进行拟合，求出拟合系数后得到拟合残差：

$$\varepsilon = S - \nabla Z \cdot A \tag{2.26}$$

得到拟合残差 ε 后再采用区域法对拟合斜率残差进行拟合，所得结果与模式法拟合结果相叠加，得到最终的拟合结果。这样做的好处是既可以利用模式法对波前进行初级像差的拟合，又能利用区域法对相对较高的频率误差进行拟合。为了进一步验证该法的优越性，我们通过实验模拟来验证，图 2.4（a）为原始波面，图 2.4（b）为利用 Zernike 前 36 项模式进行的波前重构面形，图 2.4（c）为区域法残差波前重构结果。

 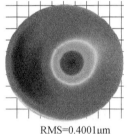 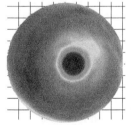

RMS=0.4171μm　　　　　RMS=0.4001μm　　　　　RMS=0.1066μm
PV=2.4754μm　　　　　　PV=2.1168μm　　　　　　PV=0.7912μm
　(a) 原始波面　　　　(b) 模式法波前重构面形　　(c) 区域法残差波前重构结果
图 2.4　混合模式波前重构结果（彩图见封底二维码）

从图 2.4 可以看出，若只用模式法去拟合波面将会丢失高频误差成分，而区域法却能够很好地对高频成分进行拟合，因此采用混合模式可以很好地对波面进行全方位的拟合，不仅可以拟合初级像差系数而且可以对高频成分有很好的重构，结果如图 2.5 所示。

RMS=0.4169μm
PV=2.4744μm
图 2.5　混合模式拟合结果（彩图见封底二维码）

2.2　哈特曼波前传感器斜率计算方法

2.2.1　波前估计方程

通过波前斜率计算波前的数学本质即为求解纽曼边界条件的泊松方程[7]，同时被重构波前在位置 (x, y) 点的斜率 S_x 和 S_y 与波前相位 $\phi(x, y)$ 之间的关系表示为

$$\begin{cases} A_x S_x = D_x \phi(x, y) + \varepsilon_x \\ A_y S_y = D_y \phi(x, y) + \varepsilon_y \end{cases} \tag{2.27}$$

式中，A_x 和 A_y 为平均算子；D_x 和 D_y 为微分算子；ε_x 和 ε_y 为噪声。式（2.27）在最小二乘意义上有

$$\sum \left\{ \left| D_x \hat{\phi}(x, y) - A_x S_x \right|^2 + \left| D_y \hat{\phi}(x, y) - A_y S_y \right|^2 \right\} = \min \tag{2.28}$$

式中，$\hat{\phi}(x, y)$ 是在最小二乘意义上对波前相位 $\phi(x, y)$ 的最佳估计。式（2.28）在数学上是一个变分问题，在波前斜率已知的情况下，其存在着唯一解，即最小二乘解为

$$\hat{\phi}(x, y) = (D_x^* A_x S_x + D_y^* A_y S_y) / (|D_x|^2 + |D_y|^2) \tag{2.29}$$

式中，D_x^* 和 D_y^* 分别为 D_x 和 D_y 的复共轭算子。最小二乘解的误差为

$$\varepsilon_\phi = \hat{\phi}(x, y) - \phi(x, y) \tag{2.30}$$

因此，通过测量被测波前斜率，便可利用式（2.29）计算得到被测波前的最佳估计。

2.2.2　哈特曼波前斜率测量理论模型[9]

如图 2.6 所示，哈特曼波前传感器微透镜阵列面在 x-y 平面上，探测器面在 x_f-y_f 平面上，x 与 x_f 轴，y 与 y_f 轴分别平行。微透镜阵列子透镜孔径大小为 h，焦距为 f。微透镜阵列面与探测器靶面之间的距离等于子透镜的焦距。

投射到微透镜阵列上的光场复振幅为 $u_0(x, y)$，可表示为

$$u_0(x, y) = A_0(x, y) \exp[\mathrm{i} k \phi_0(x, y)] \tag{2.31}$$

式中，$k = 2\pi / \lambda$，λ 是光波长；$A_0(x, y)$ 为振幅分布；$\phi_0(x, y)$ 为相位分布。微透镜阵列单个子透镜透射函数满足

$$t_0(x, y) = P\left(\frac{x}{h}, \frac{y}{h}\right) \exp\left[-\mathrm{i}\frac{k}{2f}(x^2 + y^2)\right] \tag{2.32}$$

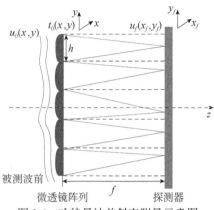

图 2.6　哈特曼波前斜率测量示意图

式中，$P\left(\dfrac{x}{h},\dfrac{y}{h}\right)$ 为微透镜孔径函数，其满足孔径内为 1，孔径外为 0。$N{\times}N$ 的微透镜阵列透射函数 $t(x,y)$ 可表示为单个子透镜透射函数与二维梳状函数的卷积，即

$$t(x,y)=t_0(x,y)\otimes\sum_{m,n=-N/2}^{N/2-1}\delta(x-mh,y-nh) \tag{2.33}$$

式中，$\otimes$ 表示卷积运算，δ 为狄拉克 δ 函数。将式（2.32）代入式（2.33）得

$$t(x,y)=\sum_{m,n=-N/2}^{N/2-1}P\left(\frac{x-mh}{h},\frac{y-nh}{h}\right)\exp\left\{-\mathrm{i}\frac{k}{2f}\Big[(x-mh)^2+(y-mh)^2\Big]\right\} \tag{2.34}$$

经过微透镜阵列的光场复振幅 $\phi_0(x,y)$ 为

$$u_t(x,y)=\sum_{m,n=-N/2}^{N/2-1}u_0(x,y)P\left(\frac{x-mh}{h},\frac{y-nh}{h}\right)\exp\left\{-\mathrm{i}\frac{k}{2f}\Big[(x-mh)^2+(y-mh)^2\Big]\right\} \tag{2.35}$$

根据菲涅耳衍射公式，经过微透镜阵列传输到探测器靶面处的光场复振幅 $u_f(x_f,y_f)$ 为

$$u_f(x_f,y_f)=\frac{\exp(\mathrm{i}kf)}{\mathrm{i}\lambda f}\exp\left[\frac{\mathrm{i}k(x_f^2+y_f^2)}{2f}\right]\sum_{m,n=-N/2}^{N/2-1}F\left\{u_0(x,y)P\left(\frac{x-mh}{h},\frac{y-nh}{h}\right)\right\} \tag{2.36}$$

式中，$F\{\ \}$ 表示傅里叶变换算子。对式（2.36）等号两边分别取模，得到探测器靶面上的光场振幅分布 $A_f(x_f,y_f)$ 为

$$A_f(x_f,y_f)=\frac{1}{\lambda f}\exp\left[\frac{\mathrm{i}k(x_f^2+y_f^2)}{2f}\right]\sum_{m,n=-N/2}^{N/2-1}F\left\{u_0(x,y)P\left(\frac{x-mh}{h},\frac{y-nh}{h}\right)\right\} \tag{2.37}$$

根据式（2.37），对应微透镜阵列单个子透镜 $(m = 0, n = 0)$ 的探测器面上光斑强度分布为

$$I_{fl}(x_f, y_f) = \frac{1}{\lambda^2 f^2}\left| F\left\{ u_0(x, y) P\left(\frac{x - mh}{h}, \frac{y - nh}{h} \right) \right\} \right|^2 \qquad (2.38)$$

将式（2.38）表述为

$$I_{fl}(x_f, y_f) = \frac{1}{\lambda^2 f^2}\left| F\left\{ \tilde{u}_{0l}(f_x, f_y) \right\} \right|^2 \qquad (2.39)$$

式中，$\tilde{u}_{0l}(f_x, f_y)$ 为 $u_0(x, y) P\left(\dfrac{x}{h}, \dfrac{y}{h} \right)$ 的傅里叶变换；f_x, f_y 为空间频率，且

$$f_x = x_f / \lambda_f, \quad f_y = y_f / \lambda_f \qquad (2.40)$$

根据质心计算公式，探测器靶面上的光斑质心坐标 (x_{fc}, y_{fc}) 为

$$\begin{cases} x_{fc} = \dfrac{\iint x_f I_{fl}(x_f, y_f)\mathrm{d}x_f \cdot \mathrm{d}y_f}{\iint I_{fl}(x_f, y_f)\mathrm{d}x_f \cdot \mathrm{d}y_f} \\[4mm] y_{fc} = \dfrac{\iint y_f I_{fl}(x_f, y_f)\mathrm{d}x_f \cdot \mathrm{d}y_f}{\iint I_{fl}(x_f, y_f)\mathrm{d}x_f \cdot \mathrm{d}y_f} \end{cases} \qquad (2.41)$$

将式（2.40）代入式（2.41）得

$$x_{fc} = \frac{\lambda f \iint f_x \left| \tilde{u}_{0l}(f_x, f_y) \right|^2 \mathrm{d}f_x \cdot \mathrm{d}f_y}{\iint \left| \tilde{u}_{0l}(f_x, f_y) \right|^2 \mathrm{d}f_x \cdot \mathrm{d}f_y} \qquad (2.42)$$

根据傅里叶变换微分性质和 Passeval 定理[8]，式（2.42）可表示为

$$x_{fc} = \frac{\lambda f}{\mathrm{i}2\pi} \frac{\iint \dfrac{\partial u_0(x, y)}{\partial x} \cdot \overline{u_0(x, y)} P\left(\dfrac{x}{h}, \dfrac{y}{h} \right) \mathrm{d}x\mathrm{d}y}{\iint \left| u_0(x, y) \right|^2 P\left(\dfrac{x}{h}, \dfrac{y}{h} \right) \mathrm{d}x\mathrm{d}y} \qquad (2.43)$$

式中，上划线"—"表示复共轭。将式（2.41）代入式（2.43）得

$$x_{fc} = \frac{\lambda f}{\mathrm{i}2\pi} \frac{\iint \left(A_0(x, y) \dfrac{\partial A_0(x, y)}{\partial x} + \mathrm{i} \cdot k \cdot A_0^2(x, y) \cdot \dfrac{\partial \phi_0(x, y)}{\partial x} \right) P\left(\dfrac{x}{h}, \dfrac{y}{h} \right) \mathrm{d}x\mathrm{d}y}{\iint A_0^2(x, y) P\left(\dfrac{x}{h}, \dfrac{y}{h} \right) \mathrm{d}x\mathrm{d}y}$$

$$\qquad (2.44)$$

认为子透镜孔径内光场振幅为均匀分布，将式（2.44）化简可得

$$x_{fc} = \frac{f}{A_{\mathrm{SA}}} \iint \frac{\partial \phi_0(x, y)}{\partial x} P\left(\frac{x}{h}, \frac{y}{h} \right) \mathrm{d}x\mathrm{d}y \qquad (2.45)$$

式中，A_{SA} 为子孔径面积，满足

$$A_{SA} = \iint P\left(\frac{x}{h}, \frac{y}{h}\right) \mathrm{d}x\mathrm{d}y \tag{2.46}$$

经过子透镜后 x 方向波前平均斜率 $S_{x,m,n}$ 为

$$S_{x,m,n} = \frac{\iint \dfrac{\partial \phi_0(x,y)}{\partial x} P\left(\dfrac{x}{h}, \dfrac{y}{h}\right) \mathrm{d}x\mathrm{d}y}{A_{SA}} \tag{2.47}$$

根据式（2.45）可得

$$S_{x,m,n} = \frac{x_{fc}}{f} \tag{2.48}$$

同理可得 y 方向波前平均斜率 $S_{y,m,n}$ 为

$$S_{y,m,n} = \frac{y_{fc}}{f} \tag{2.49}$$

假设参考平面波前经过微透镜阵列后，在探测器靶面上的光斑质心坐标为 (x_{fo}, y_{fo})，则实际被测波前斜率为

$$\begin{cases} S_x = \Delta x / f \\ S_y = \Delta y / f \end{cases} \tag{2.50}$$

式中，$\Delta x = (x_{fc} - x_{fo})$；$\Delta y = (y_{fc} - y_{fo})$。从上式可以得出，被测波前在微透镜子孔径内的波前平均斜率与微透镜后焦面上的光斑质心偏移量成正比，与微透镜焦距成反比。

哈特曼波前斜率测量理论也可以从几何光学角度进行解释，如图 2.7 所示，将微透镜阵列子孔径内的实际波前近似为倾斜平面波，其主光线与微透镜光轴夹角为 θ，探测器置于微透镜阵列的焦平面位置，主光线与探测器靶面红色交点坐标为 (x_{fc}, y_{fc})，参考平面波前经过微透镜后与探测器靶面黑色交点坐标为 (x_{fo}, y_{fo})，y 方向上实际测试光斑坐标与参考光斑坐标的偏移量为 Δy，微透镜阵列与探测器靶面之间的距离为 f。

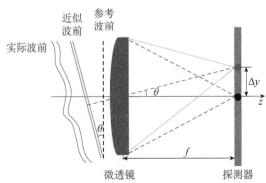

图 2.7　哈特曼波前斜率测量几何原理示意图（彩图见封底二维码）

当微透镜焦距 f 远远大于测试光斑质心坐标与参考坐标的偏移量 $(\Delta x, \Delta y)$ 时，$\sin\theta \approx \tan\theta \approx \theta$。根据几何关系可得被测波前斜率近似为

$$\begin{cases} S_x \approx \tan\theta_x = \Delta x / f \\ S_y \approx \tan\theta_y = \Delta y / f \end{cases} \tag{2.51}$$

利用几何关系得到波前斜率与理论推导结果一致。由于波前斜率的计算采用了一阶线性近似，认为子孔径内的被测波前为倾斜平面波，因此测量的波前斜率为子孔径内畸变波前的平均斜率。根据测量的各子孔径内的波前平均斜率，通过波前重构方法可得到整个全孔径波前分布。

2.3　哈特曼波前传感器的误差组成

波前探测中存在各种各样的误差，虽然通过不断改进，哈特曼波前传感器的结构不断优化，对待测波前截面的采样率也越来越高，但是在采样时，由微透镜阵列对波前的分割而带来的采样误差仍然无法避免，这是哈特曼波前传感器波前测量误差的一个重要组成部分。现阶段已经有了多种改进的质心计算方法，但仍然存在着测量误差，波前测量误差由系统误差和重构误差组成。

2.3.1　系统误差

2.3.1.1　空间采样误差

理想条件下，哈特曼波前传感器需要将进入微透镜每个子孔径内的波面近似为一个平面波，近似的程度取决于微透镜阵列对波面截面的采样率。不同的波前采样率对波前复原的影响，如图 2.8 所示，可见，采样率越高，复原程度越高。

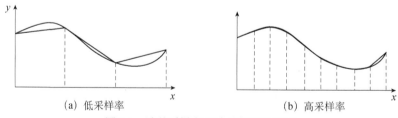

| (a) 低采样率 | (b) 高采样率 |

图 2.8　波前采样率对波前复原的影响

若通过基函数系数求解 n 阶 Zernike 多项式的系数进而来复原被测波面，则阶数 n 的选取十分关键。当 n 小于实际待测波前时，会导致部分高阶像差被解释为低阶像差；当 n 大于实际待测波前时，会导致部分低阶像差被解释为高阶像差；

所以当 n 与实际待测波前的阶数不相等时，会产生额外的耦合误差和混淆误差。

2.3.1.2　标定误差

为了获得标定位置，需要用理想光源进行标定，这是一个必要的过程。根据实际需求不同，标定光源可选择理想的平行光源或球面光源等。对于自适应光学系统的波前校正而言，在进行波前探测前，往往用理想的平行光源对哈特曼波前传感器进行标定，具体过程如图 2.9 所示。

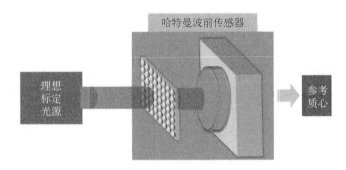

图 2.9　哈特曼波前传感器标定过程

经过标定，记录的参考质心位置即可看作是理想波面的一种等效。在波前探测时，获得的斜率向量可以看作是当前入射波面与标定波面的差异，因此波前探测是一种相对探测。由于传统标定过程也是需要进行波前探测的，因此其误差来源不仅包含了上文中介绍的各种波前探测误差，还包含了因标定光源本身的波前状况不理想而导致的误差。

系统中的误差不仅有波前探测部分的误差和标定光源本身带来的等效质心偏移误差，还有系统其余部分的误差。但即使是在以理想光源为基础的标定位置中，也仅仅包含了波前探测部分的误差，并没有包含系统其余部分的误差的等效质心偏移量。因此，对于自适应光学系统而言，当上述所有误差的等效质心偏移量较大时，将这个标定位置近似作为系统中的理想波前位置是不准确的。

进一步考虑标定的问题，如果待校正波前包含超出系统校正能力的部分，如边缘处存在 PV 值很大的像差成分，也将其视作误差进行消除。因此，理想的基于系统的标定位置应该不仅包含了探测部分的误差和非理想标定光源的误差，也应该包含了系统其余部分的误差和系统校正能力之外的像差的等效质心偏移量。因此，基于系统标定结果的误差来源，如图 2.10 所示。可见，这里的误差其实是一个相对广义的概念。

在第 3 章将会对标定误差进行详细的分析。

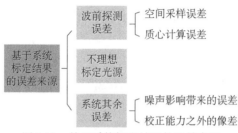

图 2.10　基于系统标定结果的误差来源

2.3.2　重构误差

通过 2.1.1 节对 Zernike 模式波前复原算法的简单介绍后，可知：在实际探测中，被测波面的相位信息是通过对每个子孔径质心测量结果计算得到的，质心探测会通过重构矩阵传递到重构波面，成为波面的重构误差，该误差的传递中介是重构矩阵[10]，所以，误差传递系数与重构矩阵有关。在设计哈特曼波前传感器时，为了保证重构波前的精度，重构矩阵的误差传递系数可以作为对质心探测误差限定的一个理论判据，用于限定质心探测误差的范围。显然，误差传递系数越小，说明复原过程对质心计算的误差越不敏感，复原波前也就越稳定。

2.3.2.1　波前斜率测量误差

根据哈特曼波前斜率测量模型可知，波前斜率测量误差 σ_ε 满足：

$$\sigma_\varepsilon^2 = \frac{\Delta x^2}{f^4}\sigma_f^2 + \frac{1}{f^2}\sigma_{x\rho}^2 \tag{2.52}$$

式中，σ_f 为微透镜阵列与探测器靶面之间距离的误差，$\sigma_{x\rho}$ 为质心探测的误差。可以看出，影响波前斜率测量精度的主要因素为质心探测误差。

当光斑尺寸大于 0.5 像素时，质心探测误差小于 0.02 倍的光斑等效高斯宽度，因此可以忽略 CCD 离散采样误差。CCD 的响应非均匀性可以通过标定补偿，故哈特曼波前传感器质心探测误差主要来源为光量子起伏噪声和 CCD 背景噪声电子。考虑到 CCD 每个像素的读数光子数 I_{ij} 由信号光电子数 P_{ij} 和背景噪声电子数 n_{ij} 组成，即

$$I_{ij} = P_{ij} + n_{ij} \tag{2.53}$$

将式（2.53）代入质心计算公式得到

$$x_{fc} = \frac{\displaystyle\sum_{ij} x_i P_{ij} + \sum_{ij} x_i n_{ij}}{\displaystyle\sum_{ij} P_{ij} + \sum_{ij} n_{ij}} = \frac{\mathrm{SNR}}{1+\mathrm{SNR}}x_p + \frac{1}{1+\mathrm{SNR}}x_n \tag{2.54}$$

式中，

$$\mathrm{SNR} = \frac{\sum\limits_{ij} P_{ij}}{\sum\limits_{ij} n_{ij}}, \quad x_p = \frac{\sum\limits_{ij} x_i P_{ij}}{\sum\limits_{ij} n_{ij}}, \quad x_n = \mathrm{SNR} = \frac{\sum\limits_{ij} x_i n_{ij}}{\sum\limits_{ij} n_{ij}} \tag{2.55}$$

即质心的平均坐标为

$$\overline{x}_{fc} = \frac{\mathrm{SNR}}{1+\mathrm{SNR}} \overline{x}_p + \frac{1}{1+\mathrm{SNR}} \overline{x}_n \tag{2.56}$$

式中，$\overline{x}_p$ 为有效光信号点阵光斑的平均质心坐标；$\overline{x}_n$ 为暗背景的平均坐标位置。

由式（2.56）可以看出，实际所探测的质心位置是有效光信号质心与暗背景质心的加权平均值，权重由信噪比 SNR 决定。如果信号光质心位置方差 $\sigma_{x_p}^2$ 和暗背景质心位置方差 $\sigma_{x_n}^2$ 之间相互独立，那么探测质心位置的起伏方差为

$$\sigma_{x_{fc}}^2 = \left(\frac{\mathrm{SNR}}{1+\mathrm{SNR}}\right)^2 \sigma_{x_p}^2 + \left(\frac{1}{1+\mathrm{SNR}}\right)^2 \sigma_{x_n}^2 \tag{2.57}$$

当没有暗背景和读出噪声时，信号光质心位置方差由信号光的光子噪声决定，其为

$$\sigma_{x_p}^2 = \frac{K\sigma_A^2}{V_p} \tag{2.58}$$

式中，σ_A 为光斑等效高斯宽度；V_p 为 CCD 对信号光的响应值。

当没有信号光时，暗背景和读出噪声质心位置方差为

$$\sigma_{x_n}^2 = \frac{\sigma_r^2}{V_n^2}\left[\frac{LM(L^2-1)}{12} + LMx_n^2\right] \tag{2.59}$$

式中，V_n 是 $L \times M$ 像素窗口范围内 CCD 暗背景和读出噪声的响应值总和，σ_r^2 是每个像素的噪声方差。

将式（2.59）和式（2.58）代入式（2.57），探测的光斑质心位置起伏方差为

$$\sigma_{x_{fc}}^2 = \left(\frac{\mathrm{SNR}}{1+\mathrm{SNR}}\right)^2 \frac{K\sigma_A^2}{V_p} + \left(\frac{1}{1+\mathrm{SNR}}\right)\frac{\sigma_r^2}{V_n^2}\left[\frac{LM(L^2-1)}{12} + LMx_n^2\right] \tag{2.60}$$

则实际信号光斑质心探测误差 σ_{x_p} 满足

$$\sigma_{x_p}^2 = \sigma_{x_{fc}}^2 + \left(\overline{x}_{fc} - \overline{x}_p\right)$$

$$= \left(\frac{1}{1+\mathrm{SNR}}\right)^2 \left\{\frac{\sigma_r^2}{V_n^2}\left[\frac{LM(L^2-1)}{12} + LMx_n^2\right] + \mathrm{SNR}^2\frac{K\sigma_A^2}{V_p} + \left(\overline{x}_{fc} - \overline{x}_p\right)\right\} \tag{2.61}$$

从式（2.61）可以看出，影响哈特曼波前传感器质心探测精度的因素为：①子

孔径内光斑图像的信噪比；②暗背景和 CCD 探测器读出噪声的质心位置；③计算光斑质心位置的窗口大小；④子孔径内光斑图像噪声方差；⑤子孔径内总的噪声响应值；⑥子孔径内总的信号光斑响应值；⑦子孔径内信号光斑的等效高斯宽度；⑧信号光斑质心与噪声质心间的距离。

质心探测的准确性是影响波前复原精度的又一个因素，其主要来源于像素点的离散采样误差、光子噪声误差以及相机的读出噪声误差。接下来对质心探测误差进行简要介绍，在第 4 章中会针对 CCD 相机对高斯光斑和 sinc 光斑质心探测误差进行详细分析。

1）离散采样误差

波前传感器中探测器为数字光电探测器时，像素点存在有效尺寸，容易导致光斑的有限采样，造成质心探测存在误差。

2）光子噪声误差

光电转换过程中，光子随机激发的光子或电子-空穴对和相干光的光电转换服从泊松分布，因此：

$$\begin{cases} E(n) = \sum_n np(n) = \eta \\ E(\Delta n^2) = \sum_n \left[(n - E(n))^2 p(n) \right] = E(\omega)\eta \\ \mathrm{SNR} = \dfrac{E(n)}{\sqrt{E(\Delta n^2)}} = \sqrt{\eta E(\omega)} \end{cases} \tag{2.62}$$

其中，η 代表量子效率，$\omega = \int I dt$ 代表光强积分，$E(n)$ 代表电子数的期望，$E(\Delta n^2)$ 代表电子数的方差，SNR 为信噪比。在光子噪声误差下，哈特曼波前传感器质心计算公式的离散形式为

$$\begin{cases} X_c = \dfrac{\sum\limits_{i,j=1}^{L,M}(x_{ij} \cdot n_j)}{\sum\limits_{i,j=1}^{L,M}(n_i)} = \dfrac{U}{V} \\ \Delta X_c = -\dfrac{U}{V^2}\Delta V + \dfrac{1}{V}\Delta U \end{cases} \tag{2.63}$$

则 ΔX_c 的方差：

$$\begin{aligned} D(\Delta X_c) = \sigma_{X_c}^2 &= \left(\frac{U^2}{V^4} \right) \cdot D(\Delta U) - \frac{2U}{V^3}\mathrm{cov}(U,V) \\ &= \frac{U^2}{V^4}\sigma_V^2 + \frac{1}{V^2}\sigma_U^2 - \frac{2U}{V^3}\sigma_{UV} \end{aligned} \tag{2.64}$$

$\mathrm{cov}(U,V)$ 表示 U、V 的协方差。当探测靶面像素数足够多时，$\sum\limits_{i,j \neq k,l}^{M} S_{ijkl} = 0$，为第

(i, j) 个像素与第 (k, l) 个单元所接收的光子事件数的协方差。由于光子噪声服从泊松分布，因此在光子噪声的影响下质心探测误差可进一步简化为

$$\sigma_{X_c}^2 = \frac{\sigma_A^2}{V} \qquad (2.65)$$

光子噪声引起的质心方差，只与入射光的能量和分布情况有关。

3）读出噪声误差

在无信号输入的情况下，光电探测器仍然会有随机输出的现象，这便是读出噪声，具体来源于光电元件中暗电流、电荷的涨落。在读出噪声影响下，质心探测的误差为

$$
\begin{aligned}
\sigma_{Xr}^2 &= \frac{\sigma_r^2}{V^2}\left(\sum_{i,j}^{L,M} x_i^2 + LMX_c^2 - 2X_c\sum_{i,j}^{L,M} x_i\right) \\
&= \frac{\sigma_r^2}{V^2}\left(\sum_{i,j}^{L,M} x_i^2 + LX_c^2\right) \\
&= \frac{\sigma_r^2}{V^2} ML \frac{L^2-1}{12} + \frac{\sigma_r^2}{V^2} MLX_c^2
\end{aligned} \qquad (2.66)
$$

其中，σ_r^2 代表读出噪声的方差，此处将每个子孔径的坐标原点设为该子孔径的中心。读出噪声误差主要与单元数、噪声方差有关。

2.3.2.2 矩阵误差传递系数

1）重构矩阵误差传递系数的理论推导

采用 Zernike 模式法复原波前时，重构波前的误差可描述为

$$\Delta\varphi = \varphi - \hat{\varphi} = \sum_{j=1}^{P}(a_j - \hat{a}_j)Z_j = \sum_{j=1}^{P}\Delta a_j Z_j \qquad (2.67)$$

其中，$\Delta\varphi$ 是波前重构误差；φ 是待测波前；$\hat{\varphi}$ 是重构波前；P 是总的 Zernike 模式阶数；a_j 是待测波前的第 j 阶 Zernike 系数；$\hat{a}_j$ 是复原波前的第 j 阶 Zernike 系数；Z_j 是第 j 阶 Zernike 多项式。

所以，重构波前误差的方差为

$$\sigma_\varphi^2 = \langle \varphi^2 \rangle - \langle \hat{\varphi}^2 \rangle = \sum_{j=1}^{P}(a_j - \hat{a}_j)Z_j = \sum_{j=1}^{P}\left\langle \left|\Delta a_j\right|^2 \right\rangle \qquad (2.68)$$

根据 Zernike 模式复原算法的原理，重构波前的 Zernike 系数向量的计算公式由式（2.9）决定，所以 Zernike 系数的方差可以写为

$$\left\langle \left|\Delta a_j\right|^2 \right\rangle = \sum_{k=1}^{2Q}\sum_{l=1}^{2Q} e_{j,k}e_{j,l}\langle \Delta h_k \cdot \Delta h_l \rangle \qquad (2.69)$$

其中，Q 是有效子孔径的总数，$e_{j,k}$ 和 $e_{j,l}$ 是模式重构矩阵的元素，Δh_k、Δh_l 分别是第 k、l 个子孔径的探测误差。

通过简化分析，当哈特曼波前传感器中各子孔径的斜率之间没有相关性时，各斜率信息在各子孔径各向同性，则有

$$\langle \Delta h_k \cdot \Delta h_l \rangle = \frac{\sigma_c^2}{f^2} \delta(j_k - j_l) \tag{2.70}$$

其中，σ_c^2 是质心位置随机误差的方差，f 是微透镜的焦距，$\delta(j_k - j_l)$ 是 Kronecker delta 函数。把式（2.70）和式（2.69）代入式（2.68）可得

$$\sigma_\varphi^2 = \sum_{j=1}^{P} \left(\frac{\sigma_c}{f} \cdot f_0 \right)^2 \cdot K(j, Q) \tag{2.71}$$

其中，$K(j,Q) = \sum_{k=1}^{Q} (e_{j,2k-1} + e_{j,2k})^2$，与子孔径分割数和子孔径分布特征相关；$f_0$ 是真实斜率和单位圆斜率对应的归一化因子，$f_0 = \dfrac{D}{2\lambda}$，$D$ 是子孔径直径，λ 是被测波前的波长。

质心探测误差引起的波前重构误差的均方根值为

$$\sigma_\varphi = \sigma_c \cdot \frac{D}{2\lambda f} \left[\sum_{j=1}^{P} \sum_{k=1}^{Q} (e_{j,2k-1} + e_{j,2k})^2 \right]^{\frac{1}{2}} \tag{2.72}$$

式中，$\dfrac{D}{2\lambda f}$ 可以用光斑的艾里斑直径的倒数来表示，当质心探测误差 σ_c 的单位为像素时，艾里斑直径 d_A 的单位也是像素，而 σ_φ 的单位用波长 λ 来表示时，式（2.72）可以改写为

$$\sigma_\varphi = \frac{\sigma_c \cdot N}{d_A} \left[\sum_{j=1}^{P} \sum_{k=1}^{Q} (e_{j,2k-1} + e_{j,2k})^2 \right]^{\frac{1}{2}} \tag{2.73}$$

所以，重构矩阵的误差传递系数为

$$K_h = \frac{\sigma_\phi}{\sigma_c} = \frac{N}{d_A} \left[\sum_{j=1}^{P} \sum_{k=1}^{Q} (e_{j,2k-1} + e_{j,2k})^2 \right]^{\frac{1}{2}} \tag{2.74}$$

其中，K_h 是重构矩阵的误差传递系数，它的单位是 λ/像素，表示质心探测误差与波前重构误差之间的关系。由式（2.74）可得，重构矩阵的误差传递系数 K_h 与子孔径阵列数 N、光斑的艾里斑直径 d_A 和重构矩阵有关，而重构矩阵由子孔径阵列数决定，所以，重构矩阵的误差传递系数仅与子孔径阵列数 N 和光斑的艾里斑直径 d_A 有关。

由图 2.11 可得，当子孔径阵列数小于 20×20 时，误差传递系数随着子孔径阵列数的增大而减小，而当子孔径阵列数大于 20×20 时，误差传递系数的减小趋势变缓；并且，在相同条件下，单个子孔径上光斑的艾里斑直径越大，误差传递系数越小。

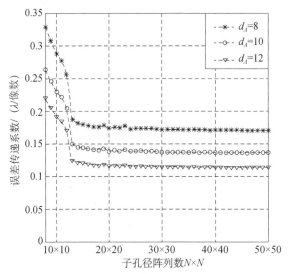

图 2.11　重构矩阵的误差传递系数曲线图

2）标定后测量的重构矩阵误差传递系数的理论推导

前面对误差传递系数的讨论都是基于理想标定的情况，然而，在实际测量中，标定时，光斑质心的测量也会带来误差，假设被标定的像差为 ϕ_0，被测波前为 ϕ。标定时得到的质心向量为 $\hat{\boldsymbol{C}}_0$，测量时得到的质心向量为 $\hat{\boldsymbol{C}}$，则用于波前复原的质心向量为

$$\boldsymbol{C}_r = \hat{\boldsymbol{C}} - \hat{\boldsymbol{C}}_0 \qquad (2.75)$$

当标定时质心的误差与探测时质心的误差不相关时，用于波前复原的质心向量 $\boldsymbol{C}_r$ 误差的 RMS 值为

$$\sigma_{C_r}^2 = \sigma_{\hat{C}}^2 + \sigma_{\hat{C}_0}^2 \qquad (2.76)$$

此时，复原波面的误差为

$$\sigma_{r\varphi} = \frac{N \cdot \sqrt{\sigma_{\hat{C}}^2 + \sigma_{\hat{C}_0}^2}}{d_A} \left[\sum_{j=1}^{P} \sum_{k=1}^{Q} (e_{j,2k-1} + e_{j,2k})^2 \right]^{\frac{1}{2}} \qquad (2.77)$$

若标定时光斑质心的误差条件与测量时光斑质心的误差条件相同，即 $\sigma_{\hat{C}}^2 = \sigma_{\hat{C}_0}^2 + \sigma_C^2$，那么式（2.77）可以表示为

$$\sigma_{r\varphi} = \frac{\sqrt{2} \cdot N \cdot \sigma_c}{d_A} \left[\sum_{j=1}^{P} \sum_{k=1}^{Q} (e_{j,2k-1} + e_{j,2k})^2 \right]^{\frac{1}{2}} \quad (2.78)$$

因此，由于采用了标定后再测量的方式复原波前，在复原波前的过程中，进行了两次质心计算，如果两次光斑质心计算的误差条件相同，则误差传递系数为

$$K_{rh} = \frac{\sigma_{r\varphi}}{\sigma_c} = \frac{\sqrt{2} \cdot N}{d_A} \left[\sum_{j=1}^{P} \sum_{k=1}^{Q} (e_{j,2k-1} + e_{j,2k})^2 \right]^{\frac{1}{2}} \quad (2.79)$$

在波前测量中一般都有标定步骤，并且由于标定条件和测量条件下，质心探测误差相同，所以重构矩阵误差传递系数应该采用式（2.79）来计算，即增大了 $\sqrt{2}$ 倍，如图 2.12 所示。

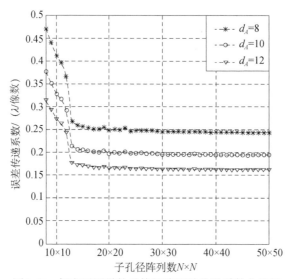

图 2.12   标定后测量的重构矩阵误差传递系数曲线图

参 考 文 献

[1] Lee J，Shack R，Descour M. Sorting method to extend the dynamic range of the Shack-Hartmann wave-front sensor[J]. Applied Optics，2005，44（23）：4838-4845.

[2] Geary J M. Introduction to wavefront sensors[J]. Mediatropes，1995，22（2）：1-52.

[3] Hudgin R H. Wave-front reconstruction for compensated imaging[J]. Journal of the Optical Society of America A，1977，67（3）：375-378.

[4] Fried D L. Least-square fitting a wave-front distortion estimate to an array of phase-diffrence

measurements [J]. Journal of the Optical Society of America A，1977，67（3）：370-375.

[5] Southwell W H. Wave-front estimation from wave-front slope measurements[J]. Journal of the Optical Society of America，1980，70（8）：998-1006.

[6] 周仁忠. 自适应光学[M]. 北京：国防工业出版社，1996.

[7] Noll R J. Phase estimate from slope-type wave-front sensors[J]. Journal of the Optical Society of America A，1978，68（1）：139-140.

[8] Goodman J W. 傅里叶光学导论[M]. 秦克诚，刘培森，陈家璧等译. 3 版. 北京：电子工业出版社，2011.

[9] 段亚轩. 频响特性优化的夏克-哈特曼波前测量技术与应用研究[D]. 西安：中国科学院西安光学精密机械研究所，2019. https://kns.cnki.net/kcms/detail/detail.aspx?dbcode=CDFD&dbname=CDFDLAST 2020 &filename=1020711686.nh&uniplatform=NZKPT&v=pABTL7hzkmcaWjarJ09J0WTGvxGZiR-ZdxEZR BrYuWZyqyjgqQmr6jrMxvkXWnPT. [2019-06-01].

[10] 李超宏. 白天条件下基于视场偏移的哈特曼波前传感器性能研究[D]. 成都：中国科学院光电技术研究所，2007. http://www.irgrid.ac.cn/handle/1471x/738206. [2013-11-19].

第3章　哈特曼波前传感器的光斑标定

3.1　哈特曼波前传感器的标定方法

3.1.1　自适应标定方法

受采样误差的影响，对于基于 CCD 相机的哈特曼波前传感器，光斑的最佳标定位置是子孔径中心，而对于基于四象限探测器的哈特曼波前传感器来说，光斑的最佳标定位置是四象限探测器的原点。随着望远镜的发展，应用在天文自适应光学系统中的哈特曼波前传感器的子孔径阵列数不断增多，如果采用机械设计加光学设计的方法来保证标定时光斑的质心位置处于最佳标定位置，目前加工及装配工艺很难达到，因此，本节将介绍一种自适应标定方法来标定由于加工和装配带来的误差。

如图 3.1 所示，自适应标定方法是在传统的自适应光学系统中加入了标定变形镜和标定/校正转换器。整个自适应光学系统包含两个回路：标定回路和校正回路。标定回路由标定变形镜、哈特曼波前传感器、波前控制器和标定/校正转换器组成；校正回路由标定变形镜、哈特曼波前传感器、波前控制器、标定/校正转换器、校正变形镜和分光镜组成。整个系统工作分为如下两个过程。

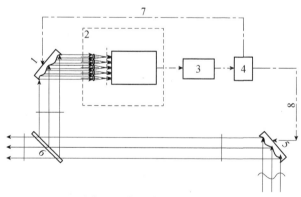

图 3.1　自适应标定光路图

1. 标定变形镜；2. 哈特曼波前传感器；3. 波前控制器；
4. 标定/校正转换器；5. 校正变形镜；6. 分光镜；7. 标定回路；8. 校正回路

1）标定过程

标定过程中，在标定变形镜前输入标准平面波，标定/校正转换器将标定回路打开，同时关闭校正回路。利用哈特曼波前传感器探测每个子孔径内光斑的实际位置与最佳标定位置之间的偏移量，然后通过波前控制器控制标定变形镜的面形，逐步修正每个子孔径内光斑实际位置与最佳标定位置之间的偏离量，最终实现将光斑的质心锁定到最佳标定位置（如图 3.2 所示）。

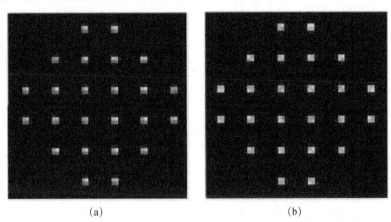

| (a) | (b) |

图 3.2　标定完成前（a）和标定完成后（b）在 CCD 相机上的光斑图像（彩图见封底二维码）

当第 i 个子孔径处，x，y 方向上需校正的偏离量分别为 E_{x_i}，E_{y_i} 时，波前控制器对偏离量处理后调整标定变形镜的面形以改变其反射波前在第 i 个子孔径处光斑的位置，标定变形镜的反射波前 $\Phi_c(x,y)$ 在第 i 个子孔径处必须满足下式：

$$\begin{cases} \dfrac{\lambda f}{2\pi S} \iint\limits_{S} \dfrac{\partial \Phi_c(x,y)}{\partial x} \mathrm{d}x\mathrm{d}y = E_{x_i} \\[2mm] \dfrac{\lambda f}{2\pi S} \iint\limits_{S} \dfrac{\partial \Phi_c(x,y)}{\partial y} \mathrm{d}x\mathrm{d}y = E_{y_i} \end{cases} \tag{3.1}$$

2）校正过程

在校正过程开始前，标定/校正转换器保持标定过程得到的传递给标定变形镜的电压向量，关闭标定回路，打开校正回路。畸变的波前通过校正变形镜反射后再经分光镜反射，哈特曼波前传感器仍然探测每个子孔径内光斑的实际位置与最佳标定位置之间的偏移量，然后通过波前控制器控制校正变形镜的面形，修正每个子孔径内光斑实际位置与最佳标定位置之间的偏离量。

在动态的校正过程中，由于标定变形镜的面形保持不变，所以通过分光镜后进入到哈特曼波前传感器的波前为闭环校正后的残差 Φ_r 和标定变形镜的反射波前 Φ_c 之和，此时，在第 i 个子孔径内，光斑的整体偏移量为

$$\begin{cases} X_i = \dfrac{\lambda f}{2\pi S} \iint\limits_{S} \dfrac{\partial[\Phi_c(x,y) + \Phi_r(x,y)]}{\partial x} \mathrm{d}x\mathrm{d}y \\ \quad = \dfrac{\lambda f}{2\pi S} \left[\iint\limits_{S} \dfrac{\partial \Phi_c(x,y)}{\partial x}\mathrm{d}x\mathrm{d}y + \iint\limits_{S} \dfrac{\partial \Phi_r(x,y)}{\partial x}\mathrm{d}x\mathrm{d}y \right] = E_{x_i} + \Delta x_i \\ Y_i = \dfrac{\lambda f}{2\pi S} \iint\limits_{S} \dfrac{\partial[\Phi_c(x,y) + \Phi_r(x,y)]}{\partial y} \mathrm{d}x\mathrm{d}y \\ \quad = \dfrac{\lambda f}{2\pi S} \left[\iint\limits_{S} \dfrac{\partial \Phi_c(x,y)}{\partial y}\mathrm{d}x\mathrm{d}y + \iint\limits_{S} \dfrac{\partial \Phi_r(x,y)}{\partial y}\mathrm{d}x\mathrm{d}y \right] = E_{y_i} + \Delta y_i \end{cases} \tag{3.2}$$

由于第 i 个子孔径处，$\left(E_{x_i}, E_{y_i}\right)$ 是光斑真实位置与最佳标定位置的偏移量，所以，在闭环校正过程中，光斑实际相对于最佳标定位置的偏移量 $(\Delta x_i, \Delta y_i)$ 是由闭环校正残差引起的，由于闭环校正残差很小，故光斑仅在最佳标定位置附近做微小的移动。

3.1.2　反卷积标定方法

在 3.1.1 节中提出的一种自适应标定方法是利用标定变形镜通过自适应标定系统在标定阶段测量系统的像差，并利用自适应光学系统闭环校正像差的能力来校正系统像差。由于系统像差在一段时间内可以认为是恒定的，所以在完成系统像差的校正后，可以通过标定/校正转换器给标定变形镜加上恒定电压以保持其面形不变，从而保证在校正过程中能够持续地补偿系统像差。但是在实际应用中，受到用于驱动变形镜形变的压电陶瓷中滞后和弛豫的影响，即使在标定变形镜上加载的电压不变，标定变形镜的面形也会发生微小的变化，影响系统像差的补偿精度。

自适应光学系统应用过程中，如果要得到衍射极限的光学性能，系统就会变得非常复杂和昂贵，所以在很多时候都采用"事后处理"的办法，对畸变的光斑图像进行恢复，在本节中，借用"事后处理"的思路，通过哈特曼波前传感器测量得到的系统像差和系统的光学传递函数，对系统闭环采集得到的短曝光图像进行解卷积运算，从而得到清晰的图片。

常用的自适应光学系统及成像系统的简图，如图 3.3 所示，其中变形反射镜、分光镜、哈特曼波前传感器和波前控制器组成自适应光学闭环系统；反射镜、成像透镜、成像 CCD 相机、反卷积计算器和图片存储/显示器构成成像系统。反卷积的具体工作分为闭环标定、闭环校正和反卷积处理三个过程。

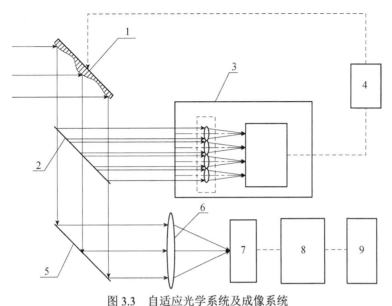

图 3.3　自适应光学系统及成像系统

1. 变形反射镜；2. 分光镜；3. 哈特曼波前传感器；4. 波前控制器；
5. 反射镜；6. 成像透镜；7. 成像 CCD 相机；8. 反卷积计算器；9. 图片存储/显示器

1）标定过程

标定平面波经变形反射镜的反射到达分光镜，分光镜将变形反射镜反射波前的一部分能量反射进哈特曼波前传感器中，变形反射镜反射波前的剩余能量透过分光镜经反射镜反射后再经成像透镜会聚到成像 CCD 上；其中，哈特曼波前传感器由微透镜阵列、高速 CCD 相机和波前运算器组成；进入到哈特曼波前传感器内的变形反射镜反射波前经微透镜阵列分割并会聚在高速 CCD 相机处形成光斑阵列，光斑阵列中单个光斑质心的最佳位置是高速 CCD 相机上与其对应的子孔径中心的四像素中心，由于装配工艺和随机扰动等误差，光斑阵列不能在系统每次闭环工作前都处于最佳位置，所以需要系统闭环工作以标定误差，即波前运算器利用高速 CCD 相机的输出信号计算出光斑阵列中每个光斑质心与最佳质心位置的偏移量并传输给波前控制器，波前控制器根据波前运算器输出的偏移量数据计算出需要加载到变形反射镜上的控制电压并通过反馈回路控制变形反射镜的反射面面形以改变变形反射镜反射波前形状，当光斑阵列中每个光斑的质心都处于最佳质心位置时，经成像透镜在成像 CCD 处的成像光斑就是携带有实际光斑质心与最佳质心位置偏移量信息的变形反射镜反射波前的点扩散函数，反卷积计算器采集该点扩散函数并存储。

2）校正过程

待校正波前经变形反射镜的反射到达分光镜，分光镜将变形反射镜反射波前的一部分能量反射进哈特曼波前传感器中，变形反射镜反射波前的剩余能量透过分光镜经反射镜反射后再经成像透镜会聚到成像 CCD 上；反射进入到哈特曼波前传感器内的变形反射镜反射波前经微透镜阵列分割并会聚在高速 CCD 相机处形成光斑阵列，系统闭环工作，波前运算器仍然利用高速 CCD 相机的输出信号计算出光斑阵列中每个光斑质心与最佳质心位置的偏移量并传输给波前控制器，波前控制器根据波前运算器输出的偏移量数据计算出需要加载到变形反射镜上的控制电压并通过反馈回路控制变形反射镜的反射面面形以改变变形反射镜反射波前的形状，当光斑阵列中每个光斑的质心都处于最佳质心位置时，反卷积计算器记录此时变形反射镜反射波前的远场光斑图像。

3）反卷积过程

校正完成后，变形反射镜反射波前并不是平面波，而是与标定完成后变形反射镜反射波前相同，所以显示器处的成像是实际图像与标定完成后变形反射镜反射波前远场光斑的卷积，此时反卷积计算器可以利用存储的点扩散函数和反卷积算法来解决由于变形反射镜反射波前不是平面波而引起的在显示器处成像模糊问题，由于系统的闭环带宽远大于待校正波前的畸变带宽，所以系统在闭环工作时，光斑阵列中每个光斑的质心仅在最佳质心位置附近抖动，有效地消除哈特曼波前传感器的系统误差，使系统的工作状态达到最优。

图 3.4 是系统对点源成像得到的图片在反卷积处理前和反卷积处理后的效果比较，可以看出，反卷积处理能够明显提高图片的成像清晰度。

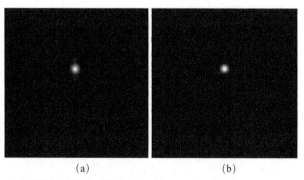

(a)　　　　　　　　　　(b)

图 3.4　系统对点源目标成像在反卷积处理前（a）和反卷积处理后（b）的效果比较
（仿真结果）

3.2　基于 CCD 相机的哈特曼波前传感器光斑最佳标定位置

3.2.1　采样误差与光斑质心位置的关系

光斑质心的一般计算公式为

$$x_c = \frac{\sum\limits_{ij}^{L,M} x_{ij} N_{ij}}{\sum\limits_{ij}^{L,M} N_{ij}} = \frac{U}{V} \tag{3.3}$$

其中，x_c 是质心坐标，x_{ij} 为像素位置，N_{ij} 为子孔径内坐标为 (i,j) 处的像素点接收到的总光子数，L,M 是子孔径窗口大小，$U = \sum\limits_{ij}^{L,M} x_{ij} N_{ij}$，$V = \sum\limits_{ij}^{L,M} N_{ij}$。详细内容将在第 4 章进行推导。

通常情况下，理想光斑的光强呈高斯分布，其分布函数为

$$I(x,y) = \frac{V_0}{2\pi \sigma_A^2} \exp\left[-\left(\frac{x-x_0}{\sqrt{2}\sigma_A} \right)^2 - \left(\frac{y-y_0}{\sqrt{2}\sigma_A} \right)^2 \right] \tag{3.4}$$

其中，V_0 是总探测光强，σ_A 是光斑的高斯宽度，(x_0, y_0) 是光斑的质心位置坐标。

由于 CCD 的离散采样，当子孔径内的二维坐标如图 3.5 所示时，在子孔径内坐标为 (m,n) 像素点收集到的光强为

$$
\begin{aligned}
I_{mn} &= \int_{m-1}^{m} \int_{n-1}^{n} I(x,y)\,\mathrm{d}x\mathrm{d}y \\
&= \frac{V_s}{4} \left[\mathrm{erf}\left(\frac{m-x_0}{\sqrt{2}\sigma_A} \right) - \mathrm{erf}\left(\frac{m-1-x_0}{\sqrt{2}\sigma_A} \right) \right] \cdot \left[\mathrm{erf}\left(\frac{n-y_0}{\sqrt{2}\sigma_A} \right) - \mathrm{erf}\left(\frac{n-1-y_0}{\sqrt{2}\sigma_A} \right) \right]
\end{aligned}
\tag{3.5}
$$

其中，$\mathrm{erf}(\varepsilon)$ 为误差累计函数，$\mathrm{erf}(\varepsilon) = \frac{2}{\sqrt{\pi}} \int_0^{\varepsilon} \mathrm{e}^{-t^2} \mathrm{d}t$。

将式（3.5）代入式（3.3）得利用离散采样数据计算得到的光斑质心位置为[1]

$$x_c = \frac{\sum\limits_{m=1}^{M} \left\{ \left[\mathrm{erf}\left(\frac{m-x_0}{\sqrt{2}\sigma_A} \right) - \mathrm{erf}\left(\frac{m-1-x_0}{\sqrt{2}\sigma_A} \right) \right] \cdot (m-0.5) \right\}}{\mathrm{erf}\left(\frac{M-x_0}{\sqrt{2}\sigma_A} \right) + \mathrm{erf}\left(\frac{x_0}{\sqrt{2}\sigma_A} \right)} \tag{3.6}$$

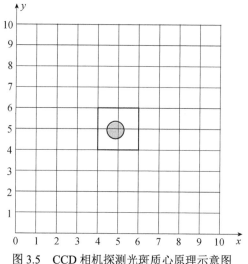

图 3.5　CCD 相机探测光斑质心原理示意图

显然，利用采样数据计算得到的光斑质心位置 x_c 与光斑的真实质心位置 x_0、光斑的高斯宽度 σ_A 和子孔径的大小 M 相关。受这些因素的影响，探测得到的质心位置 x_c 与光斑的真实质心位置 x_0 并不完全一致，如图 3.6 所示。

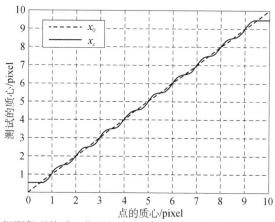

图 3.6　探测得到的质心位置与真实质心位置的对比（ $\sigma_A = 0.2\text{pixel}$ ）

定义采样误差 δ_S 为探测得到的质心位置与光斑的真实质心位置之差，则

$$\delta_S = x_c - x_0 = \frac{\sum_{m=1}^{M}\left\{\left[\text{erf}\left(\frac{m-x_0}{\sqrt{2}\sigma_A}\right) - \text{erf}\left(\frac{m-1-x_0}{\sqrt{2}\sigma_A}\right)\right]\cdot(m-0.5)\right\}}{\text{erf}\left(\frac{M-x_0}{\sqrt{2}\sigma_A}\right) + \text{erf}\left(\frac{x_0}{\sqrt{2}\sigma_A}\right)} - x_0 \quad （3.7）$$

不同高斯宽度的光斑在不同位置的采样误差，如图 3.7 所示。

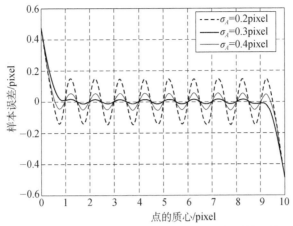

图 3.7　不同高斯宽度的光斑在不同位置的采样误差

由式（3.6）和图 3.7 可以看出，采样误差曲线呈周期分布，周期为 1pixel：当光斑处于 $0.5K$（pixel）（K 是自然数）位置时，由于光斑的质心刚好与离散采样得到的光强分布的对称中心重合，探测得到的质心位置与光斑的质心位置重合，此时采样误差为 0；而在其他位置，离散采样破坏了光斑的中心对称分布，探测得到的质心位置并不是光斑的质心位置，并且光斑的高斯宽度越小，这种效应越明显，所以采样误差不为 0，并且随着光斑高斯宽度的减小而增大。

当光斑的质心处于子孔径边缘时，光斑的部分能量会溢出子孔径，出现截断误差。截断误差会随着光斑能量的溢出增多而迅速上升，当出现截断误差时，表明哈特曼波前传感器的动态范围小于被校正波面的动态范围，由于光学系统在设计时，会充分考虑哈特曼波前传感器的开环动态范围与被校正波面的动态范围相匹配，所以不会出现截断误差的情况。

在实际应用中，被校正波前畸变会造成光斑的高斯宽度随机变化，而标定时光斑的高斯宽度是一定的，受采样误差的影响，不同标定位置的光斑在实际应用中会造成不同的探测误差。即当子孔径与微透镜中心在 x 方向上的偏离量为 x_p、标定时光斑的高斯宽度为 σ_{A0}、在闭环校正中光斑的高斯宽度变化为 σ_{At} 时，探测误差为

$$\delta_d = \delta_S(\sigma_{A0}, x_p) - \delta_S(\sigma_{At}, x_p) \tag{3.8}$$

其中 $\delta_S(\sigma_{A0}, x_p)$ 和 $\delta_S(\sigma_{At}, x_p)$ 均由式（3.7）决定。

由图 3.8 可以发现，当光斑的高斯宽度变化时会产生质心探测的误差，影响系统的校正精度。为了减少由于光斑的高斯宽度随机变化造成的质心探测误差，在无法保证光斑的高斯宽度不发生变化的情况下，只能要求 $\delta_S(\sigma_A, x_p) = 0$，即标定光斑所在的位置必须不存在采样误差，所以要求光斑处于 $0.5K$(pixel)（K 是自然数）位置。

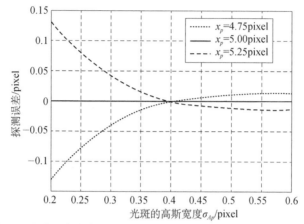

图 3.8　当光斑高斯宽度变化时产生的探测误差（ $\sigma_{A0} = 0.4\text{pixel}$ ）

3.2.2　位移敏感度与标定时光斑质心位置的关系

根据式（3.3）可知，由于光斑离散采样的影响，当 CCD 处光斑的质心在 x 方向发生 Δx 的位移时，计算值 x_c 的变化 Δx_c 与光斑质心所在位置有关，即不同位置处 CCD 对光斑质心的位移敏感度不同。这是由于当光斑的能量集中在 x 方向上的同一列像素上时，如图 3.9（a）中的光斑 1 或光斑 3 所示，光斑质心在移动一个微小量时，子孔径内各像素的灰度输出值变化不大，所以根据式（3.3）计算得到的光斑质心位置的变化也比较平缓，如图 3.9（b）中的曲线 AB 段和 CD 段；而当光斑能量分散在 x 方向上相邻的两列像素上时，如果光斑质心发生微小移动，该两列像素灰度输出值会随之发生变化，所以根据式（3.3）计算得到的光斑质心位置的变化较大，如图 3.9（b）中的曲线 BC 段。显然，CCD 对光斑质心的位移敏感度越高，越有利于提高系统对波前畸变的响应度。

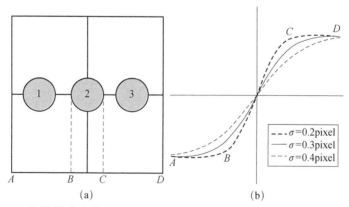

图 3.9　不同高斯宽度的光斑的质心处于不同位置时的探测曲线（局部放大）

定义 CCD 对光斑质心的位移敏感度为输出位置的变化与实际位置的变化之比，即

$$k_x = \frac{\partial x_c}{\partial x_0} \qquad (3.9)$$

其中，k_x 是位移敏感度。

将式（3.6）代入式（3.9）可得

$$k_x = \frac{\sqrt{2}}{\sqrt{\pi}\sigma_A} \cdot \frac{\sum_{m=1}^{M}\left[(m-0.5)(C_a - C_b)\right]}{\left[\mathrm{erf}\left(\dfrac{M-x_0}{\sqrt{2}\sigma_A}\right) + \mathrm{erf}\left(\dfrac{x_0}{\sqrt{2}\sigma_A}\right)\right]^2} \qquad (3.10)$$

其中，

$$C_a = \left[\mathrm{erf}\left(\frac{m-x_0}{\sqrt{2}\sigma_A}\right) - \mathrm{erf}\left(\frac{m-1-x_0}{\sqrt{2}\sigma_A}\right)\right] \cdot \left\{\exp\left[-\left(\frac{M-x_0}{\sqrt{2}\sigma_A}\right)^2\right] - \exp\left[-\left(\frac{x_0}{\sqrt{2}\sigma_A}\right)^2\right]\right\}$$

$$(3.11)$$

$$C_b = \left[\mathrm{erf}\left(\frac{M-x_0}{\sqrt{2}\sigma_A}\right) + \mathrm{erf}\left(\frac{x_0}{\sqrt{2}\sigma_A}\right)\right] \cdot \left\{\exp\left[-\left(\frac{m-x_0}{\sqrt{2}\sigma_A}\right)^2\right] - \exp\left[-\left(\frac{m-1-x_0}{\sqrt{2}\sigma_A}\right)^2\right]\right\}$$

$$(3.12)$$

由式（3.10）可知，CCD 对光斑质心的位移敏感度与光斑的高斯宽度和光斑所在位置有关（如图 3.10 所示）。当光斑的高斯宽度一定，标定光斑的质心位置处于 $K(\mathrm{pixel})$（K 是自然数）时，光斑质心的位移敏感度最高。

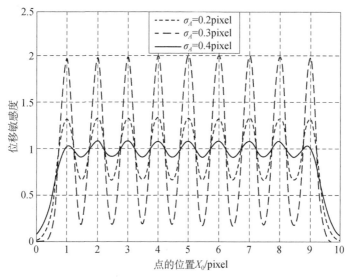

图 3.10 标定光斑的质心处于不同位置时的位移敏感度曲线

3.2.3　不同标定位置的开环动态范围

根据哈特曼波前传感器的工作原理可知，每个子孔径的光斑只能在 CCD 靶面上的子孔径区域内移动。在闭环稳定前，光斑的位置直接对应于大气湍流造成的波前畸变，此时的哈特曼波前传感器的动态范围为开环动态范围。由于畸变波前相对平面波有正负相位差，所以光斑质心相对标定位置会在正负两个方向上移动。当标定光斑质心位置为 x_d 时，其正方向和负方向上的开环动态范围分别是

$$R_- = \left| x_d - \frac{\sigma_A}{2} \right|, \quad R_+ = \left| M - \frac{\sigma_A}{2} - x_d \right| \tag{3.13}$$

由于在实际应用中认为光斑质心变化的范围是均匀分布的，所以其开环动态范围是

$$R = \min(R_+, R_-) \tag{3.14}$$

当且仅当标定光斑的质心位于子孔径中央时，哈特曼波前传感器的开环动态范围最大，如图 3.11 所示。

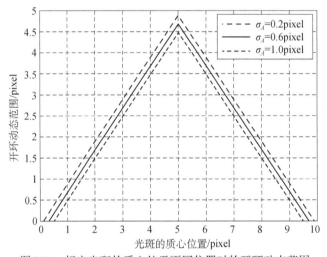

图 3.11　标定光斑的质心处于不同位置时的开环动态范围

3.2.4　标定光斑质心最佳位置

表 3.1 列出了只考虑单个限制条件时标定光斑质心的最佳位置，综合考虑后标定光斑质心的最佳位置应该取其交集。

表 3.1　单个限制条件时标定光斑质心的最佳位置

限制条件	标定光斑质心的最佳位置	备注
最小采样误差	$0.5K\,(\text{pixel})$ 位置（K 是自然数）	采样误差为 0，标定位置不会受到光斑高斯宽度的变化影响
最大探测灵敏度	$K\,(\text{pixel})$ 位置（K 是自然数）	当光斑高斯宽度一定时，该位置处具有最大探测灵敏度
最大动态范围	子孔径中心	

由于 y 方向上的情况与 x 方向类似，所以表 3.1 也适合 y 方向上标定光斑质心最佳位置的选取。当子孔径内的像素数为 $M \times N$ 时，标定光斑质心的最佳位置为 x 方向上

$$x_d = \begin{cases} \dfrac{M}{2}, & M \text{ 为偶数} \\[2mm] \dfrac{M+1}{2} \text{ 或 } \dfrac{M-1}{2}, & M \text{ 为奇数} \end{cases} \tag{3.15}$$

y 方向上

$$y_d = \begin{cases} \dfrac{N}{2}, & N \text{ 为偶数} \\[2mm] \dfrac{N+1}{2} \text{ 或 } \dfrac{N-1}{2}, & N \text{ 为奇数} \end{cases} \tag{3.16}$$

所以，当哈特曼波前传感器应用在校正大气湍流的自适应光学系统中时，为了满足高帧频和大动态范围的要求，其 CCD 相机处光斑的高斯宽度必须较小，离散采样误差不能忽略。在标定时光斑质心的位置对哈特曼波前传感器的探测精度、位移敏感度和开环动态范围都有影响。

3.3　基于四象限探测器的哈特曼波前传感器光斑最佳标定位置

3.3.1　基于四象限探测器的波前倾斜传感器的原理

如图 3.12 所示，对于单个子孔径来说，当四象限探测器的光敏面放置在透镜的焦面处时，被分割后的子波前经微透镜会集后在焦面上形成焦面光斑，当子波前斜率改变时，焦面光斑会在成像透镜的焦平面上移动，从而改变了四个光敏面上四个象限的光能量分布，根据四象限探测器四个象限输出的光电子数，利用质心计算公式，可以计算出目标光斑质心偏移的方向，从而解算出入射波前的倾斜方向[2-7]。

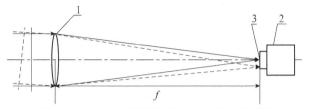

图 3.12 四象限探测器复原波前倾斜的原理图

1. 微透镜；2. 四象限探测器；3. 焦面光斑

四象限探测器光敏面上光斑的质心 (x_c, y_c) 计算公式为

$$x_c = \frac{(N_1 + N_4) - (N_2 + N_3)}{N_1 + N_2 + N_3 + N_4}, \quad y_c = \frac{(N_1 + N_2) - (N_3 + N_4)}{N_1 + N_2 + N_3 + N_4} \quad (3.17)$$

其中，N_i 表示四象限探测器的第 i 象限输出的光子个数。

由式（3.17）计算得到的光斑质心位置 x_c 和 y_c 是一个无量纲的数，并且由于四象限探测器仅在四个区域内对光斑的能量分布进行采样，所以当光斑在四象限探测器的光敏面内移动时，x_c 和 y_c 的取值范围是 [-1,+1]。在实际应用中，一般会将 x_c 和 y_c 分为线性区域和非线性区域（如图 3.13 所示）：在线性区域内，x_c 和 y_c 的大小单调对应于光斑质心偏移的位移量；在非线性区域，x_c 和 y_c 为 +1 或 -1 对应于光斑质心偏移的方向。

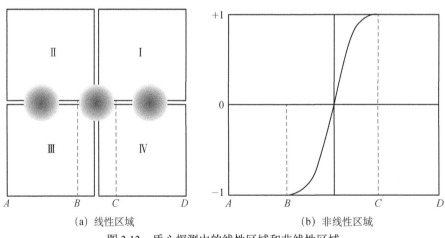

(a) 线性区域   (b) 非线性区域

图 3.13 质心探测中的线性区域和非线性区域

由于计算得到的光斑质心位置 x_c 和 y_c 是无量纲的数，所以需要定义一个位移系数 k_c，当 x_c 和 y_c 处于线性区域内时，利用 k_c 将计算得到的光斑质心位置 (x_c, y_c) 还原为光斑的真实质心位置 (x_0, y_0)，此时，入射波前在 x、y 两个方向上的倾斜角 α_x 和 α_y 的计算公式分别为（α_x 和 α_y 都很小）

$$\alpha_x = \arctan\left(\frac{x_0}{f}\right) = \frac{k_c \cdot x_c}{f}, \quad \alpha_y = \arctan\left(\frac{y_0}{f}\right) = \frac{k_c \cdot y_c}{f} \tag{3.18}$$

其中，f 是跟踪传感器的有效焦距。

3.3.2　四象限探测器的性能分析

四象限探测器由四个光敏元组成，由于每个光敏元在量子效率和光强响应上存在差异，所以在相同的条件下，各个光敏元会产生不同的光电子数，对应的输出信号也不一致，这种现象被称为像元间的响应非均匀性。像元间的响应非均匀性会影响到四象限探测器的质心探测精度，所以在使用四象限探测器之前，需要通过平场校正的方法来消除四个光敏元的非均匀性[8]。

由于跟踪传感器的光路在 x 方向上和 y 方向上是对称的，所以以下讨论都集中在 x 方向，y 方向上的情况与此相似。

通常情况下，四象限探测器光敏面处光斑的光强呈高斯分布，其分布函数如下

$$I(x,y) = \frac{N_s}{2\pi\sigma^2} \exp\left[-\left(\frac{x-x_0}{\sqrt{2}\sigma}\right)^2 - \left(\frac{y-y_0}{\sqrt{2}\sigma}\right)^2\right] \tag{3.19}$$

其中，N_s 是到达四象限探测器光敏面的总光子数；σ 是光斑的高斯宽度；(x_0, y_0) 是光斑的质心位置坐标。

四象限探测器的光敏面上衍射光斑的高斯宽度 σ 的计算公式为

$$\sigma = \eta \cdot \frac{\lambda}{d} \cdot f \tag{3.20}$$

其中，η 是一个常数，圆孔衍射时值为 0.431，方孔衍射时值为 0.353；d 是成像透镜入射光瞳的尺寸；λ 是入射波前的波长。

如图 3.14 所示，当光斑的质心位置为 (x_0, y_0)，并且四象限探测器单个象限的宽度为 ω、单个象限上死区的宽度为 Δ 时，各象限输出的光电子数分别为

$$\begin{cases} N_1 = \dfrac{E \cdot N_s}{4}\left(\omega_{x-} - \Delta_{x-}\right)\left(\omega_{y-} - \Delta_{y-}\right) \\[2mm] N_2 = \dfrac{E \cdot N_s}{4}\left(\omega_{x+} - \Delta_{x+}\right)\left(\omega_{y-} - \Delta_{y-}\right) \\[2mm] N_3 = \dfrac{E \cdot N_s}{4}\left(\omega_{x+} - \Delta_{x+}\right)\left(\omega_{y+} - \Delta_{y+}\right) \\[2mm] N_4 = \dfrac{E \cdot N_s}{4}\left(\omega_{x-} - \Delta_{x-}\right)\left(\omega_{y+} - \Delta_{y+}\right) \end{cases} \tag{3.21}$$

其中，$\omega_{x-} = \mathrm{erf}\left(\dfrac{\omega - x_0}{\sqrt{2}\sigma}\right)$，$\omega_{x+} = \mathrm{erf}\left(\dfrac{\omega + x_0}{\sqrt{2}\sigma}\right)$，$\omega_{y-} = \mathrm{erf}\left(\dfrac{\omega - y_0}{\sqrt{2}\sigma}\right)$，$\omega_{y+} = \mathrm{erf}\left(\dfrac{\omega + y_0}{\sqrt{2}\sigma}\right)$，

$\varDelta_{x-} = \mathrm{erf}\left(\dfrac{\varDelta - x_0}{\sqrt{2}\sigma}\right)$，$\varDelta_{x+} = \mathrm{erf}\left(\dfrac{\varDelta + x_0}{\sqrt{2}\sigma}\right)$，$\varDelta_{y-} = \mathrm{erf}\left(\dfrac{\varDelta - y_0}{\sqrt{2}\sigma}\right)$，$\varDelta_{y+} = \mathrm{erf}\left(\dfrac{\varDelta + y_0}{\sqrt{2}\sigma}\right)$；$E$ 是

四象限探测器的量子效率；$\mathrm{erf}(\varepsilon)$ 是误差累计函数：$\mathrm{erf}(\varepsilon) = \dfrac{2}{\sqrt{\pi}}\displaystyle\int_0^\varepsilon \mathrm{e}^{-t^2}\,\mathrm{d}t$。

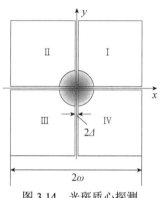

图 3.14　光斑质心探测

3.3.2.1　四象限探测器的高斯光斑能量探测率

定义四象限探测器的高斯光斑能量探测率 ς 为四象限探测器能够探测得到的光子数与到达光子数之比，即

$$\varsigma = \frac{\displaystyle\sum_{i=1}^{4} N_i}{N_s} \tag{3.22}$$

将式（3.21）代入式（3.22），得

$$\varsigma = \frac{E}{4}\left(\omega_{x-} + \omega_{x+} - \varDelta_{x-} - \varDelta_{x+}\right)\left(\omega_{y-} + \omega_{y+} - \varDelta_{y-} - \varDelta_{y+}\right) \tag{3.23}$$

由式（3.23）可得，四象限探测器的光斑能量探测率与器件的量子效率、光斑所在位置、光斑高斯宽度、光敏面尺寸和死区尺寸有关。显然，当光斑的质心处于原点时，ς 最小，并且由于 $\mathrm{erf}(3/\sqrt{2}) = 0.9973$，所以当四象限探测器单个象限的宽度大于 3 倍光斑的高斯宽度时，有

$$\varsigma_0 = E \cdot \left[1 - \mathrm{erf}\left(\frac{1}{2\sqrt{2}\varGamma}\right)\right]^2 \tag{3.24}$$

其中，$\varsigma_0 = \varsigma|_{\omega > 3\sigma,\,x_0 = 0,\,y_0 = 0}$；$\varGamma = \dfrac{\sigma}{2 \cdot \varDelta}$，即光斑的高斯宽度与死区宽度之比。

显然，四象限探测器的死区会降低四象限探测器对光斑的能量探测率，当光

斑的质心位于原点，并且四象限探测器单个象限的宽度大于 3 倍光斑的高斯宽度时，光斑的高斯宽度与死区宽度之比越大，四象限探测器的高斯光斑能量探测率越大，如图 3.15 所示。

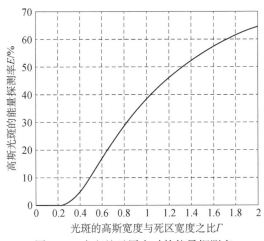

图 3.15　光斑处于原点时的能量探测率

3.3.2.2　四象限探测器对高斯光斑的质心探测误差

影响四象限探测器光斑质心探测精度的噪声主要有信号光的光子噪声、背景光噪声以及探测器的热噪声，每个象限输出的信号光电子数的均值由式（3.21）决定。根据文献[9]中的推导，可得存在噪声时到四象限探测器的光斑质心表达式为

$$x_{nc} = \frac{\varsigma \cdot N_s}{\varsigma \cdot N_s + n} \cdot x_c + \frac{n}{\varsigma \cdot N_s + n} \cdot x_n \tag{3.25}$$

其中，n 是四象限探测器输出的背景光噪声和热噪声的电子数之和；x_n 是背景光噪声和热噪声的质心。

文献[10]详细地分析了基于 CCD 相机的点源目标的质心探测误差，噪声的均值会导致质心探测的偏移误差，而噪声的随机起伏会导致质心探测的抖动误差。四象限探测器的质心探测误差与此相类似，存在着偏移和抖动两种误差。由于四象限探测器的象限的一致性，并且背景光是均匀照射的，所以每个象限输出的背景光噪声和热噪声的电子数之和的均值相等，即 $x_n = 0$，所以偏移误差为

$$\sigma_d = \frac{n}{\varsigma \cdot N_s + n} \cdot x_c \tag{3.26}$$

抖动误差为

$$\sigma_w = \sqrt{\frac{\varsigma \cdot N_s}{(\varsigma \cdot N_s + n)^2} \cdot (1 - x_c^2) + \frac{n}{(\varsigma \cdot N_s + n)^2}} \tag{3.27}$$

四象限探测器的光斑质心探测误差为

$$\sigma_{x_{nc}} = \sqrt{\frac{\varsigma \cdot N_s}{\left(\varsigma \cdot N_s + n\right)^2} \cdot \left(1 - x_c^2\right) + \frac{n}{\left(\varsigma \cdot N_s + n\right)^2} \cdot \left(1 + n \cdot x_c^2\right)} \qquad (3.28)$$

式（3.28）表明，四象限探测器对光斑质心的探测误差与光斑质心的理论计算值 x_c、信号光子数 N_s、光斑能量探测率 ς 和噪声光电子数 n 相关。

当光斑的质心处于原点，并且背景光噪声和四象限探测器的热噪声被抑制得足够小时，四象限探测器的光斑质心探测误差为

$$\sigma_{x_{nc}}\big|_{x_c=0} = \frac{1}{\sqrt{\varsigma \cdot N_s}} \qquad (3.29)$$

由式（3.29）可得，死区对光斑质心探测精度的影响体现在对光斑能量探测率的影响上，死区对质心探测的误差影响因子为

$$\kappa_{\sigma_x} = \left[1 - \mathrm{erf}\left(\frac{1}{2\sqrt{2}\Gamma}\right)\right]^{-1} \qquad (3.30)$$

如图 3.16 所示，在高斯光斑宽度相同的情况下，死区越大，Γ 越小，此时质心的探测误差也越大；而图 3.17 表明，光斑高斯宽度与死区宽度之比越大，死区对质心探测误差的影响因子越小，这是因为四象限探测器的高斯光斑能量探测率随着光斑的高斯宽度与死区宽度之比的增大而增大（如图 3.15 所示），从而增大了系统的信噪比，减小了质心的探测误差。

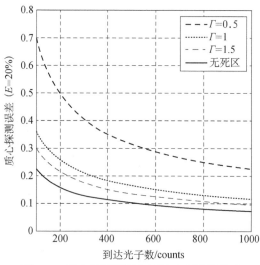

图 3.16　质心探测误差与到达光子数的关系

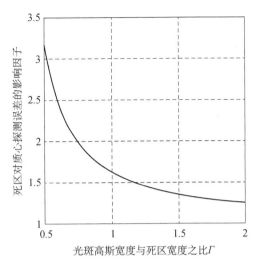

图 3.17 死区对质心探测误差的影响因子

3.3.2.3 四象限探测器的光斑位移敏感度

将式（3.20）代入式（3.17）可得

$$x_c = \frac{(\omega_{x-} - \Delta_{x-}) - (\omega_{x+} - \Delta_{x+})}{(\omega_{x-} - \Delta_{x-}) + (\omega_{x+} - \Delta_{x+})} \tag{3.31}$$

定义四象限探测器的光斑位移敏感度 ρ_x 为计算得到的光斑质心位置 x_c 对光斑真实质心位置 x_d 的偏导，它表示光斑的真实质心位置在不同位置发生微小移动时，计算得到的光斑质心位置的变化趋势，即

$$\rho_x = \partial x_c / \partial x_0 \tag{3.32}$$

由式（3.30）和式（3.32）可得

$$\rho_x = \frac{(C_a - C_b) \cdot (C_a' + C_b') - (C_a + C_b) \cdot (C_a' - C_b')}{(C_a + C_b)^2} \tag{3.33}$$

其中，$C_a = \omega_{x-} - \Delta_-$，$C_b = \omega_{x+} - \Delta_+$，$C_a' = \frac{\sqrt{2}}{\sqrt{\pi}\,\sigma} \cdot \exp\left[-\left(\frac{\omega - x_0}{\sqrt{2}\sigma}\right)^2\right] - \exp\left[-\left(\frac{\Delta - x_0}{\sqrt{2}\sigma}\right)^2\right]$，

$C_b' = \frac{\sqrt{2}}{\sqrt{\pi}\,\sigma} \cdot \exp\left[-\left(\frac{\Delta + x_0}{\sqrt{2}\sigma}\right)^2\right] - \exp\left[-\left(\frac{\omega + x_0}{\sqrt{2}\sigma}\right)^2\right]$。

在实际应用时，光斑质心位置的计算还受到噪声的影响，根据式（3.25）可得受噪声影响的光斑质心位移敏感度为

$$\rho_{x_n} = \frac{\varsigma \cdot N_s}{\varsigma \cdot N_s + n} \cdot \rho_x \tag{3.34}$$

当光斑的质心处于原点，并且背景光噪声和四象限探测器的热噪声被抑制得足够小时，四象限探测器的光斑位移敏感度为

$$\rho_x\big|_{x_0=0} = \frac{\sqrt{2}}{\sqrt{\pi}\,\sigma} \cdot \frac{\exp\left(-\dfrac{\Delta^2}{2\sigma^2}\right) - \exp\left(-\dfrac{\omega^2}{2\sigma^2}\right)}{\mathrm{erf}\left(\dfrac{\omega}{\sqrt{2}\sigma}\right) - \mathrm{erf}\left(\dfrac{\Delta}{\sqrt{2}\sigma}\right)} \tag{3.35}$$

当不存在死区时，通常取 $\dfrac{\sqrt{2}}{\sqrt{\pi}\sigma}$ 作为四象限探测器的位移敏感度，所以死区位移敏感度的影响因子为

$$\kappa_{\rho_x} = \left[\exp\left(-\frac{\Delta^2}{2\sigma^2}\right) - \exp\left(-\frac{\omega^2}{2\sigma^2}\right)\right] \cdot \left[\mathrm{erf}\left(\frac{\omega}{\sqrt{2}\sigma}\right) - \mathrm{erf}\left(\frac{\Delta}{\sqrt{2}\sigma}\right)\right]^{-1} \tag{3.36}$$

由于 $\exp(-9/2) = 0.011$，$\mathrm{erf}(3/\sqrt{2}) = 0.9973$，所以当四象限探测器单个象限的宽度大于 3 倍光斑的高斯宽度时，有

$$\kappa_{\rho_x} = \exp\left[-\left(\frac{1}{2\sqrt{2}\Gamma}\right)^2\right]\left[1 - \mathrm{erf}\left(\frac{1}{2\sqrt{2}\Gamma}\right)\right]^{-1} \tag{3.37}$$

如图 3.18 所示，当死区的宽度一定时，光斑高斯宽度越小，四象限探测器的位移敏感度越高；而图 3.19 表明，死区对位移敏感度的影响因子随着光斑高斯宽度与死区宽度之比的增加而减小。

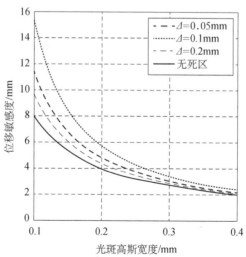

图 3.18　位移敏感度与光斑高斯宽度的关系

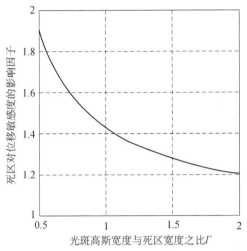

图 3.19　死区对位移敏感度的影响因子

3.3.3　光斑最佳标定位置

当采用四象限探测器作为哈特曼波前传感器的质心探测器件时，与 3.2 节讨论相类似，光斑的最佳标定位置是在四象限探测器的原点。但是，由于四象限探测器对光斑的离散化采样达到了极限（2×2），测量精度受采样误差的影响达到了极限，因此，本节将四象限探测器作为一种质心探测的特例进行讨论。

根据式（3.17）和式（3.21）可得，当不考虑死区对四象限探测器的影响时，四象限探测器探测得到的质心位置与实际质心位置的关系为

$$\begin{cases} x = \dfrac{(\omega_{x-} - \Delta_{x-}) - (\omega_{x+} - \Delta_{x+})}{(\omega_{x-} - \Delta_{x-}) + (\omega_{x+} - \Delta_{x+})} \\ y = \dfrac{(\omega_{y-} - \Delta_{y-}) - (\omega_{y+} - \Delta_{y+})}{(\omega_{y-} - \Delta_{y-}) + (\omega_{y+} - \Delta_{y+})} \end{cases} \tag{3.38}$$

其中，$\omega_{x-} = \mathrm{erf}\left(\dfrac{\omega - x_0}{\sqrt{2}\sigma}\right)$，$\omega_{x+} = \mathrm{erf}\left(\dfrac{\omega + x_0}{\sqrt{2}\sigma}\right)$，$\omega_{y-} = \mathrm{erf}\left(\dfrac{\omega - y_0}{\sqrt{2}\sigma}\right)$，$\omega_{y+} = \mathrm{erf}\left(\dfrac{\omega + y_0}{\sqrt{2}\sigma}\right)$，

$\Delta_{x-} = \mathrm{erf}\left(\dfrac{\Delta - x_0}{\sqrt{2}\sigma}\right)$，$\Delta_{x+} = \mathrm{erf}\left(\dfrac{\Delta + x_0}{\sqrt{2}\sigma}\right)$，$\Delta_{y-} = \mathrm{erf}\left(\dfrac{\Delta - y_0}{\sqrt{2}\sigma}\right)$，$\Delta_{y+} = \mathrm{erf}\left(\dfrac{\Delta + y_0}{\sqrt{2}\sigma}\right)$。

四象限探测器探测得到的质心位置与实际质心位置的关系曲线，如图 3.20 所示。

根据图 3.20 可得，当光斑的实际质心位置一定时，四象限探测器探测得到的质心位置与光斑的高斯宽度有关；反过来说，当探测到的质心位置相同时，光斑

的实际位置也与光斑的高斯宽度有关，如图 3.21 所示。

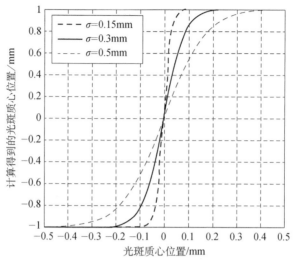

图 3.20   四象限探测器探测得到的质心位置与实际质心位置的关系曲线图

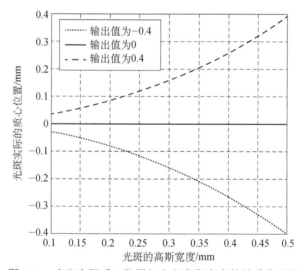

图 3.21   光斑实际质心位置与光斑高斯宽度的关系曲线图

如图 3.21 所示四象限探测器探测得到的质心位置相同时，光斑实际质心位置与光斑高斯宽度的关系曲线受到采样误差的影响，基于四象限探测器的哈特曼波前传感器多用于天文望远镜的自适应光学系统中。当天体发出的光波穿过大气层时，由于大气湍流的影响，经过成像透镜后在四象限探测器的光敏面处衍射光斑的高斯宽度会与大气湍流的相干长度 r_0 有关：

$$\sigma = 0.431 \cdot \frac{\lambda f}{d} \left\{ 1 + \left(\frac{d}{r_0} \right)^2 \left[1 - 0.37 \left(\frac{r_0}{d} \right)^{\frac{1}{3}} \right] \right\}^{\frac{1}{2}} \tag{3.39}$$

由于 r_0 不是一个确定值，所以实际系统中，四象限探测器的光敏面处衍射光斑的高斯宽度是随机变化的。由此带来的问题就是，在标定时光斑的质心位置必须在原点，否则受光斑高斯宽度随机变化的影响，四象限探测器无法准确地探测工作时光斑偏移的方向，从而导致自适应光学系统闭环失败。

参 考 文 献

[1] 张昂. 不同子孔径像素数时的夏克-哈特曼波前传感器探测性能研究[D]. 成都：中国科学院光电技术研究所, 2006. http://www.irgrid.ac.cn/handle/1471x/738097. [2013-11-19].

[2] 饶长辉, 张学军, 姜文汉, 等. 光子计数式光电倍增管四象限型和弱光像增强 CCD 跟踪系统的性能比较[J]. 光学学报, 2002, （1）：67-73.

[3] 邓仁亮. 光学制导技术[M]. 北京：北京国防工业出版社, 1992.

[4] Downey G, Foutain H W. Sled tracking system[J]. SPIE, 1991：1482.

[5] 金国潘, 李景镇. 激光测量学[M]. 北京：科学出版社, 1998.

[6] 冯龙龄, 邓仁亮. 四象限光电跟踪技术中若干问题的探讨[J]. 红外与激光工程, 1996, 25（1）：16-21, 15.

[7] Greenleaf A H. Self-calibrating surface measuring machine[J]. Optical Engineering, 1983, 22（2）：276-280.

[8] 玛拉卡拉 D. 光学车间检验[M]. 白国强, 薛君敖, 等译. 北京：机械工业出版社, 1983.

[9] 李晓彤. 几何光学和光学设计[M]. 杭州：浙江大学出版社, 1999.

[10] Chen S H, Huang S Y, Shi D F, et al. Orthographic double-beam holographic interferometry for limited-view optical tomography[J]. Applied Optics, 1995, 34（27）：6282-6286.

第4章　哈特曼波前传感器质心探测

4.1　质心与斜率的关系

由第 2 章可知，波前斜率的计算精度与质心探测的准确度有着密切的关系，假设参考平面波前经过微透镜阵列后在探测器靶面上的光斑质心坐标为 (x_{fo}, y_{fo})，则实际被测波前斜率为

$$\begin{cases} S_x = \Delta x / f \\ S_y = \Delta y / f \end{cases} \tag{4.1}$$

式中，$\Delta x = (x_{fc} - x_{fo})$，$\Delta y = (y_{fc} - y_{fo})$，$(x_{fc}, y_{fc})$ 为实际被测波前在探测器靶面的质心坐标，f 为微透镜的焦距。从上式可以得出，被测波前在微透镜子孔径内的波前平均斜率与微透镜后焦面上的光斑质心偏移量成正比，与微透镜焦距成反比。

哈特曼波前斜率测量理论也可以从几何光学角度进行解释，如图 4.1 所示，将微透镜阵列子孔径内的实际波前近似为倾斜平面波，其主光线与微透镜光轴夹角为 θ，探测器置于微透镜阵列的焦平面位置，主光线与探测器靶面红色交点坐标为 (x_{fc}, y_{fc})，参考平面波前经过微透镜后与探测器靶面黑色交点坐标为 (x_{fo}, y_{fo})，实际测试光斑坐标与参考坐标偏移量为 Δy，微透镜阵列与探测器靶面之间的距离为 f。

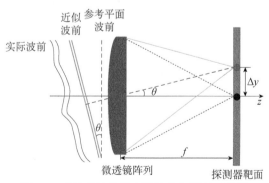

图 4.1　哈特曼波前斜率测量几何原理示意图

（彩图见封底二维码）

当微透镜焦距 f 远大于测试光斑质心坐标与参考坐标的偏移量 $(\Delta x, \Delta y)$ 时，$\sin\theta \approx \tan\theta \approx \theta$。根据几何关系可得被测波前斜率近似为

$$\begin{cases} S_x \approx \tan\theta_x = \Delta x / f \\ S_y \approx \tan\theta_y = \Delta y / f \end{cases} \tag{4.2}$$

利用几何关系得到波前斜率与理论推导结果一致。由于波前斜率计算采用了一阶线性近似，认为子孔径内的被测波前为倾斜平面波，则测量的波前斜率为子孔径内畸变波前的平均斜率。根据测量的各子孔径内的波前平均斜率，通过波前重构方法可得到整个全孔径波前分布。

4.2　哈特曼波前传感器质心计算方法

光斑定位作为斜率计算的首要步骤，在波前探测领域具有十分核心的地位，国内外学者对此不断地进行研究，并提出了多种子光斑定位算法以及改进思路。现有的光斑定位算法有很多种，适用的目标特征和应用场景也不尽相同。可用于点源目标哈特曼波前传感器的子光斑定位算法主要分为三个大类：基于传统质心法的改进算法、基于微分的方法和基于配准的方法。其中质心（center of gravity, CoG）法根据光斑质心的定义计算当前光斑的质心位置，进而计算其偏离参考的距离，是最为传统的点源光斑定位算法。而微分法较为特殊，通过某个参考位置或偏移量的局部泰勒展开，事先建立偏移量与灰度向量的变化关系，然后根据测量得到的灰度向量反推得到偏移量。

事实上，光斑定位的根本目的是进行偏移量的估计，基于配准的方法采用图像配准的原理，可以直接计算参考和当前光斑之间的偏移量。本章就从这三种类型的光斑定位算法分别展开讨论，列举现有的算法，介绍其各自的测量原理，并逐一阐述算法性能。主要从算法的测量精度、动态范围和稳定性等方面进行对比分析。其中测量精度指的是给定理想偏移量时质心估计值与理论值的偏差；动态范围是指算法能够准确测量的最大质心偏移量；而稳定性一方面从质心估计误差（centroid estimation error, CEE）的起伏上反映，另一方面指在特殊情况下算法的失效概率。在此基础上，本节对阈值法、灰度加权质心法以及空域配准法进行了重点研究，提出了改进方案，将在相应部分进行阐述。

哈特曼波前传感器直接探测的原始数据是 CCD 采集到的光斑阵列，必须对光斑阵列进行质心计算才能进一步进行波前重构，因此光斑质心的计算精度直接影响到哈特曼波前传感器的探测精度。

影响光斑质心精度的原因主要有：CCD 离散采样、CCD 截断误差、光子起伏

噪声、读出噪声、背景暗电流、杂散光、计算误差。其中，CCD 离散采样及 CCD 截断误差是 CCD 结构所造成的，属于原理误差；光子起伏噪声是光信号本身存在的光子起伏而引起时间和空间分布呈一定随机性且服从泊松分布的随机噪声；读出噪声是由光电子元件及电子线路的噪声引起的，这种噪声表现为在零输入的情况下，CCD 各单元仍然随机地输出高斯白噪声；背景暗电流是 CCD 的偏置电平引起的，表现为一个常数值；杂散光是实验室环境引起的，属于外部因素；计算误差是计算方法的不完善而引入的计算误差。

　　CCD 的离散采样及截断误差在光斑覆盖 4×4 以上像素情况下所带来的误差可以忽略不计；光子起伏噪声只有在弱光条件下才会对探测结果产生影响；读出噪声、背景暗电流噪声、杂散光噪声都与信号光互不相关，是相互独立的噪声，其中背景暗电流噪声服从均匀分布，即该噪声通常为一常数值，因此可以增加一个阈值来降低噪声的影响；杂散光的影响因由实验室环境引起，属于可控外部因素，在好的实验条件下可以忽略不计；同时计算误差属于数学模型的建模误差，不同的建模形式有不同的计算精度。

4.2.1　传统质心计算法

4.2.1.1　质心法

　　对于点源光斑来说，最根本和传统的低信噪比下点源目标哈特曼波前传感器的子光斑定位算法为质心法。若子孔径大小为 $m×n$ 像素，则质心法的计算公式为

$$\begin{cases} x = \dfrac{\sum\limits_{i=1}^{m}\sum\limits_{j=1}^{n} j \cdot I_{ij}}{\sum\limits_{i=1}^{m}\sum\limits_{j=1}^{n} I_{ij}} \\[4mm] y = \dfrac{\sum\limits_{i=1}^{m}\sum\limits_{j=1}^{n} i \cdot I_{ij}}{\sum\limits_{i=1}^{m}\sum\limits_{j=1}^{n} I_{ij}} \end{cases} \tag{4.3}$$

其中，I_{ij} 是该子孔径的第 i 行、第 j 列像素的灰度值。

　　从本质上来看，质心法是利用光斑图的灰度数值对坐标位置进行加权，权重较大的位置即代表光斑中心的位置，这种方法原理简便，计算量小，但是很容易受噪声影响，精度往往不能满足要求。图 4.2 和图 4.3 显示了一个包含 16×16pixels 的子孔径（$m=n=16$），每个方块代表一个像素。

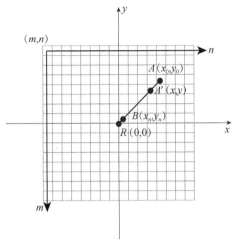

图 4.2   16×16pixels 的子孔径坐标系统示意图

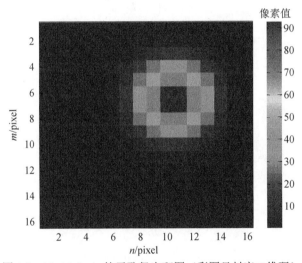

图 4.3   16×16pixels 的子孔径光斑图（彩图见封底二维码）

首先需要明确的是，图像处理大多采用 mn 坐标系，而所选的参考位置通常位于子孔径的中心 R 处，并将 R 的坐标定为$(0,0)$，即采用 xy 坐标系。若 $m,n \in [1,N]$，则 $x,y \in [-(N+1)/2, (N+1)/2]$。两个坐标系之间是线性的转换关系，如公式（4.3）所示。由于灰度对坐标的加权也是线性的，因此采用 mn 坐标系计算得到的结果，只须进行一定的线性平移即可对应到 xy 坐标下。

$$\begin{cases} x = n - (N+1)/2 \\ y = (N+1)/2 - m \end{cases} \tag{4.4}$$

假设点 A 为理想光斑的质心位置，坐标为 (x_0, y_0)，而 $A'(x,y)$ 为估计得到的光斑位置，$B(x_n, y_n)$ 则表示噪声的质心位置。通常将 A 和 A' 之间的距离作为质心

估计误差（CEE），

$$CEE = \sqrt{(x-x_0)^2 + (y-y_0)^2} \tag{4.5}$$

有时也可以将其分为 x 和 y 方向上的两个分量：CEE_x 和 CEE_y，定义分别为 $|(x-x_0)|$ 和 $|(y-y_0)|$。

若一个像素上的灰度值包括信号和噪声两部分，即 $I_{ij} = S_{ij} + n_{ij}$，并将信噪比（SNR）定义为信号的总能量和噪声的总能量的比值：

$$SNR = \sum_{ij} S_{ij} \Big/ \sum_{ij} n_{ij} \tag{4.6}$$

而光斑的实际质心位置 x_0 和噪声的质心位置 x_n 分别表示如下：

$$x_0 = \sum_{ij} i S_{ij} \Big/ \sum_{ij} S_{ij} \tag{4.7}$$

$$x_n = \sum_{ij} i n_{ij} \Big/ \sum_{ij} n_{ij} \tag{4.8}$$

可以得到估计质心的位置坐标为

$$\hat{x} = \frac{\sum_{ij} j \cdot S_{ij} + \sum_{ij} j \cdot n_{ij}}{\sum_{ij} S_{ij} + \sum_{ij} n_{ij}} = \frac{SNR}{1+SNR} x_0 + \frac{1}{1+SNR} x_n \tag{4.9}$$

可以看到，采用传统质心法的估计结果实际上是理想光斑的质心位置与噪声的质心位置的加权和，权重函数与能量信噪比有关。当信噪比等于 1 时，估计质心位置是实际质心与噪声质心的中点，可见此时的估计精度是极差的；而只有信噪比趋于无穷大时，估计结果方可达到理论值。结合式（4.5），进一步可以得到质心估计误差，

$$CEE = \frac{1}{1+SNR} \sqrt{(x_n-x_0)^2 + (y_n-y_0)^2} = \frac{1}{1+SNR} |AB| \tag{4.10}$$

其中，AB 表示噪声质心与实际光斑质心之间的距离。可见，采用传统质心法进行质心估计时，影响质心估计误差的因素有两个：①光斑的实际质心位置与子孔径内噪声的质心位置之间的距离；②信噪比。图 4.4 和图 4.5 的仿真也验证了该结论。

对于均匀分布的背景噪声，其质心位置一般在子孔径的中心附近，因此质心偏移误差与光斑真实偏移量大小成正比，噪声的存在使得质心估计结果偏向于子孔径中心，即估计结果偏小。另一个可以用来描述质心估计精度的物理量是相对质心估计误差（relative centroid estimation error，RCEE），表示为

$$RCEE = \frac{CEE}{|RA|} = \frac{CEE}{|AB|} = \frac{1}{1+SNR} \tag{4.11}$$

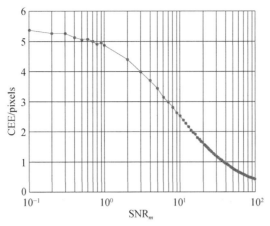

图 4.4　不同信噪比下的质心计算误差（彩图见封底二维码）

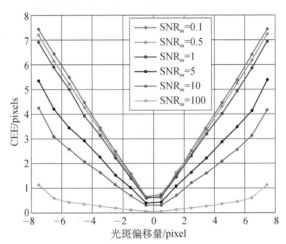

图 4.5　质心误差随光斑偏移量的变化曲线（彩图见封底二维码）

　　RCEE 较为直接地表明了噪声对质心估计误差的影响，信噪比越大，相对于质心光斑定位算法及其质心估计误差越小。而 CEE 包含了实际偏移量的影响，偏移量越大，CEE 也就越大。Vyas 等的仿真表明[1-2]采用合适的方法时，实际偏移越大，相对质心误差越小，即在低信噪比时，较小的偏移量相对大偏移量更加难以检测出来。

　　信噪比对噪声的统计是能量上的，当噪声中含有一定均值噪声时，对结果的影响将十分显著。因此，采用传统质心法时，去除背景均值对精度的改善是相当显著的，即最优阈值的选取在背景均值附近。其次，需要对光斑进行增强，尤其是在信号较弱的情况下。整体而言，一方面增强光斑信号，另一方面抑制噪声，是改进传统质心法提取精度的根本思路。

4.2.1.2 阈值和加窗

取阈值和加窗是两种提高质心计算精度的基本手段，并且二者之间有时存在相互依赖的关系，如窗口可以借助一定的取阈值方法来确定，因此本节将其放在一起讨论。尽管二者都不是最理想的光斑定位法，但因其易于实现，适合实时处理的特点，得到了广泛应用。同时二者也在不断地改进当中，并且可以与其他算法相结合，作为提高光斑定位精度的有效辅助手段。

1）阈值选取分析

阈值（thresholding）法是最先用于改进传统质心法提取精度的手段，也是一种最简单有效的方法。减阈值操作可以有效降低背景噪声对质心估计的影响，已逐步成为质心计算的必要预处理步骤[3]。对第 i 行、第 j 列像素 I_{ij} 取阈值的计算公式为

$$I_{ij} = \begin{cases} I_{ij} - T, & I_{ij} \geqslant T \\ 0, & I_{ij} < T \end{cases} \tag{4.12}$$

其中，T 为所选取的阈值。由于像素灰度不存在负值，因而减去阈值后需要将负值置 0，即小于阈值的像素不参与质心计算，而当像素值大于阈值时则需要减去阈值。由此可见，选取的阈值应代表噪声的平均水平，要想将噪声去除得较为彻底，阈值应当接近噪声的均值。

事实上，偏大的阈值会削弱信号成分，而偏小的阈值使得位于子孔径边缘的噪声像素仍有干扰。因此，理论上存在一个最优阈值，使得质心探测均方误差最小。Arines 和 Ares 首先提出了关于最小均方误差阈值的概念[4]，但并未给出明确的阈值选取方法。

另一方面，能否取到最佳阈值依赖于对背景噪声的估计是否准确，低信噪比下，背景噪声与信号的界限并不明朗，导致实际上很难取得最佳阈值。早期的阈值选取往往根据经验，整个靶面采用单一阈值 T，或者需要事先对背景进行标定存储后，在当前帧到来时进行减背景操作[5]，这样取阈值有两个问题：

（1）探测器工作时，背景也会随着时间的推移而变化，难以保证取到当前帧的最佳阈值；

（2）采用统一阈值时，仅有极少数子孔径能够取得较为理想的阈值，更多的子孔径阈值选取并不准确。

对于阵列光斑来说，子孔径间的信号强度和背景噪声差异是不可避免的，基于子孔径的自适应阈值十分必要，因此由全局统一阈值转变为更加精细化的自适应阈值是一大趋势，尽管这会牺牲一部分的运算量。有学者提出采用 Otsu 法选取阈值[6]，通过不断迭代，调整阈值，分割得到的前景和背景的类间方差最大。但由于其迭代的本质，算法过于复杂耗时，往往只适合仿真计算[7]，并且仅对直方图有

明显双峰、谷底较深的图像，有较好的分割效果，而点源光斑的直方图的双峰特性并不明显，尤其是当光斑区域较小、信噪比较低时，直方图几乎只有噪声的单峰分布，因而该方法自适应阈值分割效果较差。

2）局部自适应阈值

由于同一个哈特曼波前传感器的子孔径之间，光斑的大小（所占的像素数）比较接近。该方法假设灰度最大的前 m_s 个像素属于信号像素，而将其余的像素作为噪声像素用于统计噪声均值和标准差，从而选取最佳阈值。若 μ_l 和 θ_l 分别表示第 l 个子孔径的噪声均值和标准差，则第 l 个子孔径的阈值为

$$T = \mu_l + k\sigma_l \tag{4.13}$$

k 通常取 3，也可以取其他非负整数。

当前子孔径内的局部噪声参数可以通过以下方法进行估计。

（1）首先，估计主光斑所占的像素个数 m_s，光斑的物理宽度约为 $W_s = 2\lambda f / d$，假设 CCD/CMOS 像素尺寸为 p，则主光斑直径占有的像素数 w_s 约为

$$w_s = \frac{W_s}{p} = 2\frac{\lambda f}{pd}（像素） \tag{4.14}$$

因而光斑所占的像素个数 m_s 采用公式（4.15）可以估计，即

$$m_s = \pi(w_s / 2)^2 \tag{4.15}$$

（2）然后按照从大到小的顺序，将该子孔径内的像素灰度值进行排序。

（3）如果单个子孔径包含 $n \times n$ 像素，则可以采用最小的 $n^2 - m_s$ 个像素灰度进行噪声均值 μ_l 和标准差 θ_l 的估计。这样选取阈值时，仅需要对背景的一次估计即可，避免了繁复的迭代，同时又结合了当前子孔径的实际噪声和信号水平。

3）加窗法

加窗（windowing）法通过限定子孔径内用于质心计算的像素区域，只有窗口内的像素参与质心计算，从而隔离了窗口以外远离光斑的那些噪声像素的影响。窗口划定的范围通常是主光斑所在的区域，即子孔径内灰度值最高的像素群。事实上，加窗可以看成是将子孔径乘以特定的模板 W，窗口区的模板值为 1，窗外的模板值为 0。

通常认为窗口是一个圆形区域，有一定的中心和半径，文献[8]定义窗口半径 $R_w=1$ 时为图 4.6 所示的"十字"，而半径 $R_w=1.5$ 时，窗口为一个 3×3 的子区。

$R_w=1$　　　　$R_w=1.5$　　　　$R_w=2$　　　　$R_w=2.25$　　　　$R_w=2.5$

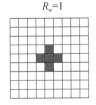 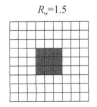 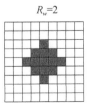 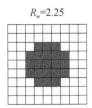 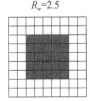

图 4.6　固定形状窗口大小示意图（彩图见封底二维码）

　　如果窗口的大小选取不当，要么不能彻底地隔离噪声，要么会截断光斑，均无法有效提高光斑定位精度。因此，需要事先根据光斑大小来判定窗口尺寸，随着光斑的逐渐增大，窗口半径也可相应增大为图4.6中所示的菱形或者圆形区域，甚至5×5的像素子区域。基本原则是窗口要大到刚好包含主光斑区域。光斑大小一方面可由公式（4.15）估算，另一方面也可通过估计等效高斯宽度来确定。综合来看，取 $2N_T$ 作为光斑大小较为合适，即 $4.7\sigma_s$。

　　另一个非常重要的影响因素是窗口中心位置的选取，通常有以下三种方法：

　　（1）以子孔径内最大值的位置作为窗口中心[9]。可以预见，此方法较容易受到散粒噪声的影响，将单一的噪声点当作最大值，随着信噪比的降低，出错的概率增大，因此仅在较高信噪比时可用。

　　（2）先计算整个子孔径的一阶矩质心，将其作为窗口质心。显然，一次估计得到的质心结果由于噪声的影响，偏离实际质心位置较多。有学者提出了滑动窗口的一阶矩质心法[5]，通过多次迭代，不断更新质心结果，使得结果逐渐收敛。算法终止条件为前后两次估计的质心偏差小于预先设定的阈值，或者达到预先设定的迭代次数。

　　（3）滑动窗口位置进行灰度积分，灰度积分最大的位置作为窗口质心[10]。由于这种方法需要首先遍历子孔径进行灰度积分才能计算质心，因此资源消耗最大。

　　当光斑形态优良、大小均匀、畸变较轻时，建议取固定形状的窗口。但当光斑形状受到强湍流影响时，容易导致光斑发生较大畸变（如断裂和加长），选取固定形状的方形窗口将不再适合，窗口尺寸也较难估计。这就需要结合阈值和加窗法，根据当前光斑形态制作模板。

　　事实上，阈值和加窗法可以作为一种联合的处理手段。文献[11]提出的自适应阈值和动态加窗的方法，首先以第 n 个像素的灰度 I_n 为阈值对光斑进行二值化处理得到一个模板，计算该模板中最大连通区域内的质心，再以该质心位置为中心加大小可调的矩形窗口，然后在窗口内采用 I_n 为阈值进行质心计算。可惜的是该算法仍然采用的是固定形状的窗口，并需要首先确定窗口中心。

　　一种非固定形状的窗口选取方法为，首先通过特定的阈值对光斑图进行二值化处理，然后通过先腐蚀后膨胀的操作，去除较小的伪光斑区域，保留较大的连通区域作为有效光斑区。该方法根据当前子孔径图像制作窗口模板 W，不需要事先选择窗口形状和中心，具有较强的自适应性，更加适合光斑形态严重畸变的场景。

4.2.1.3　四象限法

Rousset等研究了在采用阈值和加窗法时，光子噪声和读出噪声对子孔径内质

心估计误差的影响[12]，得出光子噪声引起的质心误差可以表示为

$$\sigma^2_{\phi,\ N_r} = \frac{\pi^2}{2\ln 2}\frac{1}{N_{ph}}\left(\frac{N_T}{N_{smp}}\right)^2 \tag{4.16}$$

其中，N_{ph} 为阈值和加窗后的总光子数，N_T 为高斯函数的半高全宽，$N_{smp} = \lambda f / (dp)$ 为采样率参数，$N_{smp} = 2$ 时对应 Nyquist 采样率。读出噪声引起的误差可表示为

$$\sigma^2_{\phi,\ N_r} = \frac{\pi^2}{3}\frac{\sigma^2_r}{N^2_{ph}}\frac{N^2_s}{N^2_{smp}} \tag{4.17}$$

其中，N^2_s 为实际参加计算的像素个数，σ_r 为单个像素上的噪声标准差。可以看到，读出噪声的误差随着实际参加计算的像素的减少而迅速降低。

四象限法（quad-cells，QC）其实是 CoG 法的特例，参与计算的像素个数降到了最小，即 2×2 像素（$N^2_s = 4$），计算公式为

$$\begin{cases} x = \pi\gamma\dfrac{I_r - I_l}{I_r + I_l} \\[2mm] y = \pi\gamma\dfrac{I_u - I_d}{I_u + I_d} \end{cases} \tag{4.18}$$

其中，I_r, I_l 分别为子孔径左、右半边的像素灰度总和，而 I_u, I_d 分别为子孔径上、下半边的像素灰度总和。对于高斯光斑模型，系数 $\gamma = \sigma_s / \sqrt{2\pi}$，单位为像素[12-14]。

理想情况下，当光斑全部位于子孔径左侧时，I_r 接近于 0，质心计算结果趋于饱和 $x = \sqrt{\pi / (2\sigma_s)}$。同样，当光斑全部位于子孔径右侧时，质心计算结果逐渐趋于 $x = \pi\gamma$。可见 QC 法的测量范围与光斑尺寸成正比。当光斑尺寸比子孔径小得多时，四象限法很容易因为光斑超出可以测量范围而失效。且随着偏移量的增大，线性度会显著降低。因此，QC 法仅适合光斑尺寸较大的闭环测量。另一方面，比例系数 γ 与光斑形态的关系十分密切，因此在实际工作时，需要根据光斑的形态对其进行不断校正。以上因素导致了 QC 法适用范围较窄，除非是低光照下读出噪声受限，且光斑偏移较小时有一些优势，而对于精确的波前测量和光子噪声受限的情况，QC 法并不是最好的选择[13]。

4.2.1.4　加权质心法和迭代加权质心法

1）加权质心法

加权质心（weighted center of gravity，WCoG）法是通过在当前光斑上施加区域性权重，突出目标区域，抑制周围噪声的影响。计算公式为（4.19），其中 W_{ij} 为加权函数在相应像素上的权重[15-18]。

$$\begin{cases} x = \dfrac{\displaystyle\sum_{i=1}^{m}\sum_{j=1}^{n} j \cdot W_{ij} I_{ij}}{\displaystyle\sum_{i=1}^{m}\sum_{j=1}^{n} W_{ij} I_{ij}} \\[4mm] y = \dfrac{\displaystyle\sum_{i=1}^{m}\sum_{j=1}^{n} i \cdot W_{ij} I_{ij}}{\displaystyle\sum_{i=1}^{m}\sum_{j=1}^{n} W_{ij} I_{ij}} \end{cases} \tag{4.19}$$

由于点源光斑接近二维高斯函数模型，因此权函数也通常选取二维高斯函数如公式（4.20），其中 σ_w 为权函数的等效高斯宽度，(x_w, y_w) 为权函数的中心坐标。加权质心法相当于对光斑施加了一个二维的高斯窗，两种方法有很大的相似之处。

$$W(x, y) = \frac{1}{2\pi\sigma_w^2} \exp\left[-\frac{(x - x_w)^2 + (y - y_w)^2}{2\sigma_w^2} \right] \tag{4.20}$$

与固定形状的窗口法类似，高斯函数加权法同样需要明确权函数的中心位置和等效高斯宽度的大小。Nicolle 指出，在 $\sigma_w = \sigma_s$ 时，WCoG 法为最大似然估计[15]。遗憾的是该方法仅将权函数的中心固定在子孔径的中心处 $(x_w = 0, y_w = 0)$。仿真研究表明，此方法对权函数的中心非常敏感，中心越接近理想质心，估计精度越高，稍微偏离时，估计精度会迅速下降。因此，WCoG 法仅仅在闭环时的小偏移测量条件下对 CoG 法有些许改进，无法用于较大动态范围的测量。

2）迭代加权质心法

Baker 等在高斯加权质心法的基础上进行了改进，提出采用迭代的加权质心（iteratively weighted center of gravity，IWCoG）法来提高其动态范围[19-20]。当子孔径包含较多的像素时，通过进行多次迭代，更新权函数中心，使得结果逐步逼近真实质心位置。

IWCoG 法的第一步采用传统质心法估计权函数的中心，第二步是将窗口尺寸减 1，并更新窗口中心。接下来重复第二步进行迭代，直到窗口尺寸减小到约为主光斑的衍射理论尺寸。可以看到该方法与滑动窗口法的原理非常类似，只是后者从一开始就确定了窗口大小，并采用 0/1 模板窗口；而 IWCoG 法则采用二维高斯权函数，且窗口尺寸是逐步减小的。

显然，采用迭代的方法时，计算量会随着迭代次数的增多而成倍地增加，同时由于下一步的进行依赖于上一步的计算结果，因此势必增加系统的延迟。仿真发现，二者的迭代次数一般都要在 4 次以上，才能接近收敛解，且达到一定次数后，收敛的速度会变得非常缓慢。因此，在需要硬件实现时，可首先根据哈特曼的参数、光斑强度、噪声情况以及实际偏移量的大小进行仿真，查看质心偏移误差随收敛次数的变化情况，从而估计合理的收敛次数，选择一个固定值。

4.2.1.5 灰度加权质心法

与加权质心法不同，灰度加权质心（intensity weighted CoG，IWC）法采用自身灰度作为权重函数，可以用公式（4.21）表示。该方法避免了诸如加窗法、高斯加权法的窗口中心选择和尺寸选择问题，只需要选定合适的 q 值（$q>1$）即可有效抑制边缘噪声的影响。仿真表明，一般 q 的取值在 1～3 时所取得的质心估计误差最小，为了减小计算量及实现难度，通常取整数，因此最佳选择为 2。

$$\begin{cases} x = \dfrac{\displaystyle\sum_{i=1}^{m}\sum_{j=1}^{n} j \cdot I_{ij}^{q}}{\displaystyle\sum_{i=1}^{m}\sum_{j=1}^{n} I_{ij}^{q}} \\[2em] y = \dfrac{\displaystyle\sum_{i=1}^{m}\sum_{j=1}^{n} i \cdot I_{ij}^{q}}{\displaystyle\sum_{i=1}^{m}\sum_{j=1}^{n} I_{ij}^{q}} \end{cases} \tag{4.21}$$

另一类似灰度加权法的自平方算法[22]，采用该图像第一列像素的灰度值乘以第 2 列，并将结果作为第一列像素的灰度值，依次得到逐列像素的灰度值，最后一列则与第一列相乘。相比于 IWCoG 法来说，IWC 法无须迭代，计算量和计算延迟均非常小，同时对光斑的增强效果十分显著。本文在相差测量实验中采用该方法作为对传统质心法的改进，结合局部最优阈值的选取，使得光斑定位的精度得到较大的提升。

4.2.2 基于微分的方法

4.2.2.1 微分法的测量原理

假设两幅图像 f_1，f_2 之间分别存在 x 和 y 方向上的偏移量 D_x 和 D_y，那么二者的差分可以表示为

$$\begin{aligned} I(x,y) &= f_1(x,y) - f_2(x,y) \\ &= f_1(x,y) - f_1(x - D_x, y - D_y) \\ &\approx \frac{\partial f_1(x,y)}{\partial x} Dx + \frac{\partial f_1(x,y)}{\partial y} Dy \end{aligned} \tag{4.22}$$

其中，$\partial f_1/\partial x$ 和 $\partial f_1/\partial y$ 为 $f_1(x,y)$ 的灰度梯度。式（4.22）基于一阶泰勒展开的原理，成立的前提是偏移量很小[23]。

对于离散化的像素图像，为了计算目标的偏移量 D_x 和 D_y，需要考虑包含目标的 $M \times M$ 像素邻域，M 根据目标大小而定，通常取 2 的整数次幂。于是，就有 M^2 个等式组成矩阵方程：

$$I = GD \qquad (4.23)$$

其中，I 为两幅图像的差分列向量，大小为 $M^2 \times 1$；G 为梯度矩阵，大小为 $M^2 \times 2$，D 为平移列向量 $[Dx, Dy]^{\mathrm{T}}$。仿真中，G 可以通过偏移量和灰度变化的关系来标定，然而，在实际应用中需要借助一定的手段来标定矩阵 G。假设 G 和 D 是非奇异的，平移向量的解为

$$D = \left(G^{\mathrm{T}}G\right)^{-1} G^{\mathrm{T}} I \qquad (4.24)$$

由于微分法建立在泰勒级数展开的基础上，局限于小范围偏移量的求取。因此，在很多场合不能单独使用，需要先用其他方法进行粗估计，将图像的偏移量调整到很小的程度，再利用微分法进行精细估计。另外，对于哈特曼光斑来说，噪声是一个很大的影响因素，对灰度差分向量及梯度矩阵影响较大，从而影响偏移量的估计精度。于是 Gilles 和 Ellerbroek 在 2006 年提出了匹配滤波法（matched filtering，MF）[24]，该方法结合微分法的思想，利用噪声的先验参数对结果进行了优化。

4.2.2.2 匹配滤波和带约束的匹配滤波

在三十米望远镜（Thirty Meters Telescope，TMT）项目中，由于望远镜直径较大，钠原子的加长现象非常明显，加长程度 E 最大可达到 4 左右，同时钠轮廓又是时变的。匹配滤波法可以通过实时测量钠层的垂直轮廓，并在计算中实时更新钠轮廓，减少算法的偏置误差。

1）噪声参数模型

当考虑子孔径内泊松分布的信号光子噪声和高斯分布的读出噪声时，单个子孔径实际测量信号可以表示为[25]

$$I = I_0 + \eta \qquad (4.25)$$

其中，I 是一个子孔径内的像素灰度构成的列向量，I_0 为理想光斑信号所构成的灰度列向量，而噪声向量可表示为

$$\eta = \mathrm{poisson}(I_0) - I_0 + \sigma r \mathrm{Normal}(0,1) \qquad (4.26)$$

其协方差矩阵为

$$C_\eta = \left\langle \eta\eta^{\mathrm{T}} \right\rangle - \left\langle \eta \right\rangle\left\langle \eta \right\rangle^{\mathrm{T}} \mathrm{diag}(I_0 + \sigma_e^2) \qquad (4.27)$$

因此噪声向量 η 的均值为零，方差为目标的平均灰度与读出噪声的方差之和。

2）匹配滤波法

匹配滤波本质上是基于子孔径内光斑图像 $I(\theta_x, \theta_y)$ 在参考零点的一阶泰勒展开，其中 θ_x, θ_y 代表两个方向的角偏移量：

$$I(\theta_x, \theta_y) = I(0,0) + \theta_x \frac{\partial I}{\partial \theta_x} + \theta_y \frac{\partial I}{\partial \theta_y} + \eta \tag{4.28}$$
$$= I(0,0) + \theta_x I'_x(\theta_x, \theta_y) + \theta_y I'_y(\theta_x, \theta_y) + \eta$$

$I'_x(\theta_x, \theta_y) = \partial I / \partial \theta_x$ 和 $I'_y(\theta_x, \theta_y) = \partial I / \partial \theta_y$ 是光斑灰度空间的变化率。式（4.28）可以写为更紧密的矩阵形式

$$I(\theta) = I_0 + G\theta + \eta \tag{4.29}$$

其中，$G = \partial I / \partial \theta$ 是光斑灰度微分矩阵，或称为像素灰度增益矩阵；$I(\theta)$ 是包含偏移量 θ 的光斑灰度矩阵；$I_0 = I(0,0)$ 是无噪声光斑在零偏移时的灰度矩阵[27]。式（4.29）需要两个已知量：参考灰度向量 I_0 和增益矩阵 G。通常根据湍流强度大小，I_0 在几秒到几分钟内可以认为是不变的，而超过这个时间时，就需要实时更新钠轮廓的均值。这两个量取决于激光束的轮廓、大气能见度和大气中间钠层的内部结构。实际中可以通过对激光器施加微小的抖动来实时测定[26]。

当不考虑式（4.29）的噪声项时，$\eta = 0$，得到的偏移量的解与普通微分法相同。

$$\theta = R(I - I_0) \tag{4.30}$$
$$R = (G^{\mathrm{T}} G)^{-1} G^{\mathrm{T}} \tag{4.31}$$

这里将 R 称为匹配滤波矩阵，通过计算增益矩阵 G 的伪逆得到。当噪声较大时，匹配滤波法采用公式（4.27）中的噪声协方差矩阵 C_η，最小化代价函数 F 可以得到偏移量的最小均方误差估计。函数 F 为探测器得到的灰度 I 和理论灰度 $I(\theta)$ 之间的差异：

$$\overline{\theta} = \arg\min_\theta F = \arg\min_\theta \left\langle \left\| I - I(\theta) \right\|^2 \right\rangle \tag{4.32}$$

此时的滤波器矩阵为噪声加权伪逆 R_η：

$$\overline{\theta} = R_\eta(I - I_0) \tag{4.33}$$
$$R = (G^{\mathrm{T}} C_\eta^{-1} G)^{-1} G^{\mathrm{T}} C_\eta^{-1} \tag{4.34}$$

这个解仍然仅在很小的偏移量下是线性的。

3）带约束的匹配滤波法

在采用上述匹配滤波法进行三十米望远镜双层共轭自适应光学系统的 Monte Carlo 仿真研究时，却经常出现闭环残余波前误差突然增大的现象[27]。这是因为在

激光导星上施加的抖动超出了滤波器自身的线性动态范围，从而引入了较大的非线性误差。对此，Gilles 和 Ellerbroek 对匹配滤波法提出了进一步的改进[26]。

首先，为了避免信号亮度变化引入的估计偏差，可以将匹配滤波器的 RI_0 项置零，从而使得估计结果为

$$\bar{\theta} = R_c I \tag{4.35}$$

同时，滤波器的表达式写作

$$R_c = M(G^{\mathrm{T}} C_\eta^{-1} G)^{-1} G^{\mathrm{T}} C_\eta^{-1} \tag{4.36}$$

$$M = \begin{bmatrix} 1 & 0 & 0 \\ 0 & 0 & 1 \end{bmatrix} \tag{4.37}$$

$$G_c = \begin{bmatrix} G & I_0 \end{bmatrix} \tag{4.38}$$

其中，M 为包含约束条件的矩阵，G_c 为扩展的增益矩阵，且有 $RG_c = M$。其次，通过增加一系列线性约束来扩大算法的动态范围。该约束使得滤波器可以正确估计两个方向 $\pm 1 \text{pixel}$ 的偏移量。滤波器的表达式仍为公式（4.36），只是 M 和 G_c 矩阵变为以下表达

$$M = \begin{bmatrix} 1 & 0 & 0 & 1 & -1 & 0 & 0 \\ 0 & 1 & 0 & 0 & 0 & 1 & -1 \end{bmatrix} \tag{4.39}$$

$$G_c = \begin{bmatrix} G & I_0 & I_1 & I_2 & I_3 & I_4 \end{bmatrix} \tag{4.40}$$

其中，I_1 和 I_2 分别表示目标偏移量为（1, 0）和（−1, 0）时的灰度列向量，I_3 和 I_4 则分别对应偏移量（0, 1）和（0, −1）时的灰度列向量。仿真结果表明加入约束的确增大了匹配滤波法的动态范围，但增大的空间仍然很有限。匹配滤波以及带约束的匹配滤波法是一种较为创新的光斑定位手段，该方法的优势是，对目标形态要求不高，因为需要实时更新光斑分布模型，比传统质心法更适合有一定形变的点源目标。然而其缺点也比较明显，就是可测量的动态范围很小，大约为 $\pm 1 \text{pixel}$。

4.2.3   基于配准的方法

由于哈特曼波前传感器本质上是要测量子孔径内的小图像的偏移量，因此采用图像配准的方法是一个很好的解决思路。图像配准在遥感、医学、目标跟踪监测等领域有着广泛的应用，而配准算法也在不断地得到发展，总体可以分为空域配准法和频域配准法[28]。空域配准法直接采用空域图像进行像素配准，而频域配准法则需要借助傅里叶变换的手段，在频域进行分析计算，又叫相位相关法。

图像配准包括像素级配准和亚像素级配准，由于哈特曼波前传感器本质上是测量的波前相位，偏移量通常是亚像素级的，对测量精度要求非常高，因此像素

级配准无法满足需要，而是需要亚像素级的配准方法[29]。目前可以实现亚像素配准的方法或途径有：

（1）直接由待配准图像进行亚像素插值得到高分辨率图像，再通过配准得到亚像素的偏移量；

（2）先计算待配准图像和参考图像的相关函数，再对相关函数进行插值；

（3）在频域内进行配准和插值补零操作后再进行反变换得到空域的亚像素偏移。

前两种属于空域配准法，方法（1）基于图像的插值法，计算精度由插值倍数 K 决定，理论上可以获得 $1/K$ 像素精度，但是相应的计算量也会逐步攀升[30]。而方法（2）仅仅对准则函数进行插值，也可以获得较为精确的亚像素精度。因此，不论是太阳自适应还是点源目标，通常都采用方法（2）。下面，本节将分别介绍频域配准法和空域配准法的原理。

4.2.3.1　频域配准法

频域配准法，又称为相位相关法[31]。其基本原理是：假设当两个信号仅考虑空域的平移关系时，二者的傅里叶变换将对应一个相位偏移。因此，通过傅里叶变换求取二者的相位差就可以逆推出空域的平移向量。魏凌等[32]基于此原理，提出了适合点源目标的亚像素频域配准法。首先分别累加二维光斑图的行和列，可以将其降为一维信号，分别作为 x 和 y 方向的待测数据。

假定一维参考信号 $s_1(n)$ 和一维待测信号 $s_2(n)$ 之间有偏移量 δ，如图 4.7 所示，即

$$s_2(n) = s_1(n-\delta), \quad n = 0,1,2,\cdots,N-1 \tag{4.41}$$

二者的离散傅里叶变换分别为

$$\begin{cases} s_1(n) \xleftarrow{\ \text{F}\ } S_1(\mathrm{e}^{\mathrm{j}\omega}) \\ s_2(n) = s_1(n-\delta) \xleftarrow{\ \text{F}\ } S_2(\mathrm{e}^{\mathrm{j}\omega}) = \mathrm{e}^{-\mathrm{j}2\pi\delta/N} S_1(\mathrm{e}^{\mathrm{j}\omega}) \end{cases} \tag{4.42}$$

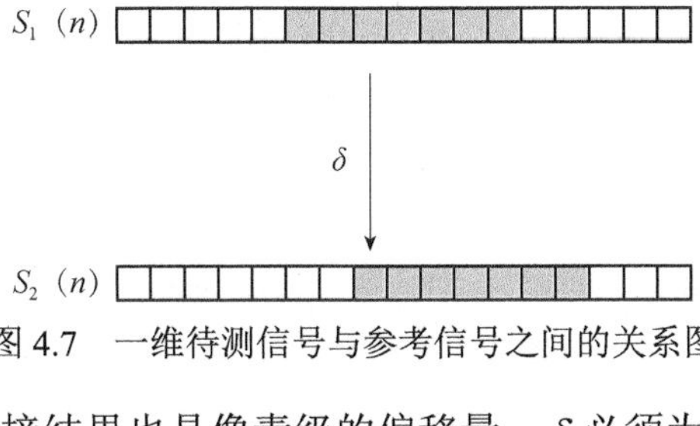

图 4.7　一维待测信号与参考信号之间的关系图

相位相关法的直接结果也是像素级的偏移量，δ 必须为整数。要想得到亚像素的配准精度，需要在频域内进行插值：

$$S_2(k) = L_\delta(k) \cdot S_1(k) = \mathrm{e}^{-\mathrm{j}2\pi\delta/N} S_1(k) \tag{4.43}$$

于是，二者在频域的相位差为

$$D(k) = \mathrm{angle}[S_2(K)] - \mathrm{angle}[S_1(K)] = -\mathrm{j}2\pi\delta/N \tag{4.44}$$

从而求得亚像素偏移量：

$$\delta = -\frac{D(k)}{k}\frac{N}{2\pi} \tag{4.45}$$

理论上，如果图像不含噪声，可以通过任意点 $D(k)$ 计算偏移量。然而，实际上噪声是不可避免的，由于信号更加集中在低频范围内，通常取 $D(1)$ 进行计算，即

$$\delta = -D(1) \cdot N / (2\pi) \tag{4.46}$$

虽然该方法通过降维和快速傅里叶变换（FFT）运算使得算法速度上有一定优势，但如果图像噪声较大，将很难获得稳定的归一化功率谱，因此该算法对背景噪声的抵抗能力较低。

4.2.3.2 空域配准法

在太阳自适应领域，哈特曼波前传感器上形成的并非一个个可以计算质心的点目标，而是一幅幅模糊的小图像，彼此之间存在平移[33]。对于这种扩展目标，并不存在所谓"质心"，因而质心法是无效的，只能借助图像配准的方法来计算子图像的相对偏移量。首先选取其中一个子孔径内的中心子区域作为参考，与另一个子孔径进行像素级的遍历匹配，依据特定的准则函数计算出每次匹配时的函数值，形成准则函数矩阵。再对该矩阵进行寻优，得到最佳匹配点（best matching point，BMP）所对应的偏移量。该偏移量为像素级的，基于 BMP 邻域的亚像素插值可以得到更加精确的亚像素匹配结果。为了使得所选的参考在各个子孔径中尽可能多地包含到，通常选取子孔径正中心的 $(N_s/2) \times (N_s/2)$ 像素子区域。通常，可选的准则函数主要包括：

（1）绝对差分函数；

（2）绝对差分平方函数；

（3）最小均方误差函数；

（4）互相关函数法；

（5）归一化互相关函数。

其中，函数（1）～（3）为差分函数，衡量的是目标和参考之间的差异，最优解在函数的极小值点处取得；函数（4）和（5）度量二者的相关性，最优解在函数的极大值点。

在太阳自适应领域，最早被广泛采用的是绝对差分函数，后来有学者提出，采用绝对差分平方函数，可以更好地平衡运算量和性能[34]，而互相关函数法一直由于其较大的运算量而未被优先选用。

对于点源目标来说，所选的参考除了选自某一个特定的子孔径外，也可以是理想的点源光斑，而有关点源目标处理时的准则函数选取问题，仍未见有详细论述。

4.3　哈特曼波前传感器质心探测误差分析

4.3.1　点源目标质心探测方法及主要误差源

CCD 质心探测示意图，如图 4.8 所示，由于光学系统参数在 x,y 两个方向上对称，所以可以只讨论在 x 方向的情况，y 方向与此相似。质心计算公式为

$$x_c = \frac{\sum\limits_{ij}^{L,M} x_{ij} N_{ij}}{\sum\limits_{ij}^{L,M} N_{ij}} = \frac{U}{V} \tag{4.47}$$

其中，x_c 是质心坐标，x_{ij} 是像素位置，N_{ij} 是子孔径内坐标为 (i,j) 处的像素点接收到的总光子数，L,M 是子孔径窗口大小，$U = \sum\limits_{ij}^{L,M} x_{ij} N_{ij}$，$V = \sum\limits_{ij}^{L,M} N_{ij}$。

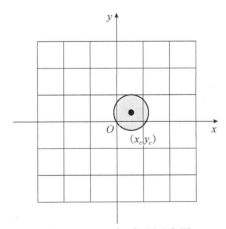

图 4.8　CCD 质心探测示意图

质心探测误差的误差源以及它们的分布形式，见表 4.1[35-43]。

表 4.1   质心探测误差的误差源以及它们的分布形式

误差源	分布形式
信号光子噪声	泊松分布，方差为 $\sigma_{pij}^2 = \overline{N_{sij}}$
背景光子噪声	泊松分布，方差为 $\sigma_{bij}^2 = \overline{N_{bij}}$
CCD 相机的读出噪声	零均值的高斯分布，方差为 $\sigma_{rij}^2 = \sigma_r^2$
CCD 相机的背景暗电平	没有起伏，方差为 0
CCD 相机的离散采样误差	与光斑大小相关

表 4.1 中，$\overline{N_{sij}}$ 是第 (i, j) 个像素接收到的平均信号光子数；$\overline{N_{bij}}$ 是第 (i, j) 个像素接收到的平均背景光子数；σ_r 是 CCD 的读出噪声。

理论上，入射波前通过方形子孔径后在 CCD 相机处衍射光斑的形状为二维的 sinc 函数，但是受到 CCD 相机对光斑采样率的影响，当 CCD 相机处光斑的直径较小（<3pixel）时，衍射光斑可以近似为高斯光斑；而当 CCD 相机处光斑直径较大（>3pixel）时，由于明显存在光斑衍射环，近似为高斯光斑会带来较大的误差，所以需要直接讨论 sinc 函数光斑。本章也分别对高斯光斑和 sinc 函数光斑进行讨论，由于哈特曼波前传感器在自适应光学中得到了广泛的应用，所以本章的重点放在高斯光斑质心探测误差上。

4.3.2   CCD 相机对高斯光斑质心探测误差的理论推导

为了保证点源目标探测的动态范围，信号光斑的高斯宽度必须远小于窗口的大小，所以可以将误差源分为两部分：

（1）对窗口内所有像素点作用一致的误差源：包括背景光噪声、背景暗电平和读出噪声，可以将其统称为第一类误差源。

背景光噪声服从泊松分布，但是当背景光光子数的均值大于 10 时，可以看作均值和方差都为平均值的高斯分布[44]；背景暗电平可以看作直流偏置；读出噪声服从零均值的高斯分布。所以，在单个像素上的第一类误差源 $N_{Bij} = N_{bij} + N_{dij} + N$ 可以看作均值为 $\overline{N_{Bij}} = \overline{N_{bij}} + \overline{N_{dij}} + \overline{N}$、方差为 $\sigma_B^2 = \sigma_r^2 + \overline{N_{bij}}$ 的高斯噪声。

（2）只作用在光斑区域的误差源：包括信号光子噪声和采样误差，这部分误差只作用在光斑所在的小部分区域。

式（4.47）中 N_{ij} 是由信号光子数 N_{sij}、背景光子数 N_{bij}、读出噪声 N_{rij} 和背景暗电平 N_{dij} 构成的，即

$$N_{ij} = N_{sij} + N_{bij} + N_{rij} + N_{dij} = N_{sij} + N_{Bij} \qquad (4.48)$$

所以 N_{ij} 是信号光子数 N_{sij} 与第一类误差源 N_{Bij} 之和。

当设 $U_s = \sum\limits_{ij}^{L,M} x_i N_{sij}$ ， $U_B = \sum\limits_{ij}^{L,M} x_i N_{Bij}$ ； $V_s = \sum\limits_{ij}^{L,M} N_{sij}$ ， $V_B = \sum\limits_{ij}^{L,M} N_{Bij}$ 时，有

$$U = \sum_{ij}^{L,M} x_i N_{ij} = \sum_{ij}^{L,M} x_i \left(N_{sij} + N_{Bij} \right) = U_s + U_B \tag{4.49}$$

$$V = \sum_{ij}^{L,M} N_{ij} = \sum_{ij}^{L,M} \left(N_{sij} + N_{Bij} \right) = V_s + V_B \tag{4.50}$$

所以探测得到的质心位置 x_c 为

$$x_c = \frac{U}{V} = \frac{U_s + U_B}{V_s + V_B} = \frac{V_s}{V} x_s + \frac{V_B}{V} x_B \tag{4.51}$$

其中，x_s 是无背景光噪声和读出噪声时探测得到的信号光斑质心位置，$x_s = \dfrac{U_s}{V_s}$；x_B 是第一类误差源的质心位置，$x_B = \dfrac{U_B}{V_B}$。

受采样误差的影响，x_s 并不是光斑的真实质心位置。当采样误差为 σ_S，光斑的真实质心位置为 x_p 时

$$x_s = x_p + \sigma_S \tag{4.52}$$

所以式（4.51）可写为

$$x_c = \frac{V_s}{V} \left(x_p + \sigma_S \right) + \frac{V_B}{V} x_B \tag{4.53}$$

从式（4.53）可以看出，质心探测误差由质心偏移误差 σ_p 和质心抖动误差 σ_{x_c} 构成。

4.3.2.1　CCD 相机对高斯光斑质心探测的偏移误差

质心偏移误差 σ_p 是光斑的真实质心位置 x_p 与探测得到的光斑质心位置 x_c 之差，即

$$\sigma_p = x_c - x_p \tag{4.54}$$

将式（4.54）代入式（4.53）得

$$\sigma_p = \sigma_S - \frac{V_B}{V} \left(x_s - x_B \right) \tag{4.55}$$

根据 4.3.1 节的结论可知采样误差的公式为

$$\sigma_S = \frac{\sum\limits_{i=0}^{L-1} \left\{ \left[\operatorname{erf}\left(\dfrac{i+1-x_p}{\sqrt{2}\sigma_A} \right) - \operatorname{erf}\left(\dfrac{i-x_p}{\sqrt{2}\sigma_A} \right) \right] (i+0.5) \right\}}{\operatorname{erf}\left(\dfrac{L-x_p}{\sqrt{2}\sigma_A} \right) + \operatorname{erf}\left(\dfrac{x_p}{\sqrt{2}\sigma_A} \right)} - x_p \tag{4.56}$$

其中，i 是像素点的位置；σ_A 是光斑的高斯宽度；$\text{erf}(\cdot)$ 是误差累积函数，定义为

$$\text{erf}(x) = \frac{2}{\sqrt{\pi}} \int_0^x e^{-t^2} dt \ \text{。}$$

4.3.2.2　CCD 相机对高斯光斑质心探测的抖动误差

CCD 相机噪声的随机性会带来光斑质心探测的抖动误差，根据误差理论可得 x_c 的抖动方差为

$$\sigma_{x_c}^2 = \frac{U^2}{V^4}\sigma_V^2 + \frac{1}{V^2}\sigma_U^2 - \frac{2U}{V^3}\sigma_{UV} \tag{4.57}$$

当认为 CCD 上各像素之间的噪声不相关时

$$\sigma_{x_c}^2 = \frac{U^2 \sum\limits_{i,j}^{L,M} S_{ij}^2}{V^4} + \frac{\sum\limits_{i,j}^{L,M} x_i^2 S_{ij}^2}{V^2} - \frac{2U \sum\limits_{i,j}^{L,M} x_i S_{ij}^2}{V^3} \tag{4.58}$$

其中，S_{ij}^2 是第 (i,j) 个像素上的噪声方差。

当认为噪声源互相不相关时

$$S_{ij}^2 = \sigma_p^2 + \sigma_b^2 + \sigma_r^2 = \overline{N_{sij}} + \overline{N_{bij}} + \sigma_r^2 \tag{4.59}$$

把式（4.59）代入式（4.58）可得

$$\sigma_{x_c}^2 = \frac{U^2 \sum\limits_{i,j}^{L,M}\left(\overline{N_{sij}} + \overline{N_{bij}} + \sigma_r^2\right)}{V^4} + \frac{\sum\limits_{i,j}^{L,M} x_i^2 \left(\overline{N_{sij}} + \overline{N_{bij}} + \sigma_r^2\right)}{V^2} - \frac{2U \sum\limits_{i,j}^{L,M} x_i \left(\overline{N_{sij}} + \overline{N_{bij}} + \sigma_r^2\right)}{V^3}$$

$$\tag{4.60}$$

式（4.60）可分解为以下三个部分。

（1）信号光光子噪声引起的质心抖动方差

$$\sigma_{x_s}^2 = \frac{\sum\limits_{i,j}^{L,M} x_i^2 \overline{N_{sij}}}{V^2} - \frac{U_s^2}{V^3} = \frac{V_s \sigma_A^2}{V^2} + \frac{1}{V_s}x_s^2 - \frac{1}{V}x_c^2 \tag{4.61}$$

其中，σ_A 为光斑等效高斯宽度。

（2）读出噪声引起的质心抖动方差

$$\sigma_{x_r}^2 = \frac{U^2 \sum\limits_{i,j}^{L,M} \sigma_r^2}{V^4} + \frac{\sum\limits_{i,j}^{L,M} x_i^2 \sigma_r^2}{V^2} - \frac{2U \sum\limits_{i,j}^{L,M} x_i \sigma_r^2}{V^3} = \frac{\sigma_r^2 LM}{V^2}\left(\frac{L^2-1}{12} + x_c^2\right) \tag{4.62}$$

（3）背景光光子噪声引起的质心抖动方差

$$\sigma_{x_b}^2 = \frac{U^2 \sum\limits_{i,j}^{L,M} \overline{N_{bij}}}{V^4} + \frac{\sum\limits_{i,j}^{L,M} x_i^2 \overline{N_{bij}}}{V^2} - \frac{2U \sum\limits_{i,j}^{L,M} x_i \overline{N_{bij}}}{V^3} = \frac{V_b}{V^2}\left(\frac{L^2-1}{12} + x_c^2\right) \tag{4.63}$$

将式（4.61）～式（4.63）综合起来可以得到 CCD 相机对高斯光斑质心探测的抖动方差为

$$\sigma_{x_c}^2 = \sigma_{x_r}^2 + \sigma_{x_s}^2 + \sigma_{x_b}^2$$

$$= \frac{\left(\sigma_r^2 LM + V_b\right)}{V^2}\left(\frac{L^2-1}{12} + x_c^2\right) + \frac{V_s \sigma_A^2}{V^2} + \frac{1}{V_s}x_s^2 - \frac{1}{V}x_c^2 \quad (4.64)$$

4.3.2.3 CCD 相机对高斯光斑质心探测的误差公式

CCD 相机对高斯光斑质心探测的总体误差的方差为质心偏移误差的方差和质心抖动误差的方差之和：

$$\sigma_x^2 = \sigma_p^2 + \sigma_{x_c}^2$$

$$= \frac{\left(\sigma_r^2 LM + V_b\right)}{V^2}\left(\frac{L^2-1}{12} + x_c^2\right) + \frac{V_s \sigma_A^2}{V^2} + \frac{1}{V_s}x_s^2 - \frac{1}{V}x_c^2 + \left[\frac{V_B}{V}\left(x_s - x_B\right) - \sigma_S\right]^2$$

$$(4.65)$$

由于 CCD 的输出信号是灰度值（ADU），式（4.65）中的 V, V_s, V_b 和 σ_r 都可以用 ADU 来表示，定义 CCD 的光电响应系数 κ 为一个光子事件导致的 ADU 数，式（4.65）可改写为

$$\sigma_x^2 = \frac{\left(\sigma_r^2 LM + V_b\right)}{V^2}\left(\frac{L^2-1}{12} + x_c^2\right) + \frac{\kappa V_s \sigma_A^2}{V^2} + \frac{\kappa}{V_s}x_s^2 - \frac{\kappa}{V}x_c^2 + \left[\frac{V_B}{V}\left(x_s - x_B\right) - \sigma_S\right]^2$$

$$(4.66)$$

当认为质心探测时没有背景光噪声和背景暗电平，并且不考虑采样误差时，有 $N_{bij} = N_{dij} = 0$，式（4.66）变为

$$\sigma_{x_1}^2 = \frac{\sigma_r^2 LM}{V_s^2}\left(\frac{L^2-1}{12} + x_c^2\right) + \frac{\kappa \sigma_A^2}{V_s} \quad (4.67)$$

当不考虑背景光噪声时，并且忽略 $\frac{\kappa}{V_s}x_s^2 - \frac{\kappa}{V}x_c^2$ 和采样误差的影响，则式（4.66）变为

$$\sigma_{x_2}^2 = \frac{V_b^2}{V^2}\left[\frac{\sigma_r^2 LM}{V_b^2}\left(\frac{L^2-1}{12} + x_c^2\right) + \frac{\kappa V_s}{V_b^2}\sigma_A^2 + \left(x_d - x_s\right)^2\right] \quad (4.68)$$

设 $\text{sbr} = \frac{V_b}{V_s}$，则式（4.68）可写成

$$\sigma_{x_2}^2 = \frac{1}{(1+\text{sbr})^2}\left[\frac{\sigma_r^2 LM}{V_b^2}\left(\frac{L^2-1}{12} + x_c^2\right) + \text{sbr}^2\frac{\kappa \sigma_A^2}{V_s} + \left(x_d - x_s\right)^2\right] \quad (4.69)$$

所以，式（4.66）对于传统的经典公式（4.68）和（4.69）而言，具有更好的普适性，能够更准确地描述点源目标的质心探测误差。

4.3.3 CCD 相机对 sinc 光斑质心探测误差

为了提高哈特曼波前传感器的光能利用率，微透镜阵列中的子孔径边缘都会相互重合，所以常见的子孔径形状有方形和六边形两种，其中方形子孔径尤为常用，对于方形子孔径来说，其衍射光斑的光强分布表达式为二维的 sinc 函数，当光斑的半径较小时，利用高斯光斑近似能够得到有效的结果，但是，当哈特曼波前传感器用在需要高精度测量的地方时，为了提高测量精度，单个子孔径内光斑的半径都较大，这时，就必须讨论二维 sinc 函数光斑的质心探测误差。图 4.9 即为真实光斑和 CCD 采样得到的光强分布图。

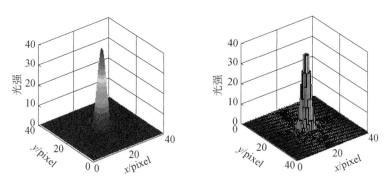

图 4.9　真实光斑的光强分布和 CCD 采样光斑的光强分布（彩图见封底二维码）

$M = 40, N = 40, V_0 = 1000, x_0 = 20.5\text{pixel}, y_0 = 20.5\text{pixel}, r = 5\text{pixel}$

4.3.3.1　CCD 相机对 sinc 光斑质心探测的采样误差

对于方形子孔径来说，其衍射光斑的光强分布表达式为

$$I(x, y) = \frac{V_0}{r^2} \text{sinc}^2\left(\frac{x - x_0}{r}\right) \text{sinc}^2\left(\frac{y - y_0}{r}\right) \tag{4.70}$$

其中，V_0 是总光强；r 是光斑的艾里斑半径，$r = \dfrac{\lambda f}{d}$；(x_0, y_0) 是光斑的质心位置坐标；$\text{sinc}(t) = \dfrac{\sin(\pi t)}{\pi t}$。

所以，在单个子孔径内，CCD 像素位置为 (i, j) 处，接收到的光强为

$$I_{\text{CCD}}(i, j) = \frac{V_0}{r^2} \int_{j-0.5}^{j+0.5} \int_{i-0.5}^{i+0.5} \text{sinc}^2\left(\frac{x - x_0}{r}\right) \text{sinc}^2\left(\frac{y - y_0}{r}\right) \mathrm{d}x\mathrm{d}y \tag{4.71}$$

采用传统的质心计算公式，根据公式（4.71）中接收到的光强分布，可计算出质心位置为

$$x_c = \frac{\sum\limits_{j=1}^{M}\sum\limits_{i=1}^{M} i \cdot I_{CCD}(i,j)}{\sum\limits_{j=1}^{M}\sum\limits_{i=1}^{M} I_{CCD}(i,j)} \qquad (4.72)$$

得到采样误差为

$$\delta_{ss} = x_c - x_0 \qquad (4.73)$$

由于方形子孔径的衍射光斑的光强在整个空间都有分布，受到单个子孔径截断误差的影响，采样误差具有随着光斑质心的移动单调递减的特点（图 4.10），为了避免多级衍射环对质心测量精度的影响，应该对得到的光斑图像取阈值（图 4.11）。

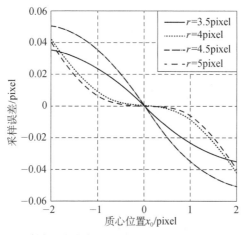

图 4.10　采样误差曲线（不取阈值时，包含有截断误差）

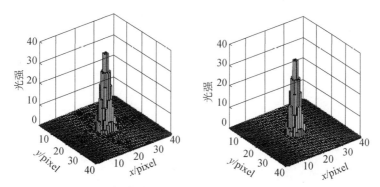

图 4.11　取阈值前后的光斑图像（彩图见封底二维码）

对 $\text{sinc}(t) = \dfrac{\sin(\pi t)}{\pi t}$ 求关于 t 的导数得

$$\frac{\text{dsinc}(t)}{\text{d}t} = \frac{\pi t \cos(\pi t) - \sin(\pi t)}{\pi t^2} \qquad (4.74)$$

当 $\dfrac{\pi t \cos(\pi t) - \sin(\pi t)}{\pi t^2} = 0$ 时，得到 $\text{sinc}(t)$ 函数的极大值点：$t=0$、± 1.43、± 2.46、± 3.47、$\cdots$，分别对应 0 级、± 1 级、± 2 级……

零级主极大对应几何像点，入射光方向改变，衍射花样整体平移。

由此，可以得到衍射光斑的一级衍射环的最大值点为 $(\pm 1.43, 0), (0, \pm 1.43)$，故一级衍射环的最大值为

$$I_{c1} = 0.0465 \cdot \frac{V_0}{r^2} \qquad (4.75)$$

当取一级衍射环的最大值作为阈值时，光斑变为

$$M = 40, N = 40, V_0 = 1000, x_0 = 20.5\text{pixel}, y_0 = 20.5\text{pixel}, r = 5\text{pixel}, 阈值\text{Th} = 0.0465 \cdot \frac{V_0}{r^2}$$

不考虑 CCD 像素对一级衍射环的采样，直接取一级衍射环的最大值作为阈值时，不同半径光斑的采样误差，如图 4.12 所示。

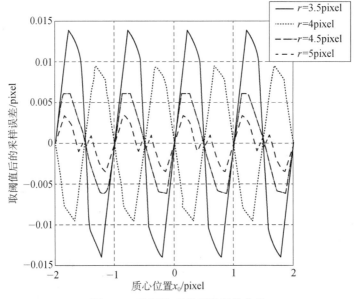

图 4.12　取阈值后的采样误差曲线

在图 4.12 中，当光斑的艾里斑半径大于 4pixel 时，取阈值后的采样误差的绝对值小于 0.01pixel。受到读出噪声和背景噪声的影响，实际阈值会大于计算得到

的阈值，而采样误差对阈值非常敏感，所以在不同阈值条件下做了仿真，并取采样误差的最大值得到图 4.13。

从图 4.13 可得，sinc 光斑的采样误差的最大值对阈值十分敏感，当光斑的艾里斑半径增大时，光斑的采样误差呈减小的趋势。

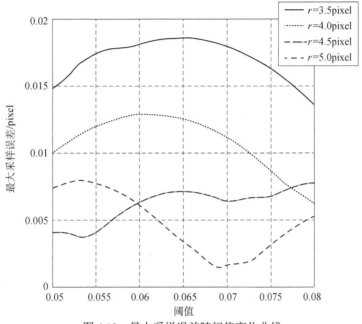

图 4.13　最大采样误差随阈值变化曲线

4.3.3.2　CCD 相机对 sinc 光斑质心探测的随机误差

受到读出噪声和光子噪声的影响，光斑的质心位置会随机抖动，当去掉阈值后，读出噪声和光子噪声带来的随机抖动的均方根为

$$\sigma_{x_{sj}} = \sqrt{\frac{\kappa \sigma_A^2 + \sigma_A^2 \cdot \sigma_r^2}{V_s(T)}} \qquad (4.76)$$

其中，κ 是光子与灰度之间的转换因子，σ_A 是取阈值后光斑的拟合高斯宽度，σ_r 是读出噪声，$V_s(T)$ 是取阈值后灰度级的总和。图 4.14 表示不同光斑直径下抖动误差均方根变化图。

sinc 函数光斑的整体质心探测误差为采样误差与抖动误差共同决定的，当两者无关时，整体质心探测误差为

$$\delta_{x_c} = \sqrt{\delta_{ss}^2 + \delta_{x_{sj}}^2} \qquad (4.77)$$

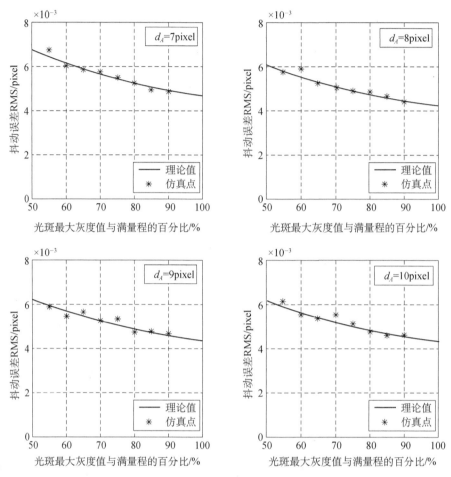

图 4.14　抖动误差的理论曲线和仿真点图（12 位相机）
$\kappa = 7.6051 \text{ count/ADU}$，$\sigma_r = 5.4\text{ADU}$

4.3.4　哈特曼波前探测精度分析

4.3.4.1　光子散粒噪声误差

由于光的量子特性，光子捕获服从泊松分布。即使光强度一定，一次储存时间内入射到 CCD 上的光子数也不会每次相同，这样的变动特性引发出了光子散粒噪声，因此光子散粒噪声是光自身的一种特性。当光较强时，光子散粒噪声服从正态分布。光子散粒噪声的标准方差等于入射到每个像素上的光子平均数的平方根值，即 $\sigma_{ph} = \sqrt{N}$，其中 N 为射到每个像素上的光子平均数。那么对于散粒噪声来说信噪比为 $\text{SNR}_{ph} = \sqrt{N}$，随着光子数的增加，信噪比将会提高。

4.3.4.2　CCD 读出噪声对质心探测精度的影响

CCD 读出噪声是由光电元件以及电子线路的噪声而引起的，它基本上是一种高斯分布的随机噪声，包括热噪声和像素复位噪声等。

热噪声，又称白噪声。是电子在光敏器件中的热随机运动产生的一种白噪声，它的大小与电流无关，存在于所有电子器件和传输介质中。它是温度变化的结果，但不受频率变化的影响。热噪声在所有频谱中以相同的形态分布，它是不能够消除的，由此对通信系统性能构成了上限。

像素复位噪声又叫 KT/C 噪声，本质上属于热噪声，在读出操作过程中对积分电容和采样电容采样时，需要通过复位晶体管 M 导通对积分电容进行复位，而 M 导通时具有一定的沟道电阻，因此会形成 KT/C 噪声，由下式表述

$$\sigma_{\text{reset}} = \sqrt{\frac{kTC_{pd}}{q}} \tag{4.78}$$

式中，k 为玻尔兹曼常量，T 为绝对温度，C_{pd} 为光电二极管的等效电容，q 为电子的电量。

4.3.4.3　CCD 光子响应非均匀性对质心探测精度的影响

在本节中，所有其他的因素都忽略掉，只考虑光子响应非均匀性对质心探测精度的影响。光子响应非均匀性（photo responsenon-uniformity）主要是光探测器像素几何形状以及基底材料的不同，使得各个像元对光子的响应存在着微小的差别，形成了光子响应非均匀性。由于光子响应非均匀性是探测器本身的一种物理性质，因此不可能消除它，一般认为它在探测器阵列上是正态分布的。

4.3.4.4　CCD 量化误差对质心探测精度的影响

CCD 量化误差是指由于模数转换后得到的相应数码没有精确地代表被测的模拟量（因采样频率和数码长度均受限制），由此产生的误差。从定义中可以看出，量化结果和被量化模拟量之间的差值就是量化误差。显然量化级数越多，量化的相对误差越小。量化级数指的是最大值均等的级数，每一个均值称为一个量化单位。如果信号变化大于量化级数，那么引入的量化误差约为

$$\sigma_q = \frac{q^2}{12} \tag{4.79}$$

式中，q 是量化级数。

4.3.4.5　微透镜色差对质心探测精度的影响

色差是指光学上透镜无法将各种波长的色光都聚焦在同一点上的现象[45]。它的

产生是因为透镜对不同波长的色光有不同的折射率（色散现象），波长越短折射率越高。在成像上，色差表现为高光区与低光区交界上呈现出带有颜色的"边缘"，这是由于透镜的焦距与折射率有关，从而光谱上的每一种颜色无法聚焦在光轴上的同一点。色差可以是纵向的，由于不同波长的色光的焦距各不相同，从而它们各自聚焦在距离透镜远近不同的点上；色差也可以是横向或平行排列的，由于透镜的放大倍数也与折射率有关，此时它们会各自聚焦在焦平面上不同的位置，如图 4.15 所示。

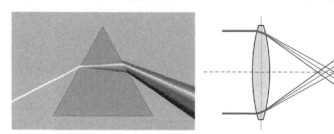

图 4.15   光学元件的色差（彩图见封底二维码）

4.3.4.6   微透镜排列方式对质心探测精度的影响

随着科技的发展，光学元件的微型化势必使分离元件向阵列元件发展，目前制作的微透镜阵列，其透镜元多是圆柱形或半球形，像差较小，其排列方式一般有两种方式，一种是采用正方形排列[46]，另一种是采用六角紧密排列，如图 4.16 所示。对于正方形排列的微透镜其有效光面积的理论极限值为 78.8%，六角排列的为 90.7%。这就是说对于正方形排列的微透镜阵列有大约 21%的光信息不能到达接收器，被透镜元件的空隙漏失掉，而对于按六角排列的微透镜来说其光信息损失值为 9.3%。光能量的漏失会使传像分辨率下降，传输的光信息失真，本节将研究分析由于微透镜排列方式的不同，本节将研究微透镜排列方式对质心探测精度的影响。

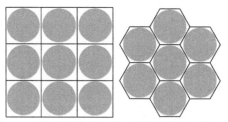

图 4.16   微透镜排列方式（彩图见封底二维码）

由于微透镜排列方式不同，透镜与透镜之间的"死区"面积不同，这样会引起不同的衍射效果。因此，当光入射到微透镜阵列上时，在透镜焦平面上形成的光斑分布将有所不同。本节将利用透镜的傅里叶变换性质，以及近场的菲涅耳衍射理论来求出光波透过微透镜阵列后的场分布。首先考察图 4.17 所示的平行光垂直入射到微透镜阵列上时，透镜后焦面上的光场分布。

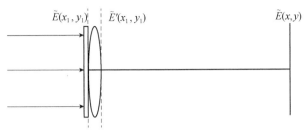

图 4.17　平行光垂直入射到微透镜阵列

　　为了求取微透镜后焦面上的复振幅分布 $\tilde{E}(x, y)$，可以先逐面求出光波透过衍射屏和微透镜后的场分布（紧靠微透镜后焦面上的场分布，此中的衍射屏是微透镜的子孔径），再由这一场分布通过求近场的菲涅耳衍射最后得到 $\tilde{E}(x_1, y_1)$。假设光波透过衍射屏后的场分布为 $\tilde{E}'(x_1, y_1)$，由于衍射屏紧靠微透镜（实际上微透镜跟子孔径是嵌在一起的），所以光波再透过微透镜后的场分布为

$$\tilde{E}'(x_1, y_1) = \tilde{E}(x_1, y_1)t(x_1, y_1) \tag{4.80}$$

$$\tilde{t}(x_1, y_1) = p(x_1, y_1)\exp\left[-\mathrm{i}k\frac{(x_1 - x_0)^2 + (y_1 - y_0)^2}{2f}\right]$$
$$p(x_1, y_1) = \begin{cases} 1, & \text{透镜孔径内} \\ 0, & \text{其他} \end{cases} \tag{4.81}$$

式中，$p(x_1, y_1)$ 为光瞳函数，它表示微透镜的有限孔径效应，由式（4.80）和（4.81）得

$$\tilde{E}'(x_1, y_1) = \tilde{E}(x_1, y_1)\exp\left[-\mathrm{i}k\frac{(x_1 - x_0)^2 + (y_1 - y_0)^2}{2f}\right] \tag{4.82}$$

式中，(x_0, y_0) 是任意微透镜的中心坐标，(x_1, y_1) 是此微透镜上任意一点的坐标。光波从紧靠微透镜的平面传播到后焦面，这是菲涅耳衍射问题，因此根据菲涅耳衍射公式（4.83），令其中的中 $z_1 = f$ 即得微透镜后焦面上的复振幅分布公式（4.84）：

$$\tilde{E}(x, y) = \frac{\exp(\mathrm{i}kz_1)}{\mathrm{i}\lambda z_1}\exp\left[\frac{\mathrm{i}k}{2z_1}(x^2 + y^2)\right]\iint_{-\infty}^{\infty}\tilde{E}(x_1, y_1)$$
$$\times \exp\left\{\frac{\mathrm{i}k}{2z_1}[(x_1' - x_0')^2 + (y_1' - y_0')^2]\right\}\exp\left[-\mathrm{i}2\pi\left(x_1\frac{x}{\lambda z_1} + y_1\frac{y}{\lambda z_1}\right)\right]\mathrm{d}x_1\mathrm{d}y_1 \tag{4.83}$$

$$\tilde{E}(x, y) = \frac{\exp(\mathrm{i}kf)}{\mathrm{i}\lambda f}\exp\left[\frac{\mathrm{i}k}{2z_1}\left(\frac{x^2 + y^2}{2f}\right)\right]$$
$$\times F\left\{e\tilde{E}'(x_1, y_1)\exp\left[\frac{\mathrm{i}k(x_1' - x_0')^2 + (y_1' - y_0')^2}{2f}\right]\right\} \tag{4.84}$$

式（4.84）中，(x_0', y_0') 是任意微透镜的中心坐标，(x_1', y_1') 是此微透镜上任意一点的坐标。同时从上式可以看出，除了一个相位因子外，微透镜后焦面上的复振幅是衍射屏平面的复振幅分布的傅里叶变换，空间频率取值与后焦面坐标的关系为 $\left(u = \dfrac{x}{\lambda f}, v = \dfrac{y}{\lambda f}\right)$。这就是说，后焦面上$(x, y)$点的振幅和相位，由衍射屏所透过的光的空间频率为 $\left(u = \dfrac{x}{\lambda f}, v = \dfrac{y}{\lambda f}\right)$ 的傅里叶分量的振幅和相位决定。根据上述理论，模拟计算出垂直于微透镜阵列面入射的平行光通过两种不同排列的微透镜阵列时，在其焦平面上的光波场分布（哈特曼光斑图）。图 4.18 是垂直入射的平行光入射到两种不同排列微透镜阵列面时的子波前分布图，图 4.19 是这两种排列的微透镜阵列所对应的光斑图。

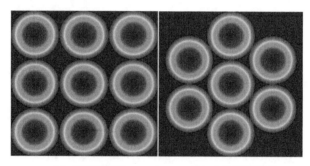

(a) 正方形排列　　　　　(b) 六角形排列图

图 4.18　垂直入射的平行光入射到两种不同排列微透镜阵列面时的子波前分布图
（彩图见封底二维码）

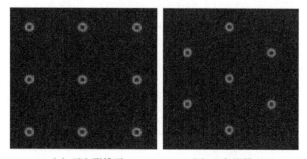

(a) 正方形排列　　　　　(b) 六角形排列图

图 4.19　垂直入射的平行光在两种不同排列的微透镜阵列后焦面上的光斑图
（彩图见封底二维码）

当平行光以一定角度 θ 入射到两种不同排列的微透镜阵列上时，如图 4.20 所示，公式（4.82）中的坐标(x_0, y_0)不再是微透镜的中心，而将偏移一定距离 d，

$$d = f \times \tan \omega \tag{4.85}$$

式中，f 是微透镜焦距，因此公式（4.82）变形为

$$\tilde{E}'(x_1, y_1) = \tilde{E}(x_1, y_1) \exp\left[-\mathrm{i}k \frac{[x_1 - (x_0 + \tan\theta)]^2 + [y_1 - (y_0 + \tan\theta)]^2}{2f} \right]$$

（4.86）

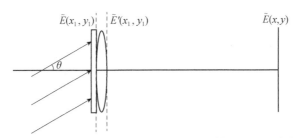

图 4.20　平行光以一定角度入射到两种不同排列的微透镜阵列

根据公式（4.85）和（4.86）可以得到以一定角度 θ 入射到两种不同排列的微透镜阵列上的平行光子波前分布图以及光斑图，图 4.21 和图 4.22 分别给出了这两种结果。

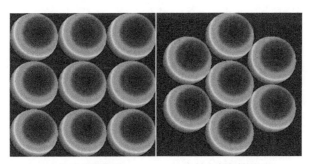

（a）正方形排列　　　　（b）六角形排列图

图 4.21　平行光以一定角度 θ 入射到两种不同排列的微透镜阵列上的平行光子波前分布图
（彩图见封底二维码）

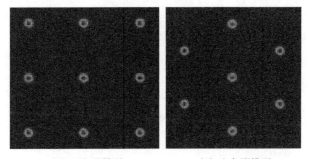

（a）正方形排列　　　　（b）六角形排列

图 4.22　平行光以一定角度 θ 入射到两种不同排列的微透镜阵列上的光斑图
（彩图见封底二维码）

接着改变入射角度 θ，将得到一系列按正方形和六角形排列的光斑图，根据光斑质心计算公式，分别计算出按方形排列的微透镜的光斑质心和按六边形排列的微透镜的光斑质心，将它们与理论值做对比，对比结果如图 4.23 所示。

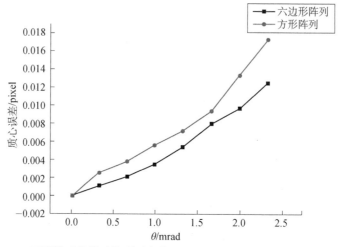

图 4.23 两种排列的微透镜所对应的光斑质心误差（彩图见封底二维码）

从图 4.23 中可以看出，随着 θ 角的增大，两种排列的微透镜的光斑质心与理论质心的偏差也逐渐增大，但相比而言，按六角形排列的微透镜光斑质心与理论值的偏差更小一些。

4.4 最佳阈值计算

如果设定的阈值为 T，在计算质心坐标时，每个像素的读出值减去一个 T 并将负值置 0。显然采用阈值可以降低第一类噪声源质心探测误差的影响，但是过低的阈值不能有效地降低各噪声对质心探测精度的影响；而阈值过高，会损失过多的有效信号，从而降低质心探测精度。因此，存在一个最佳阈值，在该阈值处，质心探测的误差最小。为了确定阈值 T 对点源目标的质心探测精度的影响，需要分别讨论 V_s、σ_A^2、V_B、σ_B^2、x_c、x_s、x_B 和 σ_S 关于阈值 T 的函数。

4.4.1 阈值对第一类误差源的影响

1）阈值对 V_B 的影响

由于单个像素上第一类误差源 N_{Bij} 可以看作是均值为 $\overline{N_B} = \overline{N_b} + \overline{N_d} + \overline{N_r}$、方

差为 $\sigma_B^2 = \sigma_r^2 + \overline{N_b}$ 的高斯噪声。所以 N_{Bij} 的概率分布函数为

$$P(N_{Bij}) = \frac{1}{\sqrt{2\pi}\sigma_B} \exp\left[-\frac{(N_{Bij} - \overline{N_B})^2}{2\sigma_B^2}\right] \qquad (4.87)$$

所以，当阈值为 T 时，单个像素上第一类误差源的均值 $\overline{N_{Bij}}(T)$ 为

$$\overline{N_{Bij}}(T) = \int_T^\infty \left[(N_{Bij} - T) \cdot P(N_{Bij})\right] \mathrm{d}N_{Bij} \qquad (4.88)$$

其求和 $V_B(T)$ 为

$$V_B(T) = \overline{N_{Bij}}(T) \cdot LM \qquad (4.89)$$

2）阈值对 σ_B^2 的影响

当阈值为 T 时，单个像素上第一类误差源的均值 $\overline{N_{Bij}}(T)$ 的二阶矩为

$$\overline{N_{Bij}^2}(T) = \int_T^\infty \left[(N_{Bij} - T)^2 \cdot P(N_{Bij})\right] \mathrm{d}N_{Bij} \qquad (4.90)$$

所以单个像素上第一类误差源起伏的方差 σ_B^2 为

$$\sigma_B^2(T) = \int_T^\infty \left[(N_{Bij} - T)^2 \cdot P(N_{Bij})\right] \mathrm{d}N_{Bij} - \left\{\int_T^\infty \left[(N_{Bij} - T) \cdot P(N_{Bij})\right] \mathrm{d}N_{Bij}\right\}^2$$

$$\qquad (4.91)$$

3）阈值对 x_B 的影响

由于点源目标的视场较小，因此可以认为背景光均匀照射到 CCD 上，当取子孔径的中心为坐标原点时，$x_b = 0$；由于每个像素点的背景暗电平是一固定值，所以 $x_d = 0$；读出噪声是零均值高斯分布的，所以 $V_r = 0$，可以不考虑。所以，当阈值 $T < \overline{N_B} - 3\sigma_B$ 时，$x_B = 0$。

当阈值 $\overline{N_B} - 3\sigma_B \leqslant T \leqslant \overline{N_B} + 3\sigma_B$ 时，在光斑所在区域噪声的均方根值为 σ_B；其余区域的和值为 $V_B(T)$。而在光斑区域第一类误差源质心的位置 $x_B = x_s$，所以 $x_B = \dfrac{l \cdot m \cdot \sigma_B}{V_B(T) + l \cdot m \cdot \sigma_B} x_s$，其中，$l$、$m$ 是光斑所在区域，单位是 pixel。

当阈值 $T > \overline{N_B} + 3\sigma_B$ 时，N_{Bij} 在除光斑外的所有区域均为 0，如果不考虑采样误差的影响，此时的第一类误差源的质心位置与测量得到信号光斑的质心重合，即 $x_B = x_s$。

所以，第一类误差源的质心位置为

$$x_B(T) = \begin{cases} 0, & T < \overline{N_B} - 3\sigma_B \\ x_B = \dfrac{lm\sigma_B}{V_B(T) + lm\sigma_B} x_s, & \overline{N_B} - 3\sigma_B \leqslant T \leqslant \overline{N_B} + 3\sigma_B \\ x_s, & T > \overline{N_B} + 3\sigma_B \end{cases} \qquad (4.92)$$

4.4.2 阈值对第二类误差源的影响

1）阈值对 V_s 的影响

由于 CCD 的离散采样，在子孔径坐标为 (i,j) 像素点收集到的光子数为[47]

$$N_{sij} = \frac{V_s}{4}\left[\operatorname{erf}\left(\frac{i+0.5-x_s}{\sqrt{2}\sigma_A}\right) - \operatorname{erf}\left(\frac{i-0.5-x_s}{\sqrt{2}\sigma_A}\right)\right] \cdot \left[\operatorname{erf}\left(\frac{j+0.5-y_s}{\sqrt{2}\sigma_A}\right) - \operatorname{erf}\left(\frac{j-0.5-y_s}{\sqrt{2}\sigma_A}\right)\right]$$

（4.93）

其中，(x_s, y_s) 是光斑质心的位置。

阈值 $T \leqslant \overline{N_B}$ 时，信号光子数不会随着阈值的增加而改变；当阈值 $T > \overline{N_B}$ 时，信号光子数随着阈值 T 的增加而减少。

所以信号光子数 $V_s(T)$ 与阈值 T 的关系为

$$V_s(T) = \begin{cases} V_s, & T \leqslant \overline{N_B} \\ \displaystyle\sum_{i,j=1}^{\phi} \operatorname{check}\left[N_{sij} - T + \overline{N_B}\right], & T > \overline{N_B} \end{cases}$$

（4.94）

其中，ϕ 为信号光所在区域，$y = \operatorname{check}(f)$ 表示：

$$y = \begin{cases} 0, & f < 0 \\ f, & f \geqslant 0 \end{cases}$$

（4.95）

2）阈值对 x_s 和 σ_S 的影响

当阈值 $T > \overline{N_B}$ 时，信号光斑的光强分布开始变化，并且不再呈高斯分布。单个子孔径内坐标为 (i,j) 的 CCD 像素点采集到的光子数为

$$N_{sij}(T) = \operatorname{check}\left(N_{sij} - T + \overline{N_B}\right)$$

（4.96）

所以信号光斑质心 x 轴坐标的计算公式为

$$x_s(T) = \frac{\displaystyle\sum_{ij}^{\phi} x_{ij}\operatorname{check}\left(N_{sij} - T + \overline{N_B}\right)}{\displaystyle\sum_{ij}^{\phi} \operatorname{check}\left(N_{sij} - T + \overline{N_B}\right)}$$

（4.97）

当 T 的取值为 $\overline{N_B} < T < V_{\text{Gauss}} + \overline{N_B}$ 时（V_{Gauss} 表示在信号光斑的高斯宽度内单个像素 CCD 采集得到最小光子数），式（4.97）可以变为

$$x_s(T) = \frac{\displaystyle\sum_{ij}^{\phi} x_{ij}\left[N_{sij} - T + \overline{N_B}\right]}{\displaystyle\sum_{ij}^{\phi}\left[N_{sij} - T + \overline{N_B}\right]} = \frac{\displaystyle\sum_{ij}^{\phi}\left[x_{ij}\cdot N_{sij}\right] - \sum_{ij}^{\phi}\left[x_{ij}\cdot\left(T - \overline{N_B}\right)\right]}{\displaystyle\sum_{ij}^{\phi} N_{sij} - \sum_{ij}^{\phi}\left(T - \overline{N_B}\right)}$$

（4.98）

当设 $STR = \dfrac{\sum\limits_{ij}^{\phi} N_{sij}}{\sum\limits_{ij}^{\phi}\left(T - \overline{N_B}\right)}$ ，$x_T = \dfrac{\sum\limits_{ij}^{\phi}\left[x_i \cdot \left(T - \overline{N_B}\right)\right]}{\sum\limits_{ij}^{\phi}\left(T - \overline{N_B}\right)}$ 时，式（4.98）变为

$$x_s(T) = \frac{STR}{STR - 1} x_p - \frac{1}{STR - 1} x_T \qquad (4.99)$$

所以采样误差与阈值的关系为

$$\sigma_S(T) = x_p - x_c(T) = \frac{1}{STR - 1}\left(x_T - x_p\right) \qquad (4.100)$$

3）光斑自身抖动方差与阈值的关系

当阈值 $T > \overline{N_B}$ 时，计算得到的质心位置由式（4.99）决定，由于阈值 T 没有起伏，所以光斑抖动方差为

$$\sigma_{x_c}^2 = \left(\frac{STR}{STR - 1}\right)^2 \sigma_{x_p}^2 \qquad (4.101)$$

其中，$\sigma_{x_p}^2$ 表示光斑自身的抖动方差，当认为光斑的能量主要集中在 $2\text{pixel} \times 2\text{pixel}$ 区域时，$\sigma_{x_p}^2$ 可以由下式计算：

$$\sigma_{x_p}^2 = \frac{4(\sigma_r^2 + \overline{N_B})}{V_s(T)^2}\left[\frac{1}{4} - x_c^2(T)\right] + \frac{\kappa \sigma_A^2}{V_s(T)} \qquad (4.102)$$

4.4.3　质心探测误差与阈值的关系

根据前面的讨论可以得到，应该将阈值与探测误差的关系分为以下三个阶段讨论。

当阈值 $T < \overline{N_B}$ 时，仅有第一类误差源随阈值 T 的变化而变化，此时质心探测误差的计算公式为

$$\sigma_{x_a}^2 = \frac{ML\sigma_B^2(T)}{\left[V_s + V_B(T)\right]^2}\left[\frac{L^2 - 1}{12} + x_c^2(T)\right] + \frac{\kappa V_s \sigma_A^2}{\left[V_s + V_B(T)\right]^2} + \frac{\kappa x_s^2}{V_s} - \frac{\kappa x_c^2(T)}{V_s + V_B(T)}$$

$$+ \left\{\frac{V_B(T)}{V_s + V_B(T)}\left[x_s - x_B(T)\right] - \sigma_S\right\}^2$$

$$(4.103)$$

当阈值 $\overline{N_B} \leqslant T < \overline{N_B} + 3\sigma_B$ 时，除第一类误差源随阈值 T 的变化而变化外，信号光斑也会开始变化，此时质心探测误差的计算公式为

$$\sigma_{x_b}^2 = \frac{ML\sigma_B^2(T)}{\left[V_s(T)+V_B(T)\right]^2}\left[\frac{L^2-1}{12}+x_c^2(T)\right] + \frac{\kappa V_s(T)\sigma_A^2}{\left[V_s(T)+V_B(T)\right]^2} + \frac{\kappa x_s^2(T)}{V_s} - \frac{\kappa x_c^2(T)}{V_s(T)+V_B(T)}$$

$$+ \left\{\frac{V_B(T)}{V_s(T)+V_B(T)}\left[x_s(T)-x_B(T)\right]-\sigma_S(T)\right\}^2$$

$$(4.104)$$

当阈值 $\overline{N_B}+3\sigma_B \leqslant T < V_{\text{Gauss}}+\overline{N_B}$ 时，第一类误差源的均值和起伏均为 0，采样误差随 T 的增大而增大；并且分布在光斑区域的噪声对光斑质心的抖动影响不可忽略；此时质心探测误差的计算公式为

$$\sigma_{x_c}^2 = \frac{1}{\left(\text{STR}-1\right)^2}\left(x_T-x_p\right) + \frac{4(\sigma_r^2+\overline{N_B})}{V_s^2(T)}\left[\frac{1}{4}-x_c^2(T)\right] + \frac{\kappa\sigma_A^2}{V_s(T)} \quad (4.105)$$

光斑在不同位置的质心探测误差随阈值 T 的变化，如图 4.24 所示。

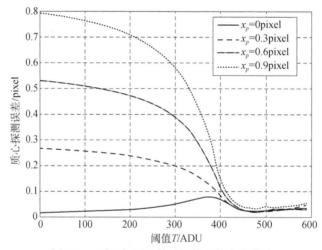

图 4.24　质心探测误差随阈值 T 的变化曲线

在图 4.24 中，窗口大小为 6pixel×6pixel，CCD 的光电响应系数为 1ADU/光子，信号光之和为 2000ADU，信号光斑的高斯宽度为 0.5pixel，背景暗电平为 100ADU/pixel，背景噪声为 300ADU/pixel，读出噪声为 20ADU/pixel。

根据式（4.102）～式（4.104）和图 4.24 可知，阈值 T 的作用对子孔径内每个像素都是平等的，所以当阈值 $T < \overline{N_B}$ 时，阈值 T 可以减少第一类误差源的均值，从而修正质心偏移误差；当阈值 $\overline{N_B} \leqslant T < \overline{N_B}+3\sigma_B$ 时，阈值 T 在减小第一类误差源的起伏的同时会砍掉一部分信号光，由于对质心探测有效的信号光主要集中在高斯宽度内，而第一类误差源在整个子孔径内都有分布，所以可以牺牲部分信号光来换取更小的质心探测误差；当阈值 $T \geqslant \overline{N_B}+3\sigma_B$ 时，第一类误差源已经完全

为 0，此时阈值越大对信号光的损害越大，质心探测误差会随着 T 的增大而增大。所以最佳阈值应取 $T = \overline{N_B} + 3\sigma_B$。

参 考 文 献

[1] Vyas A，Roopashree M B，Prasad B R. Performance of centroiding algorithms at low light level conditions in adaptive optics[C]. Advances in Recent Technologies in Communication and Computing，2009，ARTCom'09. International Conference on，IEEE，2009：366-369.

[2] Vyas A，Roopashree M B，Prasad B R. Optimization of existing centroiding algorithms for Shack Hartmann sensor[C]. Proceeding of the National Conference on Innovative Computational Intelligence & Security Systems，2009.

[3] Ares J，Arines J. Effective noise in thresholded intensity distribution：influence on centroid statistics[J]. Optics Letters，2001，26（23）：1831-1833.

[4] Arines J，Ares J. Minimum variance centroid thresholding[J]. Optics Letters，2002，27（7）：497-499.

[5] Vyas A，Roopashree M B，Prasad B R. Noise reduction in the centroiding of laser guide star spot pattern using thresholded Zernike reconstructor[C]. Adaptive Optics Systems Ⅱ，International Society for Optics and Photonics，2010，7736：77364E.

[6] Otsu N. A threshold selection method from gray-level histograms[J]. IEEE Transactions on Systems，Man，and Cybernetics，1979，9（1）：62-66.

[7] 杨眹，徐长彬，马玉莹，等. 低信噪比下的红外弱小目标检测算法研究综述[J]. 激光与红外，2019，49（6）：643-649.

[8] Thomas S. Optimized centroid computing in a Shack-Hartmann sensor[C]. Advancements in Adaptive Optics，International Society for Optics and Photonics，2004，5490：1238-1247.

[9] 王薇，陈怀新. 光斑图抑噪预处理的方法研究[J]. 激光技术，2007，31（1）：54-56，60.

[10] 赵菲菲，黄玮，许伟才，等. Shack-Hartmann 波前传感器质心探测的优化方法[J]. 红外与激光工程，2014，43（9）：3005-3009.

[11] Yin X，Li X，Zhao L，et al. Adaptive thresholding and dynamic windowing method for automatic centroid detection of digital Shack-Hartmann wavefront sensor[J]. Applied Optics，2009，48（32）：6088-6098.

[12] Rigaut F，Rousset G，Kern P，et al. Adaptive optics on a 3.6-m telescope-results and performance[J]. Astronomy and Astrophysics，1991，250：280-290.

[13] Thomas S，Fusco T，Tokovinin A，et al. Comparison of centroid computation algorithms in a

Shack-Hartmann sensor[J]. Monthly Notices of the Royal Astronomical Society，2006，371（1）：323-336.

[14] van Dam，Marcos A. Measuring the centroid gain of a Shack-Hartmann quad-cell wavefront sensor by using slope discrepancy[J]. Journal of the Optical Society of America A Optics Image Science & Vision，2005，22（8）：1509-1514.

[15] Nicolle M，Fusco T，Rousset G，et al. Improvement of Shack-Hartmann wave-front sensor measurement for extreme adaptive optics[J]. Optics Letters，2004，29（23）：2743-2745.

[16] Fusco T，Nicolle M，Rousset G，et al. Optimization of a Shack-Hartmann-based wavefront sensor for XAO systems[C]. Advancements in Adaptive Optics，International Society for Optics and Photonics，2004，5490：1155-1167.

[17] Prieto P M，Vargas-Martin F，Goelz S，et al. Analysis of the performance of the Hartmann-Shack sensor in the human eye[J]. Journal of the Optical Society of America A Optics Image Science & Vision，2000，17（8）：1388-1398.

[18] Schreiber L，Foppiani I，Robert C，et al. Laser guide stars for extremely large telescopes：efficient Shack-Hartmann wavefront sensor design using the weighted centre-of-gravity algorithm [J]. Monthly Notices of the Royal Astronomical Society，2009，396（3）：1513-1521.

[19] Baker K L，Moallem M M. Iteratively weighted centroiding for Shack-Hartmann wave-front sensors[J]. Optics Express，2007，15（8）：5147-5159.

[20] Akondi V，Roopashree M B，Budihala R P. Improved iteratively weighted centroiding for accurate spot detection in laser guide star based Shack Hartmann sensor[C]. Atmospheric and Oceanic Propagation of Electromagnetic Waves Ⅳ，International Society for Optics and Photonics，2010，7588：758806.

[21] Baik S H，Park S K，Kim C J，et al. A center detection algorithm for Shack-Hartmann wavefront sensor[J]. Optics & Laser Technology，2007，39（2）：262-267.

[22] 李晶，巩岩，呼新荣，等. 哈特曼-夏克波前传感器的高精度质心探测方法[J]. 中国激光，2014，（3）：246-252.

[23] Davis C Q，Freeman D M. Statistics of subpixel registration algorithms based on spatiotemporal gradients or block matching[J]. Optical Engineering，1998，37（4）：1290-1299.

[24] Gilles L，Ellerbroek B. Shack-Hartmann wavefront sensing with elongated sodium laser beacons：centroiding versus matched filtering[J]. Applied Optics，2006，45（25）：6568-6576.

[25] Lardière O，Conan R，Clare R，et al. Performance comparison of centroiding algorithms for laser guide star wavefront sensing with extremely large telescopes[J]. Applied Optics，2010，49（31）：G78-G94.

[26] Gilles L，Ellerbroek B L. Constrained matched filtering for extended dynamic range and improved

noise rejection for Shack-Hartmann wavefront sensing[J]. Optics Letters，2008，33（10）：1159-1161.

[27] Conan R，Lardière O，Herriot G，et al. Experimental assessment of the matched filter for laser guide star wavefront sensing[J]. Applied Optics，2009，48（6）：1198-1211.

[28] 宋智礼. 图像配准技术及其应用的研究[D]. 上海：复旦大学，2010. https://kns.cnki.net/kcms/detail/detail.aspx?dbcode=CDFD&dbname=CDFD0911&filename=2010194752.nh&uniplatform=NZKPT&v=Hdkbb8VaVNP7JHhsXV6VM3MNd8gMyaz8Z2Ha7GAVvdgZa7gMnyDj-JdkdCHNMPHY. [2010-04-01].

[29] 唐玎. 面向图像配准的亚像素运动估计算法研究[D]. 长沙：国防科学技术大学，2007. https://kns.cnki.net/kcms/detail/detail.aspx?dbcode=CMFD&dbname=CMFD2009&filename=2008098644.nh&uniplatform=NZKPT&v=J0H-vM1Daa0gHf9aW9gxu_Y0KDZLqNql5kGuLsiff5_ROZie2pE991_5Soui7cuM.[2007-11-01].

[30] Karybali I G，Psarakis E Z，Berberidis K，et al. An efficient spatial domain technique for subpixel image registration[J]. Signal Processing：Image Communication，2008，23（9）：711-724.

[31] Song Q，Xiong R，Ma S，et al. High accuracy sub-pixel image registration under noisy condition [C]. Circuits and Systems（ISCAS），2015 IEEE International Symposium on，IEEE，2015：1674-1677.

[32] Wei L，Shi G，Lu J，et al. Centroid offset estimation in the Fourier domain for a highly sensitive Shack-Hartmann Wavefront Sensor[J]. Journal of Optics，2013，15（5）：055702.

[33] Rimmele T R，Radick R R. Solar adaptive optics at the National Solar Observatory[C]. Adaptive Optical System Technologies，International Society for Optics and Photonics，1998，3353：72-82.

[34] Löfdahl M G. Evaluation of image-shift measurement algorithms for solar Shack-Hartmann wavefront sensors[J]. Astronomy & Astrophysics，2010，524：A90.

[35] Neal D R，Copland J，Neal D A. Shack-Hartmann wavefront sensor precision and accuracy [C]. Advanced Characterization Techniques for Optical，Semiconductor，and Data Storage Components，2002.

[36] Landgrave J E A，Moya J R. Effect of a small centering error of the Hartmann screen on the computed wave-front aberration[J]. Applied Optics，1986，25（4）：533.

[37] Zon N，Srour O，Ribak E N. Hartmann-Shack analysis errors[J]. Optics Express，2006，14（2）：635.

[38] Mayor J，Rios S，Bara S. Hartmann sensing of random phase fields with uncertain Fried parameter[J]. Optics Communications，1998，152（4-6）：247-251.

[39] Roddier F. Error propagation in a closed-loop adaptive optics system：a comparison between

Shack-Hartmann and curvature wave-front sensors[J]. Optics Communications，1995，113（4-6）：357-359.

[40] Suzuki H，Suzuki J，Matsushita T，et al. Error analysis of a Shack-Hartmann wavefront sensor[P]. Smart Structures，1995.

[41] Soloviev O，Vdovin G. Estimation of the total error of modal wavefront reconstruction with Zernike polynomials and Hartmann-Shack test[J]. Technische Univ. Delft（Netherlands），2005，6018（60181D）：1-12.

[42] Plett M L，Barbier P R，Rush D W，et al. Measurement error of a Shack-Hartmann wavefront sensor in strong scintillation conditions[J]. Proceedings of SPIE，1998，3433：211-220.

[43] 马晓燠，饶长辉，张学军. 三种光电器件用于天体光度测量时的性能比较[J]. 光学学报，2007（5）：882-888.

[44] 周志成. 关于泊松分布的高斯近似问题[J]. 北京大学学报（自然科学版），1988，（5）：605-619.

[45] Born M，Wolf E. Interference and Diffraction of Light[J]. Principles of Optics Electromagnetic Theory of Propagation，1999，（13）：334.

[46] Bar J，Brenner K H. Realization of refractive continuous-phase elements with high design freedom by mask-structured ion exchange[J]. Proceedings of SPIE-The International Society for Optical Engineering，2001，4437：50-60.

[47] Freischlad K，Koliopoulos C L. Wavefront reconstruction from noisy slope or difference data using the discrete Fourier transform[C]. 1985 Technical Symposium East，International Society for Optics and Photonics，1986.

第5章 基于扩展目标的相关哈特曼波前传感器

5.1 基于扩展目标的相关哈特曼波前传感器国内外研究进展

自基于扩展目标的相关哈特曼波前传感器在 1998 年首次被提出并成功应用在美国国家太阳天文台的低阶太阳自适应系统中之后，科学家们在不同领域开展了许多基于扩展目标的相关哈特曼波前传感器的研究工作，分析了其在不同应用场合下的性能并对其进行了改进。

Poyneer 等对基于快速傅里叶变换和抛物线插值的相关算法进行了系统的研究，提出了将相关算法的应用拓展到除太阳外的扩展目标波前探测中的设想，并根据误差传递关系推导了由图像噪声方差计算相关函数插值误差的公式，在子图像间相对偏移量为 0 时得到了很简洁的结果[1]。2003 年，该团队对其应用在轻型大口径反射式主镜的自适应光学（AO）系统进行了端对端模拟研究，通过以地面扩展景物为探测信标的模拟校正说明了基于扩展目标的相关哈特曼波前传感器能使 AO 系统具有等同于基于点目标的哈特曼波前传感器 AO 系统的校正能力[2]，如图 5.1 所示。2005 年，该团队又于日间炎热天气下在加利福尼亚州沥青路面上方 1~2m 进行了水平方向 100m 处扩展目标的畸变波前探测实验，实验平台由一个 20cm 的 Celestron CGE 望远镜和两种不同的微透镜阵列的哈特曼波前传感器组成，一种瞳平面直径为 25mm（子孔径数为 8 个），另一种直径为 6.7mm（子孔径数为 30 个），扩展目标为打印的真人大小的车牌和真人大小的人头照片，对于合理的扩展目标，相关哈特曼波前传感器能具备与点目标波前传感器相同的探测性能。

2003 年，Keller 等将绝对差分算法应用在 McMath-Pierce 太阳望远镜 AO 系统中，该算法运算量相对少，只有加减运算，因此在中央处理器（CPU）上就有非常高的运算效率，也是十分常用的算法，但其对图像光强的均匀性要求较高，稳定性较差[3-6]。2005 年，Knutsson 等根据图像空域平移等效于频域相移的定理，提出了一种基于互相关函数谱的频域相关算法，该算法可以取得很高的精度，但需要巨大的运算量，在满足系统对波前探测实时性的要求下，需要仅用两个频率

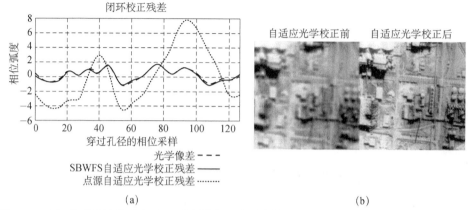

图 5.1　（a）仿真的波前畸变及 49 步长的闭环自适应校正的残差对比；（b）扩展探测目标图
及仿真自适应对其校正前后的成像结果

成分来估计子孔径偏移，才能达和相关算法相同的精度[7]。2007 年，胡新奇等提出了基于相邻子孔径图像的大动态范围波前探测方法，但该方法在子孔径数目大于 8×8 时重构精度较低[8]。Sidick 等分别在 2008 年和 2011 年提出了以频域相关算法为基础的自适应互相关算法（adaptive cross-correlation algorithm，ACCA）[9]，以及以周期性相关算法为基础的自适应周期性算法（adaptive periodic-correlation algorithm，APCA）[10]，这两个算法在子孔径偏移量较大时有优势，通过多次迭代可以达到百分之一像素的精度，其中 APCA 算法在子孔径图像发生一定程度的变形时依然能保持较高精度。2013 年 Sidick 对 APCA 算法提出了改进，通过减去算法误差中依赖于扩展目标内容的分量，在不丢失任何关于待测波前有用信息的前提下，使算法的偏移量计算误差减少了 30%～40%[11]。

　　2014 年，中国科学院光电技术研究所张兰强等为了实现对太阳活动区域大视场的波前探测，设计了大视场相关哈特曼波前传感器[12]，并与云南 1m 新真空望远镜对接，通过大视场波前探测实验验证了其有效性。大视场相关哈特曼波前传感器原理，如图 5.2 所示，它应用在多层共轭自适应光学（muti-conjugate adaptive optics，MCAO）系统中[13-16]，该探测器每个子孔径对应较大视场，将子孔径内的图像划分为多个子区域，每个子区域的图像对应一个探测视场，将所有子孔径对应子区域的图像拼起来，利用一个波前传感器就得到了多个视线方向上的波前信息，再利用大气层析技术就可得出不同高度层的湍流信息[16]。

　　2015 年，Townson 等提出了一种基于参数优化的质心亚像素插值相关算法，通过对相关函数进行阈值处理、小窗口求质心，该算法获得了优于抛物线插值相关算法的精度[17]。2016 年，Rais 等提出了一种基于全局光流方程的子孔径偏移量探测算法，以从法国国家太空研究中心（Centre National d'Etudes Spatiales，CNES）

得到的图像作为扩展目标的模拟结果表明，该算法比目前最先进的算法更精确、更稳定、更强抗噪能力，从而可以进行更精确的波前倾斜估计，但该算法原理复杂且需要巨大的运算量[18]。

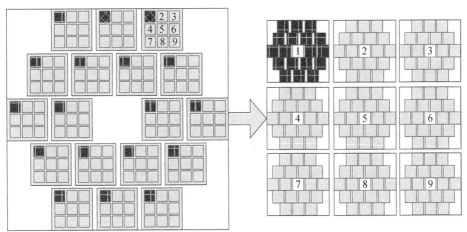

图 5.2　大视场相关哈特曼波前传感器原理图[12]

（彩图见封底二维码）

2016 年，北京理工大学李飞等开展了基于相关哈特曼波前传感器的空间光学相机遥感图像复原技术的研究，并通过实验验证了该技术的可行性。实验以地物为探测目标，利用相关哈特曼波前传感器探测由一个 40mm 口径的变形镜产生的畸变波前，如图 5.3 所示，通过对比探测出的畸变波前的点扩散函数与 CCD 采集的点目标的点扩散函数，说明了基于地物目标的相关哈特曼波前传感器能达到较高的探测精度[19]。

波前畸变的点扩散函数（PSF）

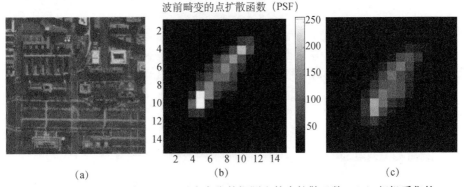

图 5.3　（a）地图目标；（b）对应离焦的探测出的点扩散函数；（c）相机采集的实际点扩散函数[19]（彩图见封底二维码）

5.2　相关哈特曼波前传感器的波前探测原理

相关哈特曼波前传感器与传统哈特曼波前传感器有很大的相似性，都是利用目标光源通过微透镜阵列在 CCD 焦面上成像，通过对微透镜阵列对应子孔径中的偏移量进行提取而获得波前斜率。一般说来，相关哈特曼波前传感器中需要选取相应的参考图像，然后利用该参考图像与各个子孔径图像进行相关计算获得相对偏移量，通过变换即可得到每个子孔径对应的波前斜率，最后利用 Zernike 多项式拟合或模式法重构出整个波前。

相关哈特曼波前传感器的基本组成，如图 5.4 所示，其中 C 为视场光阑，L 为中继透镜，H 为微透镜阵列，微透镜阵列上各个子透镜在 CCD 的焦面上成像，例如：对于太阳扩展目标（比如太阳黑子），微透镜在 CCD 焦面上所成的像，如图5.5 所示。

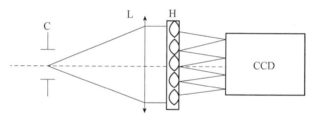

图 5.4　相关哈特曼波前传感器的基本组成示意图

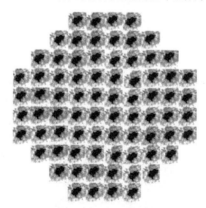

图 5.5　利用太阳黑子扩展目标作为信标在 CCD 焦面上所成各子孔径图像

自适应光学系统中相关哈特曼波前传感器的工作流程，如图 5.6 所示，望远镜口径被微透镜阵列分割，对应形成一系列像，例如：当目标对象为米粒组织时，其视场角一般说来在 10″×10″ 左右或者更小；对于高湍流层来说，视场角应较小，否则将会使得波前信息被平滑掉。另一方面，视场角应足够大以保证有足够的米粒组织信息使得相关算法更为稳健。此处最大的难点在于实时计算参考图像与随机选取的子孔径图像的相关函数分布，这一步决定了是否能够有效地获取光波前斜率信息。相关哈特曼波前传感器不仅可以对扩展目标进行计算，同时也能对被拉伸的光斑或点源光斑进行探测[20]。人眼视网膜的锥形结构与米粒图像很相似，这使得该波前传感器同样也可用于视觉科学。

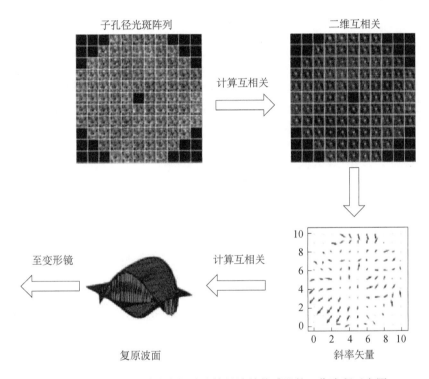

图 5.6　自适应光学系统中相关哈特曼波前传感器的工作流程示意图

5.3　基于扩展目标的相关哈特曼波前传感器的相关算法

扩展目标的相关哈特曼波前传感器最为广泛使用的相关算法为互相关因子（cross-correlation coefficient，CCC）算法和绝对差分（absolute difference，AD）算法，中国科学院光电技术研究所外场在用的太阳望远镜中使用的相关算法为 AD 算法，该算法对太阳黑子进行偏移量提取时，其测量精度与 CCC 算法测量精度相当，但 AD 算法的计算时间成本较低，硬件上实现也相对容易，但在对太阳米粒结构进行位移提取时，AD 算法的测量结果可能会出现较大的偏差，而 CCC 算法可以得到较好的测量结果。经过几十年的探索和发展，其他一些相关算法也陆续被学者提出和应用，主要包括：平方差（square difference，SD）算法，协方差（covariance image-domain，CI）算法，绝对差分平方（absolute difference squared，ADS）算法，频域中的协方差（covariance Fourier-domain，CF）算法等，这些相关算法或多或少都与 CCC 算法和 AD 算法有紧密联系，有必要对各算法进行讨论说明，这有助于理解其物理含义。

5.3.1　平方差算法

平方差（SD）算法是根据最小二乘法（least square method，LSM）得到的，其基本物理含义是：使所比较的两个对象的误差平方和最小。假设参考图像为 $I_r(x, y)$，大小为 $m \times n$，实际图像为 $I(x, y)$，大小为 $M \times N$，且 $m < M$，$n < N$，如图 5.7 所示。

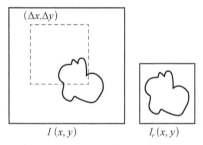

图 5.7　实际图像 $I(x, y)$ 和参考图像 $I_r(x, y)$ 示意图

SD 算法的数学表达式如下所示：

$$\mathrm{CSD}(\Delta x, \Delta y) = \sum_{x=1}^{m} \sum_{y=1}^{n} [I_r(x, y) - I(x + \Delta x, y + \Delta y)]^2 \tag{5.1}$$

其中，$\Delta x = 1, 2, \cdots, M - m + 1, \Delta y = 1, 2, \cdots, N - n + 1, \mathrm{CSD}(\Delta x, \Delta y)$ 表示 SD 算法的相关函数（也称差分函数）。物理上来说，SD 算法给出了两幅图像的相似程度，若两图像对应区域相似性越大，则计算得到的误差量越小，反之则越大；数学上来说，SD 算法计算了两幅图像对应区域的误差量，利用误差量作为目标函数寻求最小值，则误差量最小时可以得到其相对偏移量。

在某些场合下，需要用到相关函数的连续形式，SD 算法连续形式的数学表达式如（5.2）所示，其中 S_r 表示参考图像所在区域。

$$\mathrm{CSD}(x, y) = \int_{S_r} [I_r(u, v) - I(u + x, v + y)]^2 \mathrm{d}u \mathrm{d}v \tag{5.2}$$

5.3.2 互相关因子算法

互相关因子（CCC）算法为相关算法中最常用的方法之一，其物理含义为：给出了两图像之间的相似性准则，图像间相似性越大，所计算得到的互相关因子值也就越大，反之则越小。其明确的物理含义为计算扩展目标的偏移量提供了很好的理论基础，由于该算法自带归一化过程，因此该算法对孔径光斑之间的光照、噪声背景等起伏较大时的情况表现不敏感，其数学表达式如下：

$$CCCC(\Delta x, \Delta y) = \frac{\sum_{x=1}^{m}\sum_{y=1}^{n} I_r(x, y) I(x + \Delta x, y + \Delta y)}{\sqrt{\sum_{x=1}^{m}\sum_{y=1}^{n}[I_r(x, y)]^2}\sqrt{\sum_{x=1}^{m}\sum_{y=1}^{n}[I(x, y)]^2}} \tag{5.3}$$

$$CCCC(x, y) = \frac{\int_{S_r} I_r(u, v) I(u + x, v + y)\,du\,dv}{\sqrt{\int_{S_r} I_r^2(u, v)\,du\,dv}\sqrt{\int_{S_r} I^2(u, v)\,du\,dv}} \tag{5.4}$$

其中，$CCCC(\Delta x, \Delta y)$ 表示 CCC 的相关函数，表达式的分母可视为归一化过程，当两幅图像相似性越大时，相关函数的值越接近于 1，否则接近 0。在许多应用场合中，为了方便理论推导和应用，也可对两幅图像先进行归一化处理，然后直接利用 CCC 算法的分子部分作为判断准则，这种算法称作协方差算法（CI），一般亦可称为互相关因子算法，其数学表达式如下：

$$CCI(\Delta x, \Delta y) = \sum_{x=1}^{m}\sum_{y=1}^{n} I_r(x, y) I(x + \Delta x, y + \Delta y) \tag{5.5}$$

$$CCI(x, y) = \int_{S_r} I_r(u, v) I(u + x, v + y)\,du\,dv \tag{5.6}$$

5.3.3 绝对差分算法与绝对差分平方算法

绝对差分（AD）算法已经成功地运用在多个太阳自适应光学系统当中，由于该算法只有加减运算，使得其在硬件上更容易实现。一些文献把 AD 算法与绝对差分平方（ADS）算法看作两种不同的差分算法，这两种算法的差分矩阵有一定的联系和差异，经过亚像素插值运算，会使得两种算法的测量结果不同。

两种算法的数学表达式如下所示，其中 CAD 算法和 CADS 算法分别表示 AD 算法和 ADS 算法的相关函数

$$CAD(\Delta x, \Delta y) = \sum_{x=1}^{m}\sum_{y=1}^{n} \left| I_r(x, y) - I(x + \Delta x, y + \Delta y) \right| \tag{5.7}$$

$$CAD(x,y) = \int_{S_r} |I_r(u,v) - I(u+x,v+y)| \mathrm{d}u \mathrm{d}v \qquad (5.8)$$

$$CADS(\Delta x, \Delta y) = \left[\sum_{x=1}^{m} \sum_{y=1}^{n} |I_r(x,y) - I(x+\Delta x, y+\Delta y)| \right]^2 \qquad (5.9)$$

$$CADS(x,y) = \left[\int_{S_r} |I_r(u,v) - I(u+x,v+y)| \mathrm{d}u \mathrm{d}v \right]^2 \qquad (5.10)$$

5.3.4 频域中的相关算法

前面所讨论的相关算法都是在时域中进行处理的，下面对频域中相关算法进行介绍。由于傅里叶变换简单实用，且易实现，在许多文献中对频域中的相关算法进行了一定的讨论分析。

5.3.4.1 频域中的协方差算法

利用式（5.4），并考虑连续表达式时，有

$$CCF(u,v) = \iint I_r(x,y)(x+u, y+v) \mathrm{d}x \mathrm{d}y \qquad (5.11)$$

对上式两边同时取傅里叶变换可得

$$
\begin{aligned}
\mathscr{F}[CCF(u,v)] &= \mathscr{F}\left[\iint_{S_r} I_r(x,y)(x+u, y+v) \mathrm{d}x \mathrm{d}y \right] \\
&= \iiint I_r(x,y)(x+u, y+v) \exp[-\mathrm{j}2\pi(u\xi + v\eta)] \mathrm{d}x \mathrm{d}y \mathrm{d}u \mathrm{d}v \\
&= \left[\iint I_r(x,y) \exp[-\mathrm{j}2\pi(u\xi + v\eta)] \mathrm{d}x \mathrm{d}y \right] \cdot G(\xi, \eta) \\
&= F(\xi, \eta) \cdot G(\xi, \eta)
\end{aligned}
$$

$$(5.12)$$

其中，$F(\xi,\eta)$ 和 $G(\xi,\eta)$ 分别是参考图像 $I_r(x,y)$ 和实际图像的 $I(x,y)$ 的傅里叶变换，取上式傅里叶逆变换可得到频域中的协方差（CF）算法的相关矩阵分布，得到其相关矩阵后可进行相对偏移量和亚像素偏移量的求取，需要注意的是，在频域中应用相关算法时，会存在以下几个问题：①由于处理的图像大小有限，为了进行傅里叶变换，需要进行周期扩展，而且还会受到边缘效应的影响，可通过切趾法来减弱该效应，一般使用汉明窗口对图像进行预处理；②参考图像和实际图像的尺寸要保持一致，因此需要对参考图像进行补零处理，而时域中的相关算法不需要此处理。

5.3.4.2 相位相关算法

得到式（5.12）后，可改为下面形式

$$F(\xi,\eta) \cdot G(\xi,\eta) = A(\xi,\eta) \cdot \Phi(\xi,\eta) \qquad (5.13)$$

其中，$A(\xi,\eta)$ 为幅度谱，$\Phi(\xi,\eta)$ 为相位谱，如果参考图像 $I_r(x,y)$ 和实际图像的 $I(x,y)$ 的相位差为 $\phi=\phi_I - \phi_{I_r}$，由于 $\exp(\phi)$ 的傅里叶变换会产生一个冲击函数 $\delta(u,v)$，其位置应为两副图像相似度最大的地方，由此可得到相位相关（phase correlation）算法的计算公式：

$$C_p = \mathcal{F}^{-1}\left\{\frac{F(\xi,\eta)G(\xi,\eta)}{\left|F(\xi,\eta)G(\xi,\eta)\right|}\right\} \qquad (5.14)$$

实际应用相位相关算法时,应当对两幅图像的频率相位成分进行充分的考虑。如果两幅图像在频域中有足够的相位信息，使得图像相位差能够体现出来，此时相位相关算法能够较好地计算出结果；如果两幅图像的频率成分不足以使得其相位信息表现出来，也即含有的频率成分较少时，这时应用相位相关算法结果不一定准确。

针对相关算法而言，不同的相关算法其表达式有一定的差异，在实际应用中往往有两种形式进行讨论，一种为离散表达式，这是由于 CCD 的离散采样，使得图像都是离散的阵列点构成，对应的相关算法也为离散形式的。而在理论分析中，离散表达式一般不利于问题的讨论，其相应的连续表达式也就成为讨论的重点。无论是离散还是连续形式的相关算法，其本质是一致的，针对不同的应用场景，可选择合适的表达式进行计算分析。

5.4　互相关因子算法位移测量误差分析

相关算法的测量精度直接反映了相关哈特曼波前传感器的测量精度，因此，对于相关算法的研究不仅需要对其直接测量结果进行探索，而且需要对其位移测量误差进行推导和分析。

一般说来，计算波前斜率的步骤可分为以下几步：①原始哈特曼图像采集及平暗场处理；②确定哈特曼子孔径中参考子孔径并选取大小和特征合适的参考图像；③利用相关函数计算参考图像与各个子孔径的相关函数，进而计算得到相对偏移量。

实际中，利用哈特曼波前传感器采集的数据图像会受到各类噪声影响，常见的噪声有：光子噪声（photon noise），读出噪声（readout noise），热噪声（thermal noise）和 CCD 上各像素点非均匀响应等。其中热噪声和像素点非均匀响应可通过标定的方法消除。读出噪声是预放器将一个像素采集的电子电荷转化为可测量电压而产生的噪声，一般服从零均值高斯分布。光子噪声是在光子测量过程中所固有的统计特性，一般服从泊松分布。在对太阳进行观测时，因光子数水平相对较高，主要噪声源为光子噪声，读出噪声可以忽略。

　　下面的讨论中主要考虑光子噪声对相关算法测量精度的影响，通过一定理论推导和分析，得到相应位移测量误差公式，最后利用实际外场所采集的哈特曼图像对所得到的位移测量误差公式进行验证分析，从而得到相应结论。

5.4.1　互相关因子算法测量误差公式理论推导

　　这里考虑互相关因子（CCC）算法，为方便讨论，取 CCC 算法分子部分进行后续理论推导，该算法前面已经提到，称为协方差算法（CI，图像进行归一化后与 CCC 算法一致）。

　　假设子孔径图像记为 $I(x,y)$ 和参考子孔径图像记为 $I_r(x,y)$，则相关函数定义为

$$C(x,y)=\int_{S_r} I_r(u,v)I(u+x,v+y)\mathrm{d}u\mathrm{d}v \tag{5.15}$$

由于相关哈特曼波前传感器的离散采样性质，上面各个图像函数都应转化为离散函数。

　　当忽略离散化所带来的影响时，上式积分中 S_r 为参考子孔径 $I_r(x,y)$ 所在区域，而对于子孔径 $I(x,y)$ 所在区域 S，包含了 S_r 所可能的位置。

　　通过式（5.15）求得两图像相关函数 $C(x,y)$ 之后，先对相关函数 $C(x,y)$ 取阈值，确定相关峰及其附近区域，然后利用质心算法计算该区域的质心位置。由于图像中不可避免地会受到噪声的影响，因此通过上面质心算法得到的偏移量也是有误差的，这里将考虑光子噪声对质心位置计算的影响。

　　如果所有子孔径对同一物体成像，受到不同噪声影响时，定义所有子孔径图像和所有参考子孔径图像的总体均值为无噪声子孔径图像，分别记为 $\langle I(x,y)\rangle$ 和 $\langle I_r(x,y)\rangle$。对应区域 S_r 上 $\langle I(x,y)\rangle$ 和 $\langle I_r(x,y)\rangle$ 分别为

$$C_{\langle I_r\rangle}(x,y)=\int_{S_r} \langle I_r(u,v)\rangle\langle I(u+x,v+y)\rangle\mathrm{d}u\mathrm{d}v \tag{5.16}$$

$$C_{\langle I\rangle}(x,y)=\int_{S_r} \langle I(u,v)\rangle\langle I(u+x,v+y)\rangle\mathrm{d}u\mathrm{d}v \tag{5.17}$$

　　选取阈值为 s，则令 $C(x,y)\geqslant s$ 的区域为 D，在区域 D 内，可以通过质心算法确定相关函数矩阵的最大坐标为 (x_g,y_g)，考虑 x 方向上的坐标，y 方向上可类似得到，有去阈值质心算法公式：

$$x_g=\frac{\int_D x[C(x,y)-s]\mathrm{d}x\mathrm{d}y}{\int_D [C(x,y)-s]\mathrm{d}x\mathrm{d}y} \tag{5.18}$$

为简化公式，令：$x_g = \dfrac{N_g}{G_g}$，则

$$N_g = \int_D x[C(x,y) - s]\mathrm{d}x\mathrm{d}y \tag{5.19}$$

$$D_g = \int_D [C(x,y) - s]\mathrm{d}x\mathrm{d}y \tag{5.20}$$

$$\sigma_C^2(x,y,x',y') = \langle C(x,y)C(x',y') \rangle - \langle C(x,y) \rangle \langle C(x',y') \rangle \tag{5.21}$$

下面的推导中，$I(x,y)$ 和 $I_r(x,y)$ 都看作随机变量，同时 $I(x,y)$ 和 $I_r(x,y)$ 被噪声影响，最后测得的 x_g 也受噪声影响，最终得到测量误差方差 $\sigma_{x_g}^2$ 的理论计算公式。

1）$I(x,y)$ 有噪声，$I_r(x,y)$ 无噪声时

考虑两幅图像中只有子孔径图像 $I(x,y)$ 有噪声 n_i 的情况，且噪声为加性噪声，两幅图像相对偏移量向量为 (α, β)，则有

$$I(x,y) = \langle I(x,y) \rangle + n_i(x,y) \tag{5.22}$$

$$I_r(x,y) = \langle I(x - \alpha, y - \beta) \rangle \tag{5.23}$$

根据式（5.18）和式（5.19）可得测量误差方差公式为

$$\sigma_{x_g}^2 = \frac{\langle N_g^2 \rangle}{\langle D_g^2 \rangle} - \frac{\langle N_g \rangle^2}{\langle D_g \rangle^2} \tag{5.24}$$

由于 D_g 在某个确定的区域内为常数，或者在整个变化区间内，基本趋于稳定，则有 $\langle D_g^2 \rangle \approx \langle D_g \rangle^2$，代入上式有

$$\sigma_{x_g}^2 = \frac{\langle N_g^2 \rangle - \langle N_g \rangle^2}{\langle D_g^2 \rangle} \tag{5.25}$$

把式（5.19）代入式（5.25）的分子中，通过一定化简有

$$\langle N_g^2 \rangle - \langle N_g \rangle^2 = \int_D \int_D xx'\sigma_C^2(x,y,x',y')\,\mathrm{d}x\mathrm{d}y\mathrm{d}x'\mathrm{d}y' \tag{5.26}$$

其中，$\sigma_C^2(x,y,x',y') = \langle C(x,y)C(x',y') \rangle - \langle C(x,y) \rangle \langle C(x',y') \rangle$。为了求出 $\sigma_C^2(x,y,x',y')$，将式（5.15）代入并化简可得

$$\begin{aligned} &\langle C(x,y)C(x',y') \rangle = \\ &\int_{S_r}\int_{S_r} I_r(u,v)I_r(u',v')\langle I(u+x,v+y)I(x'+u',y'+v') \rangle\,\mathrm{d}u\mathrm{d}v\mathrm{d}u'\mathrm{d}v' \end{aligned} \tag{5.27}$$

$$\begin{aligned} &\langle C(x,y) \rangle \langle C(x',y') \rangle = \\ &\int_{S_r}\int_{S_r} I_r(u,v)I_r(u',v')\langle I(u+x,v+y) \rangle \langle I(x'+u',y'+v') \rangle\,\mathrm{d}u\mathrm{d}v\mathrm{d}u'\mathrm{d}v' \end{aligned} \tag{5.28}$$

假设噪声为白噪声，且不同像素间白噪声互不相关，白噪声与所采集的信号也无关，则有下式成立

$$\langle I(x,y)I(x',y')\rangle - \langle I(x,y)\rangle\langle I(x',y')\rangle = \begin{cases} \sigma_{n_i}^2(x,y), & (x,y) = (x',y') \\ 0, & (x,y) \neq (x',y') \end{cases} \quad (5.29)$$

综合式（5.27）～（5.29）可得

$$\sigma_C^2(x,y,x',y') = \int_{S_r} I_r(u,v)I_r(x+u-x',y+v-y')\sigma_{n_i}^2(x+u,y+v)\mathrm{d}u\mathrm{d}v$$

$$(5.30)$$

如果在整个子孔径图像 $I(x,y)$ 中，令噪声方差为常数，则有

$$\sigma_{n_i}^2(x+u,y+v) = \sigma_{n_i}^2 \quad (5.31)$$

根据式（5.16）和（5.17）及常数噪声项，式（5.30）可进一步化简为

$$\sigma_C^2(x,y,x',y') = \sigma_{n_i}^2 C_{\langle I_r\rangle}(x-x',y-y') \quad (5.32)$$

最终代入式（5.25）中有

$$\sigma_{x_g}^2 = \frac{\sigma_{n_i}^2 \int_D\int_D C_{\langle I_r\rangle}(x-x',y-y')\mathrm{d}x\mathrm{d}y\mathrm{d}x'\mathrm{d}y'}{\langle D_g^2\rangle} \quad (5.33)$$

上式中分母的形式会在后续章节中给出。

2）$I(x,y)$ 无噪声，$I_r(x,y)$ 有噪声时

此时 $I(x,y)$ 和 $I_r(x,y)$ 的数学表达式分别为

$$I_r(x,y) = \langle I(x,y)\rangle + n_{ir}(x,y) \quad (5.34)$$

$$\langle I_r(x,y)\rangle = \langle I(x-\alpha,y-\beta)\rangle \quad (5.35)$$

根据互相关函数中 $I(x,y)$ 和 $I_r(x,y)$ 的对称性，可利用 1）中的结果类似得到此情形下有

$$\sigma_{x_g}^2 = \frac{\sigma_{n_{ir}}^2 \int_D\int_D xx' C_{\langle I\rangle}(x-x',y-y')\mathrm{d}x\mathrm{d}y\mathrm{d}x'\mathrm{d}y'}{\langle D_g^2\rangle} \quad (5.36)$$

其中，$\sigma_{n_{ir}}^2$ 为影响参考子孔径图像 $I(x,y)$ 的噪声方差值，$C_{\langle I\rangle}$ 见式（5.17）。

3）$I(x,y)$ 有噪声，$I_r(x,y)$ 有噪声时

参考图像和子孔径图像引入的噪声项分别为 $n_{ir}(x,y)$ 和 $n_i(x,y)$，且都为白噪声，有下列式子成立：

$$I_r(x,y) = \langle I_r(x,y)\rangle + n_{ir}(x,y) \quad (5.37)$$

$$I(x,y) = \langle I(x,y)\rangle + n_i(x,y) \quad (5.38)$$

$$\langle I_r(x,y)\rangle = \langle I(x-\alpha,y-\beta)\rangle \quad (5.39)$$

$$\sigma_C^2(x,y,x',y') = \langle C(x,y)C(x',y')\rangle - \langle C(x,y)\rangle\langle C(x',y')\rangle \quad (5.40)$$

同样根据 1）和 2）中得到的结果，都有噪声存在时，式（5.25）可化简为

$$\sigma_{x_g}^2 = \frac{\int_D \int_D xx' C_{\langle I \rangle}(x-x', y-y') + \sigma_{n_{ir}}^2 C_{\langle I \rangle}(x-x', y-y') \mathrm{d}x\mathrm{d}y\mathrm{d}x'\mathrm{d}y'}{\langle D_g \rangle^2}$$

（5.41）

4）测量误差公式的简化

前面得到了测量误差方差 $\sigma_{x_g}^2$，引入三个假设条件对其进行简化。

假设条件 1：在 $C_{\langle I_r \rangle}(x,y)$ 最大值附近有 $C_{\langle I \rangle}(x,y)$ 和 $C_{\langle I_r \rangle}(x,y)$ 近似关系：

$$C_{\langle I_r \rangle}(x,y) \approx C_{\langle I \rangle}(x,y)(S_r \otimes S_r)(x,y)$$

（5.42）

其中，$\otimes$ 表示卷积符号，S_r 表示参考所在区域，一般为方形区域。

假设条件 2：自相关函数 $C_{\langle I_r \rangle}(x,y)$ 在 $(0,0)$ 处有最大值：

$$|I|_r^2 = \int_{S_r} \langle I(u,v) \rangle \langle I(u,v) \rangle \mathrm{d}u\mathrm{d}v$$

（5.43）

假设条件 3：在 $C_{\langle I \rangle}(x,y)$ 的中心峰值附近可用抛物线方程近似，即

$$C_{\langle I \rangle}(x,y) = |I|_r^2 \left(1 - \frac{x^2 + y^2}{2\delta^2} \right)$$

（5.44）

其中，δ 表示互相关函数峰的半高半宽大小。

给出区域 S_r 的定义，假设为矩形函数，大小为 $a_r \times b_r$，则 $(S_r \otimes S_r)(x,y)$ 代表区域为 $[-a_r, a_r] \times [-b_r, b_r]$，且有

$$(S_r \otimes S_r)(x,y) = \left(1 - \frac{|x|}{a_r} \right)\left(1 - \frac{|y|}{b_r} \right)$$

（5.45）

根据上面的假设和定义，式（5.41）的分子可改写为

$$\langle N_g^2 \rangle - \langle N_g \rangle^2 =$$
$$|I|_r^2 \int_D \int_D xx' \left[1 - \frac{(x-x')^2 + (y-y')^2}{2\delta^2} \right]\left[\sigma_{n_{ir}}^2 + \sigma_{n_i}^2 \left(1 - \frac{|x-x'|}{a_r} \right)\left(1 - \frac{|y-y'|}{b_r} \right) \right]\mathrm{d}x\mathrm{d}y\mathrm{d}x'\mathrm{d}y'$$

（5.46）

对于式（5.41）的分母来说，有

$$\langle D_g \rangle^2 = \left\{ \iint_D \langle [C(x,y) - s] \rangle \mathrm{d}x\mathrm{d}y \right\}^2$$

（5.47）

根据假设条件 3 可得

$$\langle D_g \rangle^2 = |I|_r^4 \left[\int_D \left(1 - \frac{x^2 + y^2}{2\delta^2} - s \right)\mathrm{d}x\mathrm{d}y \right]^2$$

（5.48）

对于积分区域 D 需精确地给出，前面假设用抛物线来近似互相关函数的峰值

区域，则对于 D 区域可估计为

$$D = \begin{cases} 1 - \dfrac{x^2}{2\delta^2} \geqslant s, & \forall x \in (-a_s, a_s) \\ 1 - \dfrac{y^2}{2\delta^2} \geqslant s, & \forall y \in (-b_s, b_s) \end{cases} \tag{5.49}$$

根据上式可令 $a_s = b_s = \delta\sqrt{2(1-s)}$，则由式（5.48）和式（5.49），可计算得到

$$\sigma_{x_g}^2 \approx \frac{4\delta^2}{|I|_r^2} \cdot \left[(\sigma_{n_{ir}}^2 + \sigma_{n_i}^2) + \sigma_{n_i}^2 \cdot \left(\frac{0.2}{1-s} - 1.1 \right) \right] \tag{5.50}$$

其中，$\sigma_{n_{ir}}^2$ 表示在参考图像中的噪声方差；$\sigma_{n_i}^2$ 表示在实际图像中的噪声方差；δ 表示无噪声子孔径图像的自相关函数 $C_{\langle I \rangle}(x, y)$ 的半高半宽；$|I|_r^2$ 为 $C_{\langle I \rangle}(x, y)$ 的最大值；s 表示归一化阈值，取值范围为$(0,1)$。

当参考图像和实际图像中的噪声方差相等时，$\sigma_{n_{ir}}^2 = \sigma_{n_i}^2 = \sigma_n^2$，式（5.50）化简为

$$\sigma_{x_g}^2 = \frac{2}{5} \frac{\delta^2 \sigma_n^2}{|I|_r^2} \cdot \frac{11 - 9s}{1 - s} \tag{5.51}$$

当 $s=0.82$ 时，上面式子可以化简为

$$\sigma_{x_g}^2 = \frac{8\delta^2 \sigma_n^2}{|I|_r^2} \tag{5.52}$$

一般来说，上面给出的阈值 s 根据目标的不同有所差异，此处给出的只是 s 等于特定值下的结果（该结果与文献[21]中结果一致），实际应用中需要对目标的特征进行分析，从而进一步获得更有效和更通用的计算公式，这部分将在后续内容中给出。在实际应用中，对于参考图像而言，由于噪声一般为白噪声，通常采用多帧叠加的方式来进行消除，如此某种程度上可认为参考图像中没包含噪声项，只有实际图像才有噪声，则此时式（5.52）可化简为

$$\sigma_{x_g}^2 = \frac{4\delta^2 \sigma_n^2}{|I|_r^2} \tag{5.53}$$

由于式（5.53）中的情形较为特殊，实际应用中参考图像和实际图像往往都会受到噪声的影响，此时必须利用式（5.51）进行问题的分析。

5.4.2　任意采样条件下的测量误差公式

前面对相关函数的位移测量误差进行了详细的推导，得到了式（5.51）的计算公式。在大多数文献中，总是假设实际采样图像满足 Nyquist 采样条件（结合式

（5.52）），此时 δ 值约为 4，进一步简化式（5.53），考虑实际情形中（尤其是在太阳自适应光学系统中），Nyquist 采样条件往往不能满足，这说明 δ 值不能直接取 4，需要通过一定方法对其进行估计。下面分几个方面对式（5.51）的各物理量进行一定的估计分析，并给定实际过程中的处理方法。

5.4.2.1　位移测量误差方差分母项化简

实际推导中，可以求得位移测量误差方差形式如下所示（参考图像中不包含噪声项，实际图像中包含噪声项）：

$$\sigma_x^2 = \frac{4\delta^2\sigma_n^2}{|I|_r^2} \cdot \left(0.45 + \frac{0.1}{1-s}\right) \tag{5.54}$$

其中，σ_x^2 为测量噪声方差项，δ 为自相关函数（或互相关函数）利用抛物面拟合时的半高半宽，σ_n^2 为图像中所包含的噪声方差项（此处考虑的是光子噪声为主导），s 表示阈值，$|I|_r^2$ 为参考自相关函数（或互相关函数）的峰值。

在对上面公式的分母进行化简之前，需要对前面所给出的几个假设给出声明，分别是：

（1）在相关峰值附近满足近似公式：

$$C_{\langle I_r \rangle}(x,y) \approx C_{\langle I \rangle}(x,y)(S_r \otimes S_r)(x,y) \tag{5.55}$$

其中，$\otimes$ 表示卷积符号，S_r 表示参考所在区域，一般为方形区域。当 $x=y=0$ 时，有

$$C_{\langle I_r \rangle}(0,0) \approx C_{\langle I \rangle}(0,0) = |I|_r^2 \tag{5.56}$$

说明两图像的自相关函数的峰值基本一致。

（2）峰值附近区域可以利用抛物面进行拟合，也即满足

$$C_{\langle I \rangle}(x,y) = |I|^2 \left(1 - \frac{x^2 + y^2}{2\delta^2}\right) \tag{5.57}$$

同样地，参考图像的自相关函数在某种程度上也满足

$$C_{\langle I_r \rangle}(x,y) = |I|_r^2 \left(1 - \frac{x^2 + y^2}{2\delta^2}\right) \tag{5.58}$$

下面对位移测量误差方差公式的分母进行讨论。根据前面去阈值的积分区间可得，此时去阈值积分区间 D_s 为

$$D_s : \left[-\delta\sqrt{2(1-s)}, \delta\sqrt{2(1-s)}\right] * \left[-\delta\sqrt{2(1-s)}, \delta\sqrt{2(1-s)}\right] \tag{5.59}$$

如果利用上面的去阈值区间对参考图像的自相关函数积分，可得

$$\int_{D_s} C_{\langle I_r \rangle}(x,y)\,\mathrm{d}x\mathrm{d}y =$$

$$\int_{-\delta\sqrt{2(1-s)}}^{\delta\sqrt{2(1-s)}} \int_{-\delta\sqrt{2(1-s)}}^{\delta\sqrt{2(1-s)}} |I|_r^2 \left(1 - \frac{x^2+y^2}{2\delta^2}\right)\mathrm{d}x\mathrm{d}y = \frac{8}{3}\delta^2 |I|_r^2 (1-s)(1+2s) \quad (5.60)$$

则强度峰值可表示为

$$|I|_r^2 = \frac{3}{8\delta^2(1-s)(1+2s)} \int_{D_s} C_{\langle I_r \rangle}(x,y)\,\mathrm{d}x\mathrm{d}y \quad (5.61)$$

由于 $C_{\langle I_r \rangle}(x,y)$ 表示自相关函数，当 $x=y=0$ 时，表示参考图像的强度平方和，且该平方和对应参考图像能量，如果考虑光子噪声，则有

$$\int_{S_r} \left| I_r(x,y) - \langle I_r(x,y) \rangle \right|^2 \mathrm{d}x\mathrm{d}y = n_r^2 \sigma_i^2 \quad (5.62)$$

其中，n_r 表示参考图像大小，σ_i^2 表示参考图像强度起伏方差值。

则有下式成立：

$$\int_{D_s} C_{\langle I_r \rangle}(x,y)\,\mathrm{d}x\mathrm{d}y = A^2 n_r^2 \sigma_i^2 \quad (5.63)$$

上式表示，在去阈值区间对自相关函数积分，得到的结果与参考图像的能量有联系，且存在倍数关系，该倍数用参数 A 来表示，为了求得参数 A 的大小，有如下过程。

首先，对于自相关函数 $C_{\langle I_r \rangle}(x,y)$ 而言，在利用抛物面拟合时，其重要参数为半高全宽，可令 A 为半高全宽，其大小为

$$A = 2\delta\sqrt{(1-s)} \quad (5.64)$$

则有下面式子成立：

$$\int_{D_s} C_{\langle I_r \rangle}(x,y)\,\mathrm{d}x\mathrm{d}y = \left(2\delta\sqrt{1-s}\right)^2 n_r^2 \sigma_i^2 = 4\delta^2 n_r^2 \sigma_i^2 (1-s) \quad (5.65)$$

则自相关函数或互相关函数的强度峰值可表示为

$$|I|_r^2 = \frac{3}{2(1+2s)} n_r^2 \sigma_i^2 \quad (5.66)$$

代入原公式中有

$$\sigma_{x_g}^2 = \frac{4\delta^2 \sigma_n^2 \cdot \left(0.45 + \dfrac{0.1}{1-s}\right)}{\dfrac{3}{2(1+2s)} n_r^2 \sigma_i^2} = \frac{4}{15} \cdot \frac{\delta^2 \sigma_n^2}{n_r^2 \sigma_i^2} \cdot \frac{11-9s}{(1-s)(1+2s)} (\text{pixels}^2) \quad (5.67)$$

上面得到的位移测量误差公式与参考图像大小 n_r，参考图像强度起伏方差 σ_i^2，互相关峰的半高半宽 δ，图像中的噪声方差 σ_n^2 以及阈值大小 s 有关。

当选定如下参数：微透镜的孔径大小为 d，CCD 像素大小为 p，焦距大小为 f，入射光波长为 λ，式（5.67）的单位可转换为波长单位，如下式所示

$$\sigma^2_{x_g} \approx \frac{4}{15} \cdot \frac{\delta^2 \sigma^2_n}{n^2_r \sigma^2_i} \cdot \frac{11-9s}{(1-s)(1+2s)} \left(\frac{dp}{\lambda f} \right)^2 (\text{waves}^2) \qquad (5.68)$$

当阈值大小 s=0.956 时，式（5.55）可以转换为式（5.56）所示结果，该结果与 Michau 等所提出的计算公式一致[22]

$$\sigma^2_{x_g} = \frac{5\delta^2 \sigma^2_n}{n^2_r \sigma^2_i} \cdot \left(\frac{dp}{\lambda f} \right)^2 (\text{waves}^2) \qquad (5.69)$$

式（5.69）只适用于高对比度的扩展目标，如太阳黑子、半影等，而对于低对比度的扩展目标（太阳米粒或气泡）而言，该计算公式结果与实际测量结果有较大差异。

同时，当图像采样条件满足 Nyquist 采样条件时，这意味着 $\frac{dp}{\lambda f} = 2$，这里 $\frac{\lambda f}{d}$ 给出了衍射极限光斑的半高全宽大小，此时式（5.69）可进一步化简为

$$\sigma^2_{x_g} = \frac{5\delta^2 \sigma^2_n}{4n^2_r \sigma^2_i} (\text{waves}^2) \qquad (5.70)$$

式（5.70）为实际中最为常用的公式，它需要满足的前提条件为：图像采样条件满足 Nyquist 采样条件。在实际系统当中，该条件并不完全满足，这就会使得该计算公式会出现差异，此时需要利用式（5.68）进行估计。

5.4.2.2　不同扩展目标对比度分布情况

前面得到的位移测量误差方差公式通过一定的变形，可改写为与图像对比度和信噪比有关的公式。假设对比度取整个子孔径的对比度，则随着参考图像尺寸的增大，该对比度保持不变，这与前面给出的推导过程有所不符，说明该对比度值随着参考图像大小的变化而变化，也即此时应为参考图像的对比度。对于不同特征形态目标，对比度随着参考图像大小的变化有较为显著的变化，图 5.8 给出了不同太阳表面目标下，对应不同参考图像下对比度的变化示意图（实际情形有些许差异）。

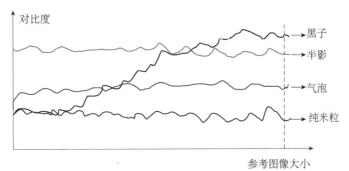

图 5.8　不同形态特征扩展目标随着参考图像大小变化，对应对比度的变化趋势示意图
（彩图见封底二维码）

5.4.2.3　互相关函数的半高半宽

在理想中，自相关函数分布与互相关函数分布具有一定的相似性，但在实际情况中这一假设条件并不成立。在理论计算中，为了能够使计算结果更为精准，直接利用互相关函数分布对抛物面的半高半宽 δ 进行估计，同时需要注意的是，目标对比度的差异会使得抛物面的半高半宽 δ 出现较大差异。

为了对互相关函数分布的半高半宽进行统计，给出以下步骤：

（1）对于不同目标的图像，参考图像选取孔径图像的正中间，且参考图像的大小从较小变化到较大（这样有利于判断对应的互相关函数变化情况）。

（2）得到不同参考图像的互相关函数后，利用抛物面对互相关函数的峰值区域进行拟合，且拟合区域为峰值邻近区域的 3×3pixels，并根据拟合方程求出相应的半高半宽 δ 的大小，拟合过程中需要注意：峰值与邻近最小值应该选定为抛物面的最大值和最小值，这样能够使不同对比度目标的统计结果稳定。

（3）统计不同参考图像下对应得到的互相关函数半高半宽大小，并根据目标的形态特征进行归类。

5.4.2.4　不同对比度扩展目标的阈值选取

前面根据抛物面函数与相关函数的拟合精度大小，对位移测量误差公式进行了分母近似，并得到了式（5.68）和式（5.69）的测量误差理论估计表达式，两公式除了单位有差异外，是完全一致的。根据式（5.69）的结果，当满足 Nyquist 采样条件时，满足 $\frac{dp}{\lambda f} = 0.5$，$\delta \approx 4$，此时测量误差公式变换为

$$\sigma_{x_g}^2 = \frac{20\sigma_n^2}{n_r^2\sigma_i^2} = \frac{20}{n_r^2 \dfrac{\sigma_i^2}{M^2} \dfrac{M^2}{\sigma_n^2}} = \frac{20}{n_r^2 (\text{contrast})^2 \cdot (\text{SNR})^2}(\text{waves}^2) \qquad (5.71)$$

其中，M 表示单个子孔径的强度均值，contrast 和 SNR 分别表示子孔径的对比度和信噪比。实际中，δ 可由 5.4.2.3 节中的方法确定，其大小并非恒等于 4。同时，实际系统中，Nyquist 采样条件并不满足，这使得式（5.57）和式（5.60）不再适用，为了能够得到更为适用的表达式，需要利用式（5.55）或式（5.56）。

式（5.55）与阈值大小有关，如果把与阈值相关的式子单独考虑如下：

$$f(s) = \frac{11 - 9s}{(1-s)(1+2s)}, \quad 0 < s < 1 \qquad (5.72)$$

则 $f(s)$ 随着阈值大小 s 的变化情况，如图 5.9 所示。

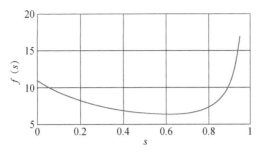

图 5.9　阈值相关项 $f(s)$ 随着阈值 s 变化的分布情况

随着阈值 s 增大，$f(s)$ 先减小后增大，这说明求得的质心位置的起伏方差值先减小后增大。为了能够使最佳归一化阈值更具有通用性，对式（5.72）求导，并令其等于零，最终可得到

$$f'(s) = 0 \rightarrow s_{\text{opt}} \approx 0.6035 \qquad (5.73)$$

那么得到最佳归一化阈值为 0.6035，此时根据公式（5.68）得到的测量误差能够取得最小值，且最终的测量误差计算公式为

$$\sigma_{x_g}^2 = 1.6969 \cdot \frac{\delta^2 \sigma_n^2}{n_r^2 \sigma_i^2} \cdot \left(\frac{dp}{\lambda f} \right)^2 \ (\text{waves}^2) \qquad (5.74)$$

参 考 文 献

[1] Poyneer L A. Scene-based Shack-Hartmann wave-front sensing：analysis and simulation[J]. Applied Optics，2003，42（29）：5807-5815.

[2] Poyneer L A，Kai L F, Chan C. Scene-based wavefront sensing for remote imaging[J]. Proceedings of SPIE，2003，5162：1-12.

[3] Rao C，Jiang W，Ling N，et al. Correlation tracking algorithms for low-contrast extended object [C]. International Symposium on Optical Science and Technology，International Society for Optics and Photonics，2002：245-251.

[4] Löfdahl M G. Evaluation of image-shift measurement algorithms for solar Shack-Hartmann wavefront sensors[J]. Astronomy & Astrophysics，2010，524：A90.

[5] Keller C U，Plymate C，Ammons S M. Low-cost solar adaptive optics in the infrared[J]. Proc. SPIE，2003，4853：351-359.

[6] 沈婷婷. 基于互相关因子算法的太阳自适应光学波前实时处理技术研究[D]. 成都：中国科学院光电技术研究所，2015. https://kns.cnki.net/kcms/detail/detail.aspx?dbcode=CMFD&dbname= CMFD201502&filename=1015951583.nh&uniplatform=NZKPT&v=V14yqPvLoXh76rslGR9er

KIMlESgPPcSSVbE7k6euB5SuNdtFIqTZfslbmmyq6Ga. [2015-04-01].

[7] Dainty C，Ownerpetersen M，Knutsson P A. Extended object wavefront sensing based on the correlation spectrum phase[J]. Optics Express，2005，13（23）：9527-9536.

[8] 胡新奇，俞信，赵达尊. 相关哈特曼–夏克波前传感器波前重构新方法[J]. 光学技术，2007，33（5）：710-713.

[9] Sidick E，Green J J，Ohara C M，et al. An adaptive cross-correlation algorithm for extended-scene Shack-Hartmann wavefront sensing[J]. Optics Letters，2008，33（3）:213-215.

[10] Sidick E，Green J J，Morgan R M，et al. Adaptive cross-correlation algorithm for extended scene Shack-Hartmann wavefront sensing[J]. Optics Letters，2008，33（3）：213-215.

[11] Sidick E. Extended scene Shack-Hartmann wavefront sensor algorithm：minimization of scene content dependent shift estimation errors[J]. Applied Optics，2013，52（26）：6487.

[12] 张兰强. 太阳高分辨力成像多层共轭自适应光学技术研究[D]. 成都：中国科学院研究生院（中国科学院光电技术研究所），2014. https://kns.cnki.net/kcms/detail/detail.aspx?dbcode=CDFD&dbname=CDFD1214&filename=1014042471.nh&uniplatform=NZKPT&v=DEKc-gT6jJyNDcfR94YeWpJ0Xrd_nU7OpyIkYrSuATc_qmVInhvlMKbecmZeagpP. [2014-04-01].

[13] Beckers J M. Increasing the size of the isoplanatic patch within multi-conjugate adaptive optics[C]. Proceedings of European Southern Observatory Conference and Workshop on Very Large Telescopes and Their Instrumentation，in：ESO Conference and Workshop Proceedings，European Southern Observatory，Garching，Germany，1988，30：693-703.

[14] Tallon M，Foy R. Adaptive telescope with laser probe-isoplanatism and cone effect[J]. Astronomy & Astrophysics，1990，235（1-2）：549-557.

[15] Ragazzoni R，Marchetti E，Srigaut F. Modal tomography for adaptive optics[J]. Astronomy &Astrophysics，1999，342（3）：53-56.

[16] Rigaut F J，Ellerbroek B L，Flicker R. Principles，limitations，and performance of multi-conjugate adaptive optics[J]. Adaptive Optical Systems Technology，Munich，Germany，Proc. SPIE，2000，4007：1022-1031.

[17] Townson M J，Kellerer A，Saunter C D. Improved shift estimates on extended Shack-Hartmann wavefront sensor images[J]. Mon. Not. R. Astron. Soc.，2005，452（4）：4022-4028.

[18] Rais M，Morel J M，Thiebaut C，et al. Improving the accuracy of a Shack-Hartmann wavefront sensor on extended scenes[J]. Journal of Physics：Conference Series，2016，756：012002.

[19] 李飞. 基于波前测量的白光点扩散函数估计方法[D]. 北京：北京理工大学，2016. https://kns.cnki.net/kcms/detail/detail.aspx?dbcode=CMFD&dbname=CMFD201602&filename=1016716608.nh&uniplatform=NZKPT&v=v_UYtx0zrCAJu5jOjgb1mytFQkyMFMThbgagd5-IUhrTPUzUAzwpON328PVer5ls. [2015-12-01].

[20] Gratadour D，Gendron E，Rousset G. Intrinsic limitations of Shack-Hartmann wavefront sensing on an extended laser guide source[J]. Journal of the Optical Society of America A Optics Image Science & Vision，2010，27（11）：171-181.

[21] Marino J，Rimmele T. Long exposure point spread function estimation from adaptive optics loop data[C]. SPIE Astronomical Telescopes + Instrumentation，International Society for Optics and Photonics，2006:1-16.

[22] Michau V，Rousset G，Fontanella J. Wavefront Sensing from Extended Sources[C]. Real Time and Post Facto Solar Image Correction，1993，124：124-128.

第6章 基于光场相机的波前传感器

6.1 光场相机波前传感器的发展历程

光场相机起源于电子摄影领域，其最初主要用于捕获光场[1]。它通过光电探测器记录所有入射光线的位置信息，并利用微透镜阵列记录方向信息来获取四维光场，经过相应的算法后，可以实现重聚焦[2-3]、视点变换[4]、深度估计[5-6]等效果，斯坦福大学的 Ng 等研制的手持式光场相机[7]在市场上得到了广泛的关注。

最早将光场相机结构用于波前探测领域的是 Clare 和 Lane 等[8-10]，他们提出将传统的哈特曼波前传感器中的微透镜阵列放到一个主镜的焦面处来起到划分光场的作用，其结构本质仍是光场相机。由于光场相机波前传感器可以探测到与哈特曼波前传感器、曲率和四棱锥波前传感器一样的信息，因此这些传统的波前传感器可视为特殊的光场相机波前传感器[11-12]。相比于传统的波前传感器，光场相机由于具有捕获四维光场信息的能力，因而具有巨大的优越性。西班牙拉古纳大学的 Ramos 等发明的 CAFADIS 相机（光场相机波前传感器）不仅可以用于波前探测，还可以基于傅里叶切片技术对原始波前进行重构，Ramos 等于 2009 年搭建的实验系统证明了 CAFADIS 相机对大气湍流的层析复原能力，即可以同时探测不同视场的波前和高度信息[14-17]。

2010 年，Ramos 等相继研究了用于大气湍流的光场相机的层析成像能力[18-19]，并使用共轭自适应光学（CAOS）系统建立了多层共轭自适应光学（MCAO）系统，证明了单个光场相机波前传感器就可以达到多个传统的波前传感器才能实现的多视场波前测量的效果。Ramos 等团队在 2012 年做了进一步的研究，将光场相机波前传感器安装到天文望远镜（OGS）上，用点星和月球表面为信标，对两者分别进行波前探测[20]，获得了两者的波前畸变信息，实验结果表明，光场相机波前传感器可以有效地进行波前畸变探测，探测到的波前畸变信息用于波前校正，实现了图像高分辨成像。除此之外，美国 Maryland 大学的 Wu 团队在 2015 年提出一种改进型的光场相机波前传感器[21]，将本该在主镜焦面处的微透镜阵列往后调，使主镜和微透镜阵列的距离为两者的焦距之和，并证明了调整后的光场相机波前传感器可以探测到畸变程度非常大的波前信息。

我国在光场相机波前传感器方面的研究起步较晚，中国科学院光电技术研究所的张锐等[22]和国防科技大学的吕洋[23]以点源为信标对光场相机的波前探测能力进行了初步仿真验证，中国科学院光电技术研究所的刘欣城[24]对扩展目标进行了波前还原，并进行了初步实验验证。重庆大学的李程[25]对光场相机波前传感器的大气层析复原能力进行了仿真验证。

6.2　光场相机波前传感器的基本结构与成像原理

6.2.1　光场相机波前传感器的基本结构

光场相机的基本结构由主镜、微透镜阵列与光电探测器（CCD 传感器）组成，如图 6.1 所示。与普通相机结构不同，微透镜阵列位于主镜焦面处，将光电探测器置于微透镜焦面处。微透镜阵列面记录(u,v)信息，光电探测器面记录(s,t)信息，通过两个平面记录的信息可以捕获到整个光场信息。

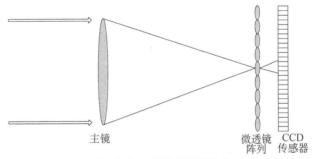

主镜　　　微透镜阵列　CCD传感器

图 6.1　光场相机波前传感器的结构示意图

光场相机波前传感器的优点主要是通过捕获四维光场信息可以实现大景深成像效果，通过对光场信息的后处理可以获取聚焦在不同位置的清晰图像，即重聚焦图像，但是这是以牺牲图像探测器的部分分辨率来获取的[26]。同时，尽管单个图像带来的海量数据使得对硬件和算法的要求更高，但其中包含的数据更多，这样便为数据后处理带来了更多选择。

6.2.2　光场的四维表示

20 世纪 90 年代初，为了更好地描述光线的传播，Adelson 和 Bergen 设计了全光函数以捕获光携带的信息[27]。具体表达式是一个七维函数：$P(\theta,\phi,\lambda,t,x,y,z)$，其中（$\theta,\phi$)是角坐标，表示光的传播方向；$\lambda$ 是波长；t 是时间；(x,y,z) 是该射线的空间坐标，让这一点成为这条射线的起源。光场实质上就是记录空间中所有光线的函数表示。

显然七维空间的表达对于光场来说过于不便，实际上，为了简单方便地记录光场，Levoy 对其进行了简化。论证如下，如果只考虑光线在自由空间的传输，λ 一般不会发生变化，因此可以忽略。更进一步，若忽略光线在传输过程中的衰减，则变量 t 可以忽略。光在传输过程中，辐射量不会改变，所以变量 z 也可以忽略，光线所处位置只需要两个变量 x,y 表示即可。根据 Levoy 的光场渲染理论，光场只需四维函数便可表达，空间中的任意光线都可以用两个平行的平面来参数化表示。(u,v) 和 (s,t) 分别为光线与这两个平行平面的交点，L 表示光强，$L(u,v,s,t)$ 表示光场中采样的单条光线的光强，如图 6.2 所示。

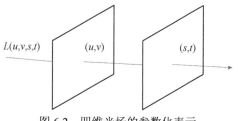

图 6.2　四维光场的参数化表示

6.2.3　光场相机波前传感器的成像原理

如 6.2.2 节所论述的，用两个平面来参数化表达的光场是包含光的二维位置信息和二维方向信息的四维函数。光场的直观表示通常采用所谓的"光空间图"。为了便于描述，我们将过平面的坐标点只保留一个，这样四维光场便可以用两个变量从简表示，x 表示位置轴，u 表示方向轴。光线 $L(u,x)$ 即表示从平面 x 射向 u 平面的所有光线的集合。在射线-空间图上可以清楚地看到传统图像与光场图像的区别，如图 6.3 和图 6.4 所示。从图 6.3 可以看出，传统图像在 x 轴方向上才有空间分辨率，且最小分辨率等于传统相机的光敏平面分辨率，在 u 轴反向上没有分辨率，所以传统成像只能记录空间分辨率而不能记录方向分辨率。在图 6.4 所示的射线空间图中，每列被垂直地划分为一个个小网格，其数量等于单元微透镜下方覆盖的像元数目，这些网格的划分赋予光场相机成像具有方向分辨率，表示位置坐标的 x 轴自然是表示光场相机成像的空间分辨率，与此同时，微透镜阵列数决定了其空间分辨率。

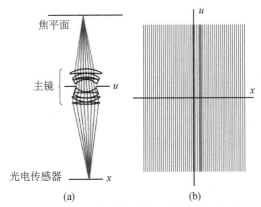

图 6.3　传统相机成像示意图[5]（彩图见封底二维码）

（a）的蓝色光线对应（b）中的蓝色光线

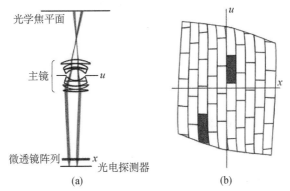

图 6.4　光场相机成像示意图[5]（彩图见封底二维码）

（a）中的蓝色、灰色光线分别对应（b）中的蓝色格子和灰色格子

　　由于微透镜阵列放置于主透镜的焦平面处，由成像关系可知，每个微透镜都会分别为主镜成像，称为主图像。所有主图像均由探测器记录，每个主图像对应在固定的光电探测器区域所成的像称为子图像。如果将主镜头划分为相同孔径的子镜（如图 6.5 所示，由四种不同的颜色表示），来自不同方向的光通过主镜进入相机，在经过微透镜阵列后，光被扩散成许多光束，最后由光电探测器记录下来。在这里，光电探测器中的像元被标记为不同颜色，红色像素即不同方向的光线通过红色子孔径所成的像，将子图像中所有相同位置的红色像素提取出来并按照提取的排列顺序组合在一起，即形成子孔径图像，其实质是红色子孔径在其焦面处所成的像（如图 6.6 所示）。按照相同的方法便可以分别提取出所有子孔径图像，由于不同的子孔径图像对应的子孔径有方向上的差异，所以这些子孔径图像不仅记录了光强信息，还记录了方向信息，即得到了 (u,v) 和 (s,t)。

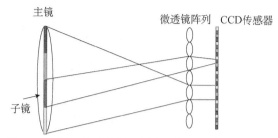

图 6.5　光场相机成像原理图[3]（彩图见封底二维码）

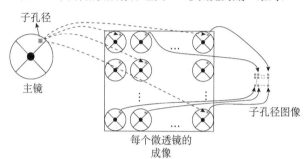

图 6.6　子孔径图像提取方法示意图（彩图见封底二维码）

　　将相机的光学系统抽象成四维光场，其中(u,v)平面是光学系统的主面，(s,t)面是光电探测器平面，$L(u,v,s,t)$表示某一光线的光强，即光电探测器捕获的全部入射光的辐射亮度，在数学表达上意味着对光场进行积分[28-30]，即

$$E(s,t) = \iint L(u,v,s,t)\mathrm{d}u\mathrm{d}v \tag{6.1}$$

式中，$E(s,t)$表示最终成像的强度。上式体现了四维光场和传统相机二维成像的关系，传统相机的二维成像其实质是四维光场在(s,t)面的投影。既然光场相机捕获到了光场信息，那么距离主面任意距离的成像也可以通过计算得出。以二维情况为例，如图 6.7 所示，$L(u,s)$为探测到的光场，U 平面表示主镜所在平面，S 平面表示微透镜阵列所在平面，U 平面和 S 平面的距离为 l。当重聚焦面为 S' 平面时，S' 平面与 U 平面的距离为 l'，$l' = l×α$，由上式可得 S' 平面所成的像为

$$L(s') = \int L'(u,s')\mathrm{d}u \tag{6.2}$$

对同一条光线来说，有

$$L(u,s) = L'(u,s') \tag{6.3}$$

根据图 6.7 的几何关系得到如下关系：

$$s = \frac{s'}{\alpha} + u\left(1 - \frac{1}{\alpha}\right) \tag{6.4}$$

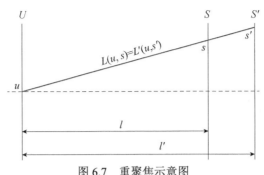

图 6.7　重聚焦示意图

代入式（6.4）可得到

$$E(s') = \int L\left[u, \frac{s'}{\alpha} + u\left(1 - \frac{1}{\alpha}\right)\right]\mathrm{d}u \qquad (6.5)$$

由二维推广到四维可得

$$E(s', t') = \int L\left[u, v, \frac{s'}{\alpha} + u\left(1 - \frac{1}{\alpha}\right), \frac{t'}{\alpha} + v\left(1 - \frac{1}{\alpha}\right)\right]\mathrm{d}u\mathrm{d}v \qquad (6.6)$$

上式为光场成像的重聚焦公式。α 为重聚焦因子即变焦倍率，表征了重聚焦平面与原始聚焦平面的距离关系。从公式（6.6）中可以看出，光场数字重聚焦的本质是一个对光场进行重新参数化的表达，其本质是经过处理后得到的子图像序列在缩放和平移后在整个孔径范围内的叠加。

　　与传统相机相比，光场相机捕获到的四维光场使它的应用场景丰富了很多，运用重聚焦算法后，可以对光场相机得到的成像图像进行后处理，得到一定范围内的聚焦在任意平面的图像，这也是光场相机市场大热的主要原因。除此之外，经过后处理还可以得到全景深图像。当然，将光场相机成像图像后处理后也可以得到用于波前复原的信息。

6.2.4　光场相机波前传感器的波前复原理论

　　基于光场相机波前传感器特殊的光场结构，并利用傅里叶光学相关的理论知识便可推导出光电探测器的远场光斑成像。具体推导过程如下，定义入瞳处光场的复振幅为 $A(\xi,\eta)$，$P(\xi,\eta)$ 为入瞳处复振幅的幅度，$\varphi(\xi,\eta)$ 为入瞳处波前相位，主镜焦面处的复振幅为 $M(u,v)$。微透镜阵列的光瞳函数为 $H_{m,n}(u,v)$，其中（m,n）表示的是微透镜所在的位置，（ξ,η）为入瞳平面上的坐标，（u,v）表示焦平面上的坐标，d 为微透镜的直径。由衍射理论具体推导如下：

$$A(\xi,\eta) = P(\xi,\eta) \times \exp[j\varphi(\xi,\eta)] \qquad (6.7)$$

$$M(u,v) = \frac{\exp(\mathrm{j}2\pi f / \lambda)\exp[\mathrm{j}\pi(\alpha^2 + \beta^2)/(\lambda f)]}{\mathrm{j}\lambda f}$$
$$\times \iint A(\xi,\eta)\exp\left[-\mathrm{j}\frac{2\pi}{\lambda f}(\alpha\xi + \beta\eta)\right]\mathrm{d}\xi\mathrm{d}\eta \tag{6.8}$$

为了简化运算，只考虑复振幅的变化，将公式中积分号以外的省去。对主镜焦面处的复振幅简化可得

$$M(u,v) = \mathscr{F}\{p(\xi,\eta) \cdot \exp[\mathrm{j}\varphi(\xi,\eta)]\} \tag{6.9}$$

$H_{m,n}(u,v)$ 是微透镜阵列第 (m,n) 块的光瞳函数，并在光电探测器上最终成像为

$$I_{m,n}(\xi,\eta) = \left|\mathscr{F}^{-1}\left(H_{m,n}(u,v)\mathscr{F}\{p(\xi,\eta) \cdot \exp[\mathrm{j}\varphi(\xi,\eta)]\}\right)\right| \tag{6.10}$$

其中，$\mathscr{F}$ 和 $\mathscr{F}^{-1}$ 分别代表傅里叶变换和傅里叶逆变换，这里的 $\mathscr{F}^{-1}$ 是将像面的坐标反向选取的结果。为了保证每个微透镜下的成像不发生混叠，需保证主镜的 F 数等于微透镜的 F 数。公式（6.10）有

$$H_{m,n}(u,v) = \begin{cases} 1, & \begin{aligned} &(m+0.5d) - 0.5d \le u \le (m+0.5d) + 0.5d \\ &(n+0.5d) - 0.5d \le v \le (n+0.5d) + 0.5d \end{aligned} \\ 0, & \text{其他} \end{cases} \tag{6.11}$$

由 6.2.3 节光场相机的成像原理可知，由四维光场提取出的子孔径图像是相应子孔径在其焦面成的像，且提取说明图如图 6.8 所示。从图中可看出，单个微透镜下的像元数目决定了主镜被等分划为子孔径的数目，也即光场相机波前传感器的空间分辨率。图中的每个微透镜所占像元数为 9 个，然后分别提取出每个微透镜下同一位置的像素点，然后按照提取顺序拼凑在一起即形成了子孔径图像，将所有提取出的子孔径图像拼凑在一起，拼凑方式与像素提取方式一样，便得到了子图像序列，即每个子孔径的焦面成像。

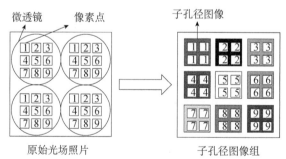

图 6.8 孔径图像提取示意图[24]（彩图见封底二维码）

得到每个子孔径的焦面成像图之后，此信息便与传统的哈特曼波前传感器所得到的一致。哈特曼波前传感器是由微透镜阵列来分割光波波面的，每个被分割

的波面通过不同的微透镜后，聚焦在微透镜阵列焦面处的光电探测器上，焦点相对于质心点的偏移量对应着入射波面的斜率。

类似于哈特曼波前传感器的波前探测原理，算出每个子孔径图像相对于质心的偏移量，便能得到对应子孔径的入射波面的斜率。根据公式（6.10）得到远场光斑能量分布特征，波前斜率便可以根据相应的算法得到，对于 $M\times N$ 排列的微透镜阵列，其波前斜率的估计表达式为

$$\frac{\partial \varphi(\xi,\eta)}{\partial \xi} \propto \frac{\sum\limits_{m=-M/2+1}^{M/2}\sum\limits_{n=-N/2+1}^{N/2}(nd-\delta_u)I_{m,n}(\xi,\eta)}{\sum\limits_{m=-M/2+1}^{M/2}\sum\limits_{n=-N/2+1}^{N/2}I_{m,n}(\xi,\eta)} \qquad (6.12)$$

$$\frac{\partial \varphi(\xi,\eta)}{\partial \eta} \propto \frac{\sum\limits_{m=-M/2+1}^{M/2}\sum\limits_{n=-N/2+1}^{N/2}(md-\delta_v)I_{m,n}(\xi,\eta)}{\sum\limits_{m=-M/2+1}^{M/2}\sum\limits_{n=-N/2+1}^{N/2}I_{m,n}(\xi,\eta)} \qquad (6.13)$$

其中，$I_{m,n}(\xi,\eta)$ 表示的是第 (m,n) 块微透镜所成图像的第 (ξ,η) 个像素值，δ_u，δ_v 分别为两个方向上的偏移量。可以看出，这个公式跟四棱锥波前传感器的斜率估计公式是一样的[31]，这是由于四棱锥波前传感器只是光场相机波前传感器微透镜阵列为 2×2 的特殊情况。在得到入射波前信息后，需要用波前复原算法来进行下一步的处理。

6.3　光场相机波前传感器与哈特曼波前传感器的波前探测对比

将传统的哈特曼波前传感器与光场相机波前传感器进行比较，发现两者具有很多相似之处，哈特曼波前传感器波前还原中所需的成像信息可以直接从光场相机捕获的光场中提取出来，但是空间分辨率会降低。通过对比两者在波前探测领域原理的异同之处，期望能进一步理解光场相机波前传感器的大视场波前探测的优势。

哈特曼波前传感器由微透镜阵列和光电探测器组成，光电探测器在微透镜阵列的焦面处，哈特曼波前传感器里的微透镜阵列起到分割波面的作用。而光场相机波前传感器是在哈特曼波前传感器的基础结构之上加了一个主镜，主镜的焦面是微透镜面，微透镜的焦面是光电探测器面，其中微透镜阵列起到划分光波方向的作用，这与哈特曼波前传感器极大不同。两者的光学结构大致如下所示。

将信标所在的物面定义为面 1，将入瞳面定义为面 2，将微透镜所在的平面定义为面 3，将成像记录面（CCD）定义为面 4（如图 6.9 所示）。

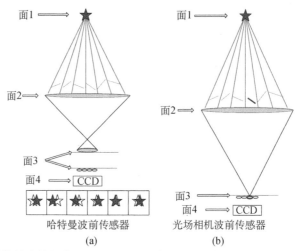

图 6.9　哈特曼波前传感器（a）和光场相机波前传感器（b）的光学结构对比图
（彩图见封底二维码）

在哈特曼波前传感器中，一个微透镜只对信标通过其对应的入瞳面上的小区域的光场进行成像，而该区域波面畸变的斜率导致了信标在 CCD 上成像的位置与无畸变波面时有平移。每幅图像的平移与该微透镜对应入瞳面区域处的波面斜率成正比。其中面 4 对面 1 在不同视点处成像，不同的视点实际上是对波面进行了空间分割采样，由两个透镜构成的无焦系统中，面 3 对面 2 成像，面 4 上每个微透镜下的区域只对面 2 处的光场特定空间范围内的部分进行成像。在 CCD 面上可以直接测得面 4 对面 1 在不同视点处的成像，通过对成像位置的坐标分析可以获得面 2 处的光场分布。简言之，哈特曼波前传感器中微透镜阵列平面是对面 2 处的光场在空间坐标上进行分割采样。

在光场相机波前传感器中面 3 对面 1 成像，面 4 对面 2 成像，通过不同位置的微透镜成像实际上是对波面的空间频率进行了分割采样。面 4 上每个微透镜下的区域只对面 2 处的光场特定空间部分频域进行成像，在 CCD 面上直接测得的是面 4 对面 2 在不同空间频率上的成像，通过对成像位置的坐标分析可以获得面 2 处的光场分布，简言之，光场相机波前传感器中微透镜阵列平面对面 2 处的光场在空间频域上进行分割采样。

通过对比两种结构，可以发现两种波前传感器有以下的共同点与不同点。

共同点：两者目的都在于获取面 2（入瞳面）处光场的空间-空间频率分布。

不同点：

（1）成像的物面不同。

（2）如果定义微透镜位置坐标为一级坐标，微透镜内的成像区域坐标为二级坐标。在哈特曼波前传感器结构中，一级坐标表征的是面 2 处光场的空间分布，二级坐标中表征面 2 处光场的空间频率信息。在光场相机波前传感器结构中，一级坐标表征的是面 2 处光场的空间频率分布，二级坐标中表征面 2 处光场的空间分布信息。

（3）两者的数据原理上是对同一物理量的描述，通过对光场波前测量结构的数据进行反转处理，可以获得与哈特曼波前传感器相同的数据类型。

（4）两个波前传感器的波前探测的动态范围为

$$\theta_{\max} = \frac{Nd - 0.5\omega}{f_M} \tag{6.14}$$

其中，哈特曼波前传感器中的 d 为单个微透镜尺寸，而光场相机波前传感器中的 d 为整个微透镜阵列的尺寸，正是主镜这一特点赋予了后者大视场探测的优点，也同时赋予了光场相机波前传感器的大视场波前探测的能力。

图 6.10 表示哈特曼波前传感器和光场相机波前传感器的成像视场对地图。从图 6.10 可以看出，由于传统哈特曼波前传感器和光场相机波前传感器的动态范围不同，前者便只能测量中心视场，若是同时测多个视场会发生成像混叠，这是在波前还原过程中所不希望看到的。光场相机波前传感器则不同，位于主镜焦面处的微透镜阵列可以轻易地划分视场并且不会发生视场间的成像混叠，这一特点也赋予了光场相机波前传感器在波前探测领域的巨大优势。

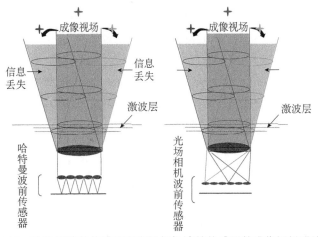

图 6.10　哈特曼波前传感器和光场相机波前传感器的成像视场对地图
（彩图见封底二维码）

　　光场相机波前传感器的复原波面的斜率信息是通过每个子孔径图像相对于质心的偏移量计算出来的，这一点与哈特曼波前传感器是一致的。但从光场相机波前传感器成像提取出的子孔径图像中像元间的分辨率是单个微透镜的尺寸大小，一般在毫米量级，而哈特曼波前传感器中像元间的间隔一般在微米量级，而这决定了可识别的最小斜率信息的能力，也在根本上决定了光场相机波前传感器的复原精度会低于传统哈特曼波前传感器。虽然这一缺陷理论上可通过减小单个微透镜尺寸来改善光场相机波前传感器的探测精度，但在实际中由于受到工艺限制而无法实现。

　　总而言之，哈特曼波前传感器和光场相机波前传感器的波前还原都是利用图像的质心偏移量来计算出斜率信息，进而用模式法来还原出整个波前。两者的光学结构不同导致光场相机波前传感器的动态范围远远大于哈特曼波前传感器，这也为光场相机波前传感器的大视场波前探测提供了可能。高动态范围也为光场相机波前传感器带来了低灵敏度，导致光场相机波前传感器可识别最小斜率信息的能力远远低于传统哈特曼波前传感器。

参 考 文 献

[1] Ng R. Fourier Slice Photography[M]. New York：Association for Computing Machinery，2005，24（3）：735-744.

[2] Georgiev T，Lumsdaine A. The multifocus plenoptic camera[C]. Digital Photography Ⅷ. International Society for Optics and Photonics，2012，8299：829908.

[3] Ng R. Digital light field photography [D]. Stanford：Stanford University，2006.

[4] Georgiev T G，lumsdaine A. Depth of field in plenoptic cameras[C]. Eurographics（Short Papers），2009：5-8.

[5] Ohashi K，Takahashi K，Fujii T. Joint estimation of high resolution images and depth maps from light field cameras[C]. Stereoscopic Displays and Applications XXV，International Society for Optics and Photonics，2014，9011：90111B.

[6] Ramos J M R，González F R，Marichal-Hernández J G. Wavefront aberration and distance measurement phase camera[P]. U.S. Patent Application 12/161，362. [2010-4-15].

[7] Ng R，Levoy M，Brédif M，et al. Light field photography with a hand-held plenoptic camera[J]. Computer Science Technical Report CSTR，2005，2（11）：1-11.

[8] Clare R M，Lane R G. Comparison of wavefront sensing using subdivision at the aperture andfocal planes [J]. Palmerston North，2003：187-192.

[9] Gonsalves R A，Chidlaw R. Wavefront sensing by phase retrieval[C]. Applications of Digital Image Processing Ⅲ，International Society for Optics and Photonics，1979，207：32-39.

[10] Clare R M，Lane R G. Phase retrieval from subdivision of the focal plane with a lenslet array[J]. Applied Optics，2004，43（20）：4080-4087.

[11] 聂云峰，相里斌，周志良. 光场成像技术进展[J]. 中国科学院大学学报，2011，28（5）：563-572.

[12] Rodríguez-Ramos L F，Montilla I，Fernández-Valdivia J J，et al. Concepts，laboratory，and telescope test results of the plenoptic camera as a wavefront sensor[C]. Adaptive Optics Systems Ⅲ，International Society for Optics and Photonics，2012，8447：844745.

[13] Magdaleno E，Rodríguez M，Rodríguez-Ramos J M. An efficient pipeline wavefront phase recovery for the CAFADIS camera for extremely large telescopes[J]. Sensors，2010，10（1）：1-15.

[14] Magdaleno E，Lüke J P，Rodríguez-Ramos J M，et al. Design of belief propagation based on FPGA for the multistereo CAFADIS camera[J]. Sensors，2010，10（10）：9194-9210.

[15] Magdaleno E，Rodríguez M，Rodríguez-Ramos J M. An efficient pipeline wavefront phase recovery for the CAFADIS camera for extremely large telescopes[J]. Sensors，2010，10（1）：1-15.

[16] Rodríguez-Ramos J M，Femenía B，Montilla I，et al. The CAFADIS camera：a new tomographic wavefront sensor for Adaptive Optics[C]. 1st AO4ELT Conference-Adaptive Optics for Extremely Large Telescopes，EDP Sciences，2010：05011.

[17] Rodríguez-Ramos J M，Marichal-Hernández J G，Lüke J P，et al. New developments at CAFADIS plenoptic camera[C]. 2011 10th Euro-American Workshop on Information Optics，IEEE，2011：1-3.

[18] Rodríguez-Ramos J M，Lüke J P，López R，et al. 3D imaging and wavefront sensing with a plenoptic objective[C]. Three-Dimensional Imaging，Visualization，and Display 2011，International Society for Optics and Photonics，2011，8043：80430R.

[19] Rodríguez-Ramos L F，Montilla I，Lüke J P，et al. Atmospherical wavefront phases using the plenoptic sensor（real data）[C]. Three-Dimensional Imaging，Visualization，and Display 2012，International Society for Optics and Photonics，2012，8384：83840D.

[20] Rodríguez-Ramos L F，Montilla I，Fernández-Valdivia J J，et al. Concepts，laboratory，and telescope test results of the plenoptic camera as a wavefront sensor[C]. Adaptive Optics Systems Ⅲ，International Society for Optics and Photonics，2012，8447：844745.

[21] Wu C，Davis C C. Modified plenoptic camera for phase and amplitude wavefront sensing[C]. Laser Communication and Propagation Through the Atmosphere and Oceans Ⅱ，International

Society for Optics and Photonics，2013，8874：88740I.

[22] 张锐，杨金生，田雨，等. 焦面哈特曼传感器波前相位复原[J]. 光电工程，2013，40（2）：32-39.

[23] 吕洋. 基于扩展目标的大视场波前畸变探测研究[D]. 长沙：国防科学技术大学，2013. https://kns.cnki.net/kcms/detail/detail.aspx?dbcode=CMFD&dbname=CMFD201601&filename= 1015958566.nh&uniplatform=NZKPT&v=_9cG7lLCkzYPLVgY_hWKH4U-JI0HcOt8V5fXT0 XBw0oebZOUH2ZYGH2ciMUs7D3K.[2013-06-01]．

[24] 刘欣城. 基于光场测量的成像技术研究[D]. 成都:中国科学院光电技术研究所，2019. https://kns.cnki.net/kcms/detail/detail.aspx?dbcode=CMFD&dbname=CMFD201902&filename =1019608346.nh&uniplatform=NZKPT&v=Yo0BMvzKuBEJSgzm5hkQUZSe2D4hAuQonOC BmUR0nHZJMRHSbKtEBscNGTdQpvIw. [2019-06-01].

[25] 李程. 光场层析大气复原技术研究[D]. 重庆：重庆大学，2018. https://kns.cnki.net/kcms/ detail/detail.aspx?dbcode=CMFD&dbname=CMFD201901&filename=1018852963.nh&uniplat form=NZKPT&v=Fo685K8I0enGv-DWQxB86Z1n77XLuUOJANdIsdyK KsCe-3M2VmK_ Otjiu3pyQJIb. [2018-04-01].

[26] Ng R，Levoy M，Brédif M，et al. Light field photography with a hand-held plenoptic camera[J]. Computer Science Technical Report CSTR，2005，2（11）：1-11.

[27] Adelson E H. The plenoptic function and the elements of early vision[J]. Computational Models of Visual Proc.，1991：3-20.

[28] Lam E Y. Computational photography with plenoptic camera and light field capture：tutorial[J]. JOSA A，2015，32（11）：2021-2032.

[29] Ramamoorthi R，Hanrahan P. On the relationship between radiance and Irradiance：determining the illumination from images of a convex Lambertian object[J]. Journal of the Optical Society of America A，2001，18（10）：2448-2459.

[30] Barrett H H，Myers K J. Foundations of Image Science[M]. New York：John Wiley & Sons，2013.

[31] 陈欣扬，朱能鸿. 基于四棱锥传感器的波前检测仿真设计[J]. 天文学进展，2006，24（4）：362-372.

第7章 基于光纤激光相控阵的哈特曼波前探测方法

7.1 分布式孔径与光纤激光相干合成

7.1.1 分布式孔径光纤激光相控阵技术简介

在光学工程领域，光学发射/接收系统的形态特征直接决定了其应用场景和适用范围。在天文观测中，以卡塞格林望远镜为代表的单一口径光学系统的尺度已经达到了 8m 级[1]。它们在获取优异的光学分辨能力和极大拓展人类认知空间的同时，由于受到体积、重量等因素的影响，系统变得越来越复杂、笨重、造价昂贵，其万向架结构的跟瞄机构在执行速度、精度上都受到限制，且需要结合自适应光学技术来实现对大气湍流效应的校正[2]。

诚然，单一口径光学系统在当前乃至未来很长时间都会发挥主流作用，但随着科学研究对成像分辨率、激光到靶功率密度等指标的极致追求，仅仅依靠增大口径这一思路越来越难以实现。因此，探索分布式的多孔径等效光学系统，前瞻性地研究与之相适应的自适应光学等理论和关键技术，对光学工程学科未来的持续发展具有极强的引领性。

近十多年来，以分布式为特征的多孔径光纤激光阵列及其相干合成技术获得了越来越多的关注[3-10]。该技术在形态上"化整为零"，通过主动操控密集排布的、高相干的准直激光阵列波前相位实现近场的光学口径等效拼接，进而在目标处实现高亮度的激光阵列的相干合成，如图 7.1 所示。这类光纤多孔径系统在体积、重量和功耗（size, weight, and power, SWaP）方面较单口径系统可降低一个量级，并具备了优异的自适应光学能力[11]。事实上，随着集成光学和超表面光学等技术的快速发展[12-13]，光学系统的形态可能会经历从"单一口径到毫米级多孔径，再到波长量级多孔径"的变革，如图 7.2 所示。而在现阶段，如果能解决好光纤多孔径技术中的瓶颈问题，就有可能将其与激光传输、激光通信、激光探测等应用相结合，在空天等对 SWaP 指标和随形有很高要求的场景下集成创新，形成新质能力。

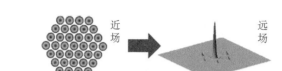

图 7.1　分布式多孔径激光阵列的相干合成示意图（彩图见封底二维码）

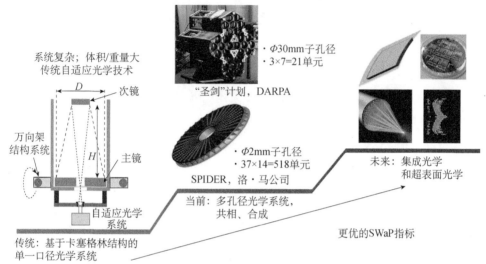

图 7.2　对光学系统未来形态发展的思考（彩图见封底二维码）

　　分布式孔径合成技术是现代激光技术的一个主要发展趋势，克服了激光器随功率增加光束质量退化的难题，可同时获得大功率和高光束质量。美国和我国均先后在以光纤激光相控阵为代表的分布式孔径合成技术上，进行了技术攻关和实验验证，充分证明了多孔径光纤激光合成相干技术的可行性。

　　在美国国防部高级研究计划局（DARPA）和美国导弹防御局（MDA）的支持下，美国从 2005 年左右起率先开展了全固态光纤激光器的多孔径相干合成技术研究。先后开展了 Adaptive Photonic Phase-Locked Elements（APPLE）计划、Excalibur 计划、Endurance 计划和 FLASH 计划等，先后突破了光纤激光阵列结构设计，提出了随机并行梯度优化（SPGD）算法，解决了目标在回路（TIL）大气传输闭环校正体制等难题。该多孔径激光合成设想与传统单口径激光发射方案对比，在体积、光束质量、成本和性能等方面具有明显的优势。图 7.3 展示了 APPLE 计划的工作原理，激光种子源的出射光束经预放大后被分为多束，每一束经过相位调制器后被进一步功率放大，最终由分立的阵列发射子孔径发射。同时接收目标反射光并计算相应的评价函数，控制器根据所提供的性能指标利用 SPGD 算法对光束阵列中的相位误差进行校正和锁定，最终在远场实现高功率的光束相干合成。

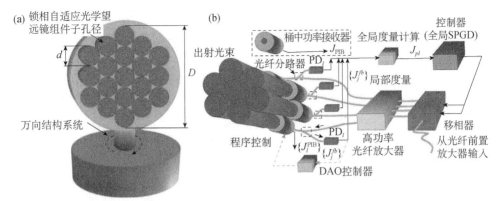

图 7.3　美国 APPLE 计划中的相位锁定和自适应光学补偿设想图（彩图见封底二维码）

美国戴顿大学在 2016 年进行了 21 路低功率光纤激光的 7km 目标在回路实验[14]，实验装置、原理和结果如图 7.4 所示。当锁相系统闭环时，远场光斑的桶中功率出现明显提高，表明系统从种子源到目标间所有因素引起的相位误差均得到了有效校正。验证了相干合成系统相较于单口径发射系统在大气湍流校正方面具有更优的能力。

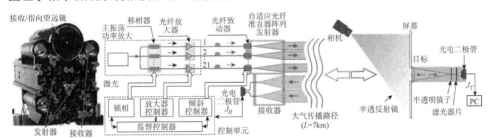

图 7.4　美国戴顿大学的目标在回路大气传输湍流效应抑制实验（彩图见封底二维码）

中国科学院光电技术研究所（简称中科院光电所）围绕多孔径光纤激光阵列及其相干合成问题展开了卓有成效的研究工作，在突破自适应光纤激光准直器（AFOC）[15-16]、耐受高功率激光的低损耗高带宽压电光纤相位补偿器等关键技术的基础上，开展了基于 AFOC 阵列和 SPGD 算法、目标在回路工作体制的主动式光纤激光相干合成技术研究。

自适应光纤激光准直器（AFOC）是光纤激光阵列相干合成系统中的核心光纤器件[17-21]，作为倾斜控制器件用于改变光纤激光阵列相干合成系统中单孔径上的光束指向，实现光束在小角度范围内的发射和接收。中科院光电所在国内率先研制出耐受激光功率 3kW 级的自适应光纤激光准直器模块，如图 7.5 所示。具备微弧度级的角度调制精度和大的光轴扫描动态范围，同时保持接近衍射极限的良好光束质量。中科院光电所还突破了阵列密排结构和光纤六维精密调节机构的优化设计，研制了目前已知国际最高填充因子（0.9）的 19 孔径光纤激光阵列模块并实现相干合成控制。提出基于双二阶数字滤波的主动谐振抑制技术和精确延时

SPGD 算法（PD-SPGD），将 AFOC 的 3dB 响应带宽提升至 10kHz 以上，使其具备对动态大气湍流的稳定抑制能力。

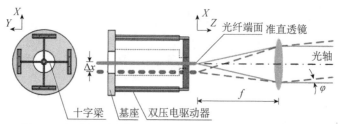

图 7.5　自适应光纤激光准直器原理（彩图见封底二维码）

　　2020 年末，中科院光电所团队利用模块化的 19 孔径光纤相控阵，演示了 2km 水平传输链路下的 TIL 相干合成。这是目前国内公开报道的路数最多、距离最远的光纤相控阵激光室外传输全程像差校正实验，同时也是国际上基于最多孔径（19 孔径）单一基本模块实现的光纤相控阵激光室外传输校正实验[22]。实验结果表明：TIL 方法在长距离下可以实现稳定的全程像差校正闭环。该实验结果的获得属国内首次，国际第二，如图 7.6 所示，代表了国内在多路光纤激光相干合成和大气传输方面的最高技术水平。

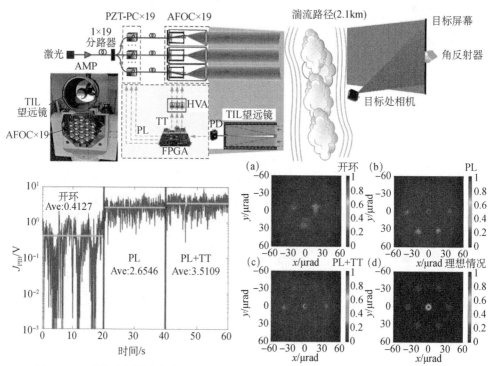

图 7.6　19 孔径光纤激光组束及室外大气传输相干合成实验（彩图见封底二维码）

PZT-PC：压电环光纤相位补偿器；HVA：高压放大器；Ave：平均值；AMP：光纤放大器；TT：倾斜校正器；PL：锁相校正；PD：光电探测器

现有以光纤相控阵为代表的分布式孔径技术已经取得了长足的发展和进步。实验室相干合成技术验证方面，阵元规模已突破了 100 路[23]，最高功率达到了 44kW[24]；激光组束的室外传输全程像差校正方面，已实现了基于 21 单元光纤激光相控阵的 7km 合成传输与湍流校正[14]。但是，总结现有光纤多孔径及其相干合成技术可以发现，远距离的传输控制都没有涉及波前探测方法，而采用的是单性能指标的盲优化控制方法。盲优化控制方法存在着带宽利用率低的缺点，因此不适用于未来大规模阵列单元的发展需求。同时，会受到光双向传输延迟的影响，相干合成的效果会随着传输距离的增大而降低，因此不适用于远距离的传输应用场景。

当前，鲜见自适应光学（AO）技术应用于光纤激光相控阵的研究报道。一方面，传统 AO 系统的结构较大、控制复杂、造价较高，与光纤和光纤激光系统灵活轻便的结构特点不相符。另一方面，传统 AO 系统不仅依赖于对大气湍流导致的波前相位畸变进行取样的信标光，而且需要获取足够亮度且满足等晕要求的导星，这往往依赖于人造导星技术，毫无疑问地增加了系统的复杂性。特别地，现有的激光发射系统普遍采用了卡塞格林式望远镜结构，这种整体式单口径激光发射结构带来了实际应用中的共性缺点：较大的发射主镜使系统的体积和重量增加，设计、加工成本高；单一发射系统难维护，易由部件损坏而崩溃；发射系统与光源有对应性，不易形成模块化设计和应用，系统局部技术升级难。

虽然直接将传统 AO 系统应用于光纤激光阵列大气湍流像差校正存在种种不便，但传统 AO 系统主动波前探测和湍流像差预校正的结构和思想，都对光纤激光阵列的大气传输湍流校正具有借鉴意义。针对远距离光传输延迟的问题，提出基于光纤耦合的分布式孔径哈特曼波前探测方法，并据此进行了基于主动波前探测的光纤激光阵列外部像差预补偿校正的实验，为光纤激光阵列大气传输及湍流像差校正的研究打下坚实基础。

7.1.2　分布式孔径光纤激光相控阵的激光传输和波前操控机理

如图 7.7 所示，典型光纤分布式孔径发射系统主要包括光纤激光种子源、光纤放大器、光纤移相器和准直器阵列等。分布式孔径光学传输依据的基本原理是来自同一种子光源的多路光束，以相干叠加的方式在远场处实现相干合成。根据物理光学基本原理，要实现稳定的干涉，各路光束的频率和偏振态须相同，且各路激光的相位差须恒定，为了获得相同频率、相同偏振方向的光源，需要利用主振荡功率放大（MOPA）的方式从单一种子激光，获得多路高功率的线偏振激光输出。为了获得光束质量高的相干合成输出，需要各路光束的占空比尽量高。为了获得稳定的干涉，需要对各路光束进行锁相控制。

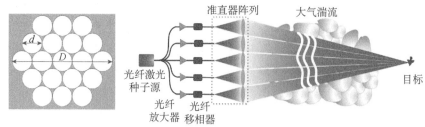

图 7.7 典型光纤分布式孔径发射系统示意图（彩图见封底二维码）

从分布式孔径远场传输效果来评价，一般要求分布式孔径的倾斜相位 RMS 值小于 $0.1\lambda/d$（λ 为传输光束波长，d 为子孔径直径），活塞相位 RMS 值小于 0.1λ。图 7.8 所示为 19 单元孔径阵列，倾斜相位 RMS 为 $2\lambda/d$ 及活塞相位 RMS 为 1λ 时对应的近场分布（图 7.8（a）和（b））和远场分布（图 7.8（c）和（d））。从图中可明显看出，倾斜相位的存在使得各孔径光束重叠性变差，活塞相位的存在使得光束叠加区域内的光能量分布变得弥散。

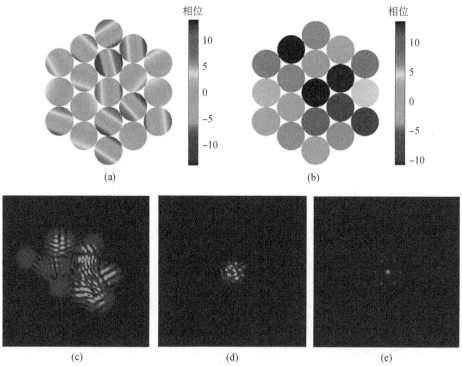

图 7.8 （a）子孔径随机倾斜波前(RMS=$2\lambda/d$)；（b）子孔径活塞波前(RMS=1λ)；
（c）图（a）对应远场；（d）图（b）对应远场；（e）理想远场
（彩图见封底二维码）

7.2　基于光纤耦合的分布式孔径哈特曼波前像差探测

7.2.1　基于光纤耦合的分布式孔径像差探测原理

图 7.9（b）给出了基于光纤耦合的分布式孔径像差探测器原理结构示意图，作为对比，图 7.9（a）给出了传统哈特曼波前传感器的结构示意图。如书中前面章节所述，与出射光束共光路且携带外部像差的信标光束经望远镜接收并缩束后，被哈特曼波前传感器接收并探测波前。很显然，光纤激光相控阵系统不存在缩束系统的空间，在整体传输孔径上设置足够大的分光器件也不现实，因此传统哈特曼波前传感方案很难直接在光纤激光相控阵系统中实现。因此，需要寻求新的波前探测方法。

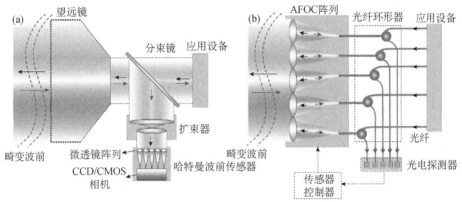

图 7.9　传统哈特曼波前传感器（a）与基于光纤耦合的分布式孔径像差探测器（b）
结构示意图对比（彩图见封底二维码）

实际上，通过对比图 7.9（a）和（b），可以较为明显地看出，分布式孔径系统的多孔径空间分布和哈特曼波前传感器中的微透镜阵列十分相似，亦即分布式孔径系统自身可成为哈特曼波前传感器的前端，将空间波前进行孔径分割，如果可以通过某种方式实现子孔径波前斜率的探测，则可以实现哈特曼波前探测的功能。这里采用如图 7.10 所示的自适应光纤准直器（AFOC）来实现子孔径波前斜率的探测。自适应光纤准直器通过驱动放置在准直透镜焦平面上的光纤端面，使其在二维方向上进行移动，进而改变出射光束的方向。

实际上，根据光路可逆性原理，空间平面波光束经准直器的透镜聚焦，在光纤端面上形成聚焦光斑，可以耦合进单模光纤内，该过程的示意图如图 7.11 所示。空间半径为 r 的平面波圆形光束，经焦距为 f 的准直光束聚焦形成艾里斑。最终耦合进单模光纤的光能量占入射光束总能量的比值 η 取决于艾里斑光场分布 $E_O(\cdot)$ 与近似为高斯分布的单模光纤本征模场 $F_O(\cdot)$ 之间的匹配程度。η 的表达式为

$$\eta = \frac{\left| \iint_O E_O(x,y) F_O^*(x,y) \mathrm{d}x\mathrm{d}y \right|^2}{\iint_O \left| E_O(x,y) \right|^2 \mathrm{d}x\mathrm{d}y \cdot \iint_O \left| F_O^*(x,y) \right|^2 \mathrm{d}x\mathrm{d}y} \tag{7.1}$$

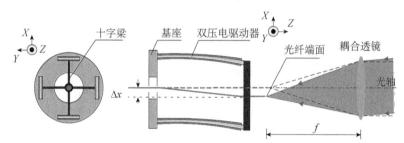

图 7.10　自适应光纤准直器的结构示意图（彩图见封底二维码）

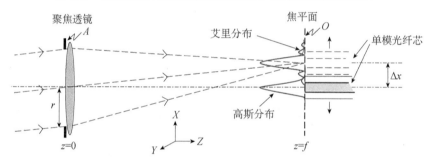

图 7.11　空间光束至单模光纤耦合示意图（彩图见封底二维码）

$E_O(x,y)$ 可通过入射的圆形平面波光束光场 $E_A(\cdot)$ 的远场变换得到。$F_O(x,y)$ 的幅值表达式如式（7.2）所示，其中 ω_0 为单模光纤的模场半径。

$$F_O(x,y) = \sqrt{\frac{2}{\pi \omega_0^2}} \exp\left(-\frac{x^2 + y^2}{\omega_0^2} \right) \tag{7.2}$$

图 7.12 给出了空间光束至单模光纤耦合效率随聚焦光斑中心与纤芯位置偏差（X 轴向为 Δx，Y 轴为 Δy）的变化关系。当合理配置波长 λ、f 和 ω_0 等参数时，最大的耦合效率值 η 可达到 0.81，前提是聚焦光斑中心与纤芯位置无偏差。要想实现无偏差，就需要位置偏差 Δx（或 Δy）等于 $f\cdot\cos(\alpha)$（或 $f\cdot\cos(\beta)$），其中 α（或 β）是入射光束在 X 或 Y 轴向的入射角。因此，入射光束在孔径上的波前斜率 s^x 和 s^y 可以表示为式（7.3），其中 k 为光波数。

$$s^x = k\alpha = 2\pi\Delta x / (\lambda f), \quad s^y = k\beta = 2\pi\Delta y / (\lambda f) \tag{7.3}$$

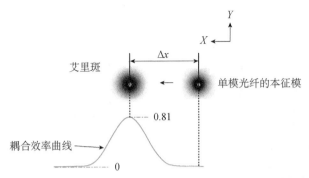

图 7.12　空间光束至单模光纤耦合效率随聚焦光斑中心与纤芯位置偏差的变化关系

（彩图见封底二维码）

以上揭示了在 AFOC 内置光纤中耦合接收光能量最大时，AFOC 内置光纤端面在焦平面的位置与耦合透镜焦点位置之间的偏差 Δx（或 Δy），与聚焦光斑在焦平面上的质心相对于焦点的偏移量是一致的。实际上，该偏移量 Δx（或 Δy）与每路 AFOC 耦合接收光能量最大时相应的执行驱动电压 V_j^x（或 V_j^y，其中 j 为子孔径数）呈简单的比例关系。由此可得到每路 AFOC 耦合接收光能量最大时对应的驱动电压与每个整体孔径在各子孔径上波前斜率的关系，如式（7.4）所示，其中 ζ 为与 AFOC 器件特性相关的比例因子。

$$s_j^x = \zeta k V_j^x / f , \quad s_j^y = \zeta k V_j^y / f \qquad (7.4)$$

图 7.13 为 AFOC 上施加逐行扫描电压时得到的归一化耦合效率分布，这里是改变电压组合使光纤端面在 Y 方向逐行扫描。在图 7.13（a）所示的每一行上，X 方向电压以 100 步从 -450V 到 450V 线性增加，这使得光纤端面的位移变化为 67.4μm。耦合效率分布呈现高斯型分布，并在零点电压附近获得最大值。这里每一步 9V 驱动电压变化引起的光纤端面位置的改变量，大约等于单个子孔径的远场衍射艾里斑直径的 0.0484 倍（$d = 28$mm，工作波长为 $\lambda = 1.064\mu$m）。为了提高分辨率，将驱动电压从 -225V 压缩到 225V（图 7.13（a）中虚线框内的区域），每个方向的采样点增加到 500，结果如图 7.13（b）所示，光纤尖端的步进精度接近 0.0674μm，相当于艾里斑直径的 0.484%，超出了传统的 CCD 或 CMOS 相机直接检测的能力。

以上分析假设入射光束为平面波，而在实际中入射光束不可避免地具有随机的相位分布。对于哈特曼波前传感器而言，其子孔径尺寸一般设计得足够小，以保证在望远镜孔径平面等价计算得到的子孔径尺寸远小于大气相干长度 r_0。实际上，分布式孔径系统在设计时一般保证单元尺寸与 r_0 相当或更小，因此这里提出的分布式子孔径斜率估计适用于大多数波前传感应用。同时，这种波前传感方法有几个优点：首先是不需要空间分光；然后是光束波前斜率的测量是在整体孔

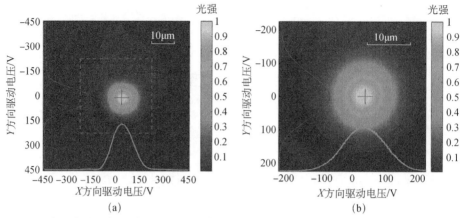

图 7.13　归一化光纤耦合效率随 AFOC 步进扫描驱动电压的变化图（彩图见封底二维码）

径平面上直接获得的，因此不需要复杂缩束光路；最后是测量采用分立式光电探测器，借助光纤集成滤波器，可以使低信噪比的弱光信号检测更加容易。带宽是波前传感需要考虑的核心因素之一，事实上，AFOC 具有控制精确、惯性小、谐振频率高的优点，所有这些特点使得斜率测量可以具有高带宽。AFOC 的带宽可以通过 SPGD 算法达到 10kHz 左右，在前人的研究中相应的有效带宽已经超过 100Hz，该值有望在未来得到更进一步的提升。

在分布式子孔径波前斜率测量的基础上，图 7.14 给出了基于自适应光纤耦合器阵列的波前传感器的结构示意图。其结构主要包括 AFOC 阵列、集成装置、传能光纤、光电探测器组、多通道高压放大器和控制平台。其中控制平台又可分为波前重构功能模块和性能指标并行优化功能模块。AFOC 阵列将入射激光束的波前进行分割、聚焦，并利用其内光纤耦合接收聚焦光束。耦合接收光束经内置光纤、传输光纤最终达光电探测器组后，各路光强信号被转化为相应的电压信号，并送至控制平台。采用接收电信号为指标，性能指标并行优化功能模块采用优化算法（如 SPGD 等）产生驱动电压，该电压经高压放大后，各自作用于 AFOC 阵列单元上，使其各路耦合接收的光强最大化；控制平台的波前重构功能模块对每路 AFOC 耦合接收光能量最大化时对应的驱动电压进行反演，可计算得到整体波前在各子孔径上的波前斜率，并据此采用一定的波前复原算法，如模式法、区域法等，即可重构畸变波前的相位。

基于 AFOC 阵列的波前传感器正常工作时有两点前提条件。一点是 AFOC 阵列采用优化控制算法实现每路耦合接收光能量最优化时，光纤端面位置与分割后的子光束形成的聚焦光斑质心位置直接相对应。另一点是 AFOC 内置光纤端面在焦平面上的位置与施加其上的驱动电压大小为简单的线性关系，因此可以根据驱动电压值直接得到光纤端面位置。这里的驱动电压不是必须的，在实际的应用中，

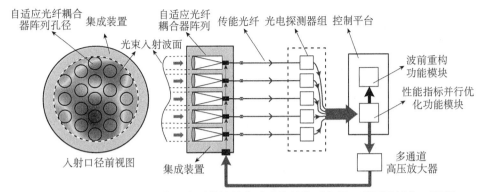

图 7.14　基于自适应光纤耦合器阵列的波前传感器的结构示意图（彩图见封底二维码）

可通过在 AFOC 器件上加设位移探测器的办法来精确测定光纤端面的位移量。电压反演的优点是结构简单，缺点是难以保证精度，这是由器件结构及压电片的迟滞效应等决定的。加设位移探测器能够保证精度，但会增加系统的成本。在以上两论点的基础上，即可建立每路 AFOC 驱动电压与分割子光束聚焦光斑质心位置的关系，质心位置偏移除以 AFOC 中耦合透镜的焦距值可得到各整体波前在各子孔径上的波前斜率。

设 AFOC 阵列整体孔径的圆域尺寸为 D，将入射光波前 $\varphi(\boldsymbol{r})$ 等效分布在单位圆上，其可用在单位圆上一系列正交的 Zernike 模式来表征，其表达式为

$$\varphi(\boldsymbol{r}) = \sum_{m=1}^{\infty} a_m Z_m(\boldsymbol{r}) \tag{7.5}$$

其中，$\boldsymbol{r}$ 为单位圆上极坐标矢量，m 为 Zernike 模式的阶数，a_m 为 Zernike 模式系数，a_m 值计算公式为

$$a_m = \frac{1}{\pi} \int_{\Omega} \varphi(\boldsymbol{r}) Z_m(\boldsymbol{r}) \mathrm{d}\boldsymbol{r} \tag{7.6}$$

其中，$\mathrm{d}\boldsymbol{r} = r\mathrm{d}r\mathrm{d}\theta$，$\Omega$ 表示单位圆区域。在以子孔径波前斜率探测为基础的波前复原算法中，在每个单元上子孔径平均的 x 方向和 y 方向探测到的倾斜量分别为 $\alpha_j^x = s_j^x / k$ 和 $\alpha_j^y = s_j^y / k$。其中 j 为子孔径序号，s_j^x 和 s_j^y 分别表示波前在子孔径 x 方向和 y 方向上的平均斜率，$k = 2\pi / \lambda$ 为光波数，λ 为工作波长；具体表达式为

$$s_j^x = \frac{1}{S_{\text{sub}}} \int_{\Omega_j} \frac{\partial \varphi}{\partial x}(x, y)\mathrm{d}x\mathrm{d}y , \quad s_j^y = \frac{1}{S_{\text{sub}}} \int_{\Omega_j} \frac{\partial \varphi}{\partial y}(x, y)\mathrm{d}x\mathrm{d}y , \quad j=1, \cdots, N_{\text{sub}} \tag{7.7}$$

其中，S_{sub} 为子孔径等效分在单位圆上的面积，设子孔径实际尺寸为 d，则 $S_{\text{sub}} = \pi(d / D)^2$；$\Omega_j$ 为第 j 个子孔径对应的区域；N_{sub} 为子孔径数。将式（7.5）代入式（7.7）中可以得到 s_j^x 和 s_j^y 的新表达式

$$s_j^x = \frac{1}{S_{\text{sub}}} \sum_{m=1}^{\infty} a_m \int_{\Omega_j} \frac{\partial Z_m}{\partial x}(x,y)\,\mathrm{d}x\mathrm{d}y = \sum_{m=1}^{\infty} a_m G_{j,m}^x \qquad (7.8)$$

$$s_j^y = \frac{1}{S_{\text{sub}}} \sum_{m=1}^{\infty} a_m \int_{\Omega_j} \frac{\partial Z_m}{\partial y}(x,y)\,\mathrm{d}x\mathrm{d}y = \sum_{m=1}^{\infty} a_m G_{j,m}^y \qquad (7.9)$$

其中，$j=1,\cdots,N_{\text{sub}}$，表达式 $G_{j,m}^x$ 和 $G_{j,m}^y$ 分别为

$$G_{j,m}^x = S_{\text{sub}}^{-1} \int_{\Omega_j} [\partial Z_m(x,y)/\partial x]\mathrm{d}x\mathrm{d}y \qquad (7.10)$$

$$G_{j,m}^y = S_{\text{sub}}^{-1} \int_{\Omega_j} [\partial Z_m(x,y)/\partial y]\mathrm{d}x\mathrm{d}y \qquad (7.11)$$

式（7.8）和式（7.9）可以统一表示成矩阵形式：

$$s = Ga \qquad (7.12)$$

其中，$s = \{s_1^x, s_1^y, \cdots, s_j^x, s_j^y, \cdots, s_{N_{\text{sub}}}^x, s_{N_{\text{sub}}}^y\}$ 为斜率向量，a 为 Zernike 模式系数向量，G 为各阶 Zernike 模式的子孔径平均梯度矩阵，表达式为

$$G = \begin{bmatrix} G_{1,1}^x & \cdots & G_{1,m}^x & \cdots \\ G_{1,1}^y & \cdots & G_{1,m}^y & \cdots \\ \vdots & \ddots & \vdots & \ddots \\ G_{j,1}^x & \cdots & G_{j,m}^x & \cdots \\ G_{j,1}^y & \cdots & G_{j,m}^y & \cdots \\ \vdots & \ddots & \vdots & \ddots \\ G_{N_{\text{sub}},1}^x & \cdots & G_{N_{\text{sub}},m}^x & \\ G_{N_{\text{sub}},1}^y & \cdots & G_{N_{\text{sub}},m}^y & \end{bmatrix} \qquad (7.13)$$

方程（7.12）建立了从 Zernike 模式系数向量到子孔径波前斜率向量的转换关系矩阵。当自适应光纤耦合器阵列结构确定后，G 也就唯一确定，通过测量畸变波前在各子孔径上的波前斜率向量 s，就可以通过求解方程获得 Zernike 模式系数向量 a，进而复原出整个波前，这种方法就是模式复原法。因此，模式复原法最为关键的就是波前在单孔径上斜率的测量。

根据式（7.12），在得到畸变波前在各子孔径上的波前斜率向量 s 后，就可以通过求解方程获得 Zernike 模式系数向量 a，进而复原出整个波前。实际上由于有限孔径数的限制，复原出的 Zernike 模式的阶数 N 是有限的，由方程的特性可知，当 $N>2N_{\text{sub}}$ 时为超定方程，不可解，因此理论上可复原出的 Zernike 模式阶数 N 应小于或等于 $2N_{\text{sub}}$。实际波前斜率向量 s 要受到高于阶数 N 的像差模式在各单元孔径上斜率的影响，并且这种影响有时是无法得知的。这里用向量 $b = \{b_1, \cdots, b_m, \cdots, b_N\}$ 表示实际复原出的模式系数向量，对应的转换关系矩阵为 $\bar{G}$（维数为 $2N_{\text{sub}} \times N$），实际复原出的波前 $\phi(r)$ 表达式为

$$\phi(\boldsymbol{r}) = \sum_{m=1}^{N} b_m Z_m(\boldsymbol{r}) \tag{7.14}$$

当 $N=2N_{\text{sub}}$，且 $\bar{\boldsymbol{G}}$ 可逆时，复原模式系数 $\boldsymbol{b}$ 的求解表达式为

$$\boldsymbol{b} = \bar{\boldsymbol{G}}^{-1} \boldsymbol{s} \tag{7.15}$$

实际上，待复原波前为实际大气湍流造成的畸变波前时，最佳复原阶数 N 一般小于 $2N_{\text{sub}}$。此时式（7.8）为欠定方程，复原模式系数 $\boldsymbol{b}$ 的求解表达式为

$$\boldsymbol{b} = \bar{\boldsymbol{G}}^{+} \boldsymbol{s} \tag{7.16}$$

其中，$\bar{\boldsymbol{G}}^{+}$ 为关系矩阵 $\bar{\boldsymbol{G}}$ 的广义逆矩阵，具体如式（7.17）所示，其中 $\bar{\boldsymbol{G}}^{\text{T}}$ 为 $\bar{\boldsymbol{G}}$ 的转置矩阵

$$\bar{\boldsymbol{G}}^{+} = (\bar{\boldsymbol{G}}^{\text{T}} \bar{\boldsymbol{G}})^{-1} \bar{\boldsymbol{G}}^{\text{T}} \tag{7.17}$$

7.2.2　分布式孔径对模拟湍流像差探测

这里我们将采用数值仿真的办法，用放置于阵列孔径平面处的符合 Kolmogorov 统计特性的单相位屏来模拟大气湍流造成的畸变波前，并利用数值仿真的办法来模拟最优化耦合方法测量畸变波前在单孔径上波前斜率的过程。

7.2.2.1　AFOC 阵列结构参数的选择

影响 AFOC 阵列复原波前过程的结构参数有：阵列总体孔径 D、工作波长 λ、子孔径数 N_{sub}、阵列排布方式、阵列填充因子 τ、子孔径直径 d、准直透镜焦距 f 和耦合接收光纤的模场半径 ω_0。这些结构参数除了影响波前复原过程外，还会影响 AFOC 阵列出射光束的衍射传输过程，除此之外大气相干长度，亦即 Freid 长度 r_0 以及子孔径内填充因子 f_{sub} 也会影响 AFOC 阵列出射光束的衍射传输过程。

这里我们主要研究如图 7.15 所示的 AFOC 阵列的排布方式，阵列单元数 N_{sub} 取 7、19 和 37，阵列填充因子 $\tau=d/l$ 在 0.4 至 1.0 内变化。这里首先确定 AFOC 的结构参数，要得到最优的耦合接收效率，结构参数须满足的条件为

$$\pi d \omega_0 / (2\lambda f) = 1.12 \tag{7.18}$$

在仿真过程中，波长 $\lambda=1.064\mu\text{m}$，耦合接收光纤的模场半径为 $\omega_0=5.5\mu\text{m}$，根据式（7.18）确定准直透镜的焦距 f。子孔径内填充因子 f_{sub} 为 AFOC 出射光束在准直透镜处形成的高斯光束半径 ω_a 与准直透镜半径（等于 $d/2$）之间的比例系数。在式（7.18）确定了结构参数关系的情况下，$f_{\text{sub}}=0.893$，此时从 AFOC 孔径出射的光能量与从光纤端面出射的光能量比值约为 0.919。AFOC 阵列出射光束的近场光强及真空传输远场光强分布图，如图 7.16 所示。

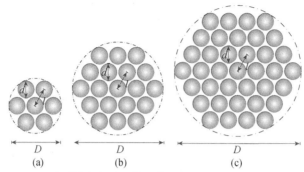

图 7.15　AFOC 阵列排布方式及单元数选择：（a）7 单元；（b）19 单元；
（c）37 单元（彩图见封底二维码）

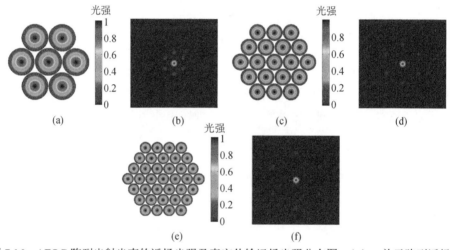

图 7.16　AFOC 阵列出射光束的近场光强及真空传输远场光强分布图：（a）7 单元阵列近场；
（b）7 单元阵列的理想远场；（c）19 单元阵列近场；（d）19 单元阵列的理想远场；
（e）37 单元阵列近场；（f）37 单元阵列的理想远场（彩图见封底二维码）

7.2.2.2　子孔径波前斜率探测

这里采用数值仿真的办法模拟 SPGD 算法来提升受湍流影响的 AFOC 耦合接收空间光束的效率，这里在此基础上进行波前复原，具体为将 AFOC 阵列单元耦合接收效率最优化时的迭代倾斜量作为畸变波前在单元孔径上的斜率探测结果，并结合式（7.15）或式（7.16）进行波前复原。

图 7.17（a）所示为仿真中采用的一帧模拟湍流相位屏，对应的湍流强度 $D/r_0=10$，这里采用功率谱反演的办法来产生湍流相位屏。图 7.17（b）为该相位屏中像差经 19 单元 AFOC 阵列单元上准直透镜聚焦形成的光斑阵列，阵列填充因子 $\tau=1$。这里假想在每个准直透镜焦平面上放置了相机，所有相机采集得到的图

像经过放大后按照其所处阵列位置进行重新拼接形成了图 7.17（b）所示的光斑阵列。图中各单元孔径中十字虚线中心为各单元孔径视场中心。实线小十字为采用 SPGD 算法得到的最优化耦合时光纤端面中心位置，黑色小圆中心为各单元孔径上聚焦光斑质心的位置。图 7.17（b）与传统哈特曼波前传感器探测得到畸变波前经微透镜阵列进行孔径分割和聚焦形成的光斑阵列十分相似。传统哈特曼波前探测斜率主要是基于聚焦光斑质心偏移，相当于图 7.17（b）中黑色小圆圈的中心与视场中心的偏差。从图 7.17（b）中同时可以看出，采用 SPGD 算法得到的最优化耦合时光纤端面中心位置与实际的质心位置还是有一定差别，但倾斜偏移方向和大小还是基本保持一致。图 7.18 为按照质心偏移量和最优耦合时光纤端面偏移量两者反演出的波前倾斜量，可以看出除个别子孔径外，在绝大部分 AFOC 孔径两者反演结果保持了符号一致且值大小相近。

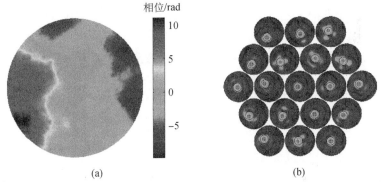

图 7.17　模拟湍流相位屏及其经 AFOC 阵列聚焦形成的光斑阵列：（a）D/r_0=10 的一帧模拟湍流相位屏；（b）模拟湍流相位屏经 AFOC 阵列聚焦形成的光斑阵列
（彩图见封底二维码）

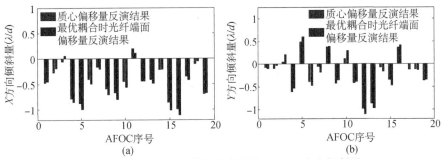

图 7.18　子孔径波前倾斜量反演结果：（a）X 方向倾斜量；
（b）Y 方向倾斜量（彩图见封底二维码）

7.2.2.3　模拟湍流相位屏的波前探测结果

在采用 SPGD 算法和最优化光纤耦合接收方法探测出相位屏在 AFOC 阵列单

元上的波前斜率后，根据式（7.15）复原出 Zernike 模式系数，然后根据式（7.5）即可复原出整个波前。这里 σ_{WR} 表示波前复原残差的 RMS，以此量来判定复原结果的好坏，其定义为复原出的波前 $\phi(r)$ 减去模拟湍流相位 $\varphi(r)$ 后得到的复原残差在阵列孔径圆域上的均方根值。

图 7.19 给出了不同阵列单元数及不同复原阶数下的统计平均波前复原残差 RMS 值 $\langle\sigma_{\mathrm{WR}}\rangle$，其中 $\langle\cdot\rangle$ 表示对多帧相位屏复原得到结果的平均。复原 Zernike 阶数 $N=0$ 表示没有复原波前，此时的复原残差就是初始的畸变波前。这里的 $\langle\sigma_{\mathrm{WR}}\rangle$ 为除以 $N=0$ 时 σ_{WR} 的归一化结果。这里湍流强度为 $D/r_0=10$，阵列填充因子 $\tau=1$。图 7.19 中虚线表示真实复原的残差，是指根据相位屏直接计算出前 N 阶 Zernike 模式系数得到复原残差，该残差可作为一种理想复原的参考。从图 7.19 中可以看出，复原阶数并不是取得越大越好，复原残差是随着复原阶数的增加先降后增，对不同的阵列单元数存在一个最优的复原阶数 $N_{\mathrm{WR}}^{\mathrm{BST}}$。7 单元、19 单元和 37 单元对应的湍流统计特性下的 $N_{\mathrm{WR}}^{\mathrm{BST}}$ 分别为 8、17 和 21。这种现象与单元孔径的对称性及阵列排布方式等引起的模式耦合和模式混淆效应有关。

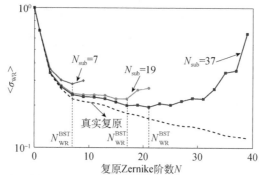

图 7.19　不同阵列单元数及不同复原阶数下的统计平均波前复原残差 RMS 值
（彩图见封底二维码）

图 7.20 给出了针对图 7.17 的相位屏，分别采用六边形排布的 7 单元、19 单元和 37 单元 AFOC 阵列复原出的波前，复原阶数 N 取值为上述对应的 $N_{\mathrm{WR}}^{\mathrm{BST}}$。

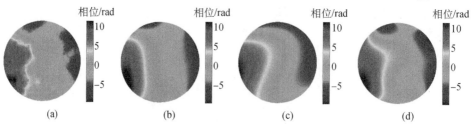

图 7.20　不同单元数 AFOC 阵列复原出的波前：（a）湍流相位屏；（b）7 单元；
（c）19 单元；（d）37 单元（彩图见封底二维码）

7.2.2.4 阵列填充因子对湍流像差探测的影响

在实际应用中，受加工难度和装校空间的限制，光纤激光阵列的填充因子很难达到 1，这里采用数值仿真的办法研究阵列填充因子 τ 对这种以光纤耦合接收最优化波前斜率测量为基础的像差探测方法的影响。

如图 7.21 所示，波前复原残差随着填充因子的降低而增加，这说明小的阵列填充因子不利于波前复原。同时，随着阵列填充因子的降低，最优复原阶数在各阵列单元数情况下都呈降低趋势。以 37 单元 AFOC 阵列为例，最优复原阶数 N_{WR}^{BST} 从 τ=1 时的 21，依次降低至 τ=0.8 和 τ=0.6 时的 17，当 τ=0.4 时该值降至最低值 9。同时应注意到，τ=0.8 的曲线和 τ=1.0 的曲线是比较接近的。以 37 单元 AFOC 阵列为例，在最优复原阶数 N=21 附近，τ 从 1.0 至 0.8 变化时，波前复原残差 RMS 相对增幅不超过 10%。这说明适当放宽对填充因子的限制对波前复原结果影响不大。从波前复原的角度来说，在实际中要求阵列填充因子做到 0.8 以上是比较合理的而且是相对容易做到的。

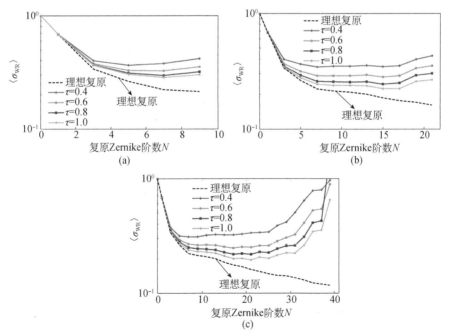

图 7.21 不同阵列单元数和不同阵列填充因子下波前复原残差的归一化 RMS 值曲线：
（a）7 单元；（b）19 单元；（c）37 单元（彩图见封底二维码）

7.2.2.5　湍流像差探测对应校正远场的统计结果

前面内容中，都是以湍流强度条件为 $D/r_0=10$ 的相位屏为波前复原和像差校正的对象。为不失一般性，这里让 D/r_0 从 0（代表无湍流）至 20 变化，来考察像差探测对远场校正的影响。分布式孔径在远场处相干合成的一个重要指标就是桶中功率（PIB）指标，定义为

$$PIB = \frac{整体孔径一倍衍射极限内光功率}{总发射功率} \qquad (7.19)$$

图 7.22（a）所示为仅补偿复原得到的活塞像差时，PIB 随 D/r_0 变化关系曲线，图 7.22（b）为同时补偿活塞像差和倾斜像差时，PIB 随 D/r_0 变化关系曲线。图 7.23（a）和（b）为与图 7.22（a）和（b）补偿条件相同时，相应的斯特列尔比随 D/r_0 的变化关系曲线。图中 ⟨·⟩ 表示所得结果为对多帧相位屏校正得到的统计结果。从图 7.22 和图 7.23 中可以看出，远场衍射传输效率在未校正时会随着湍流的增强而急剧下降，当采用分布式孔径哈特曼波前探测和基于复原波前的像差预补偿后，远场衍射传输效率能够得到极大改善。一倍衍射极限内桶中功率降低至理想值的一半时所能允许的最强湍流强度可作为另外一种评价参数。以 37 单元为例：对基于复原波前的活塞像差和倾斜像差同时校正来说，该湍流强度为 $D/r_0 \approx 12$；对基于复原波前的活塞像差校正来说，该湍流强度为 $D/r_0 \approx 7$；对未有像差校正，该湍流强度为 $D/r_0 \approx 3$。这说明采用像差补偿能够在一定的远场衍射传输效率的要求下，增大对湍流条件的容忍度。同时可以看出，在活塞像差校正的基础上继续校正倾斜像差所获得的效率比单独活塞像差校正所获得的效率提升效果更明显，这说明倾斜像差校正的必要性和必须性[25]。

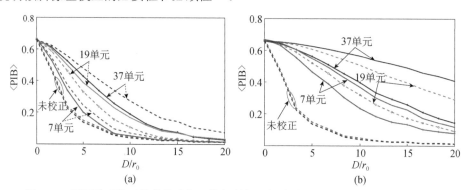

图 7.22　不同阵列单元数整体孔径一倍衍射极限桶中功率比随 D/r_0 的变化关系曲线
（彩图见封底二维码）

实线为最优化光纤耦合波前复原的校正结果，虚线为理想校正结果：（a）仅补偿活塞像差；
（b）同时补偿活塞像差和倾斜像差

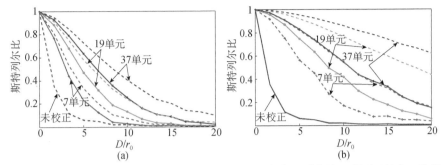

图 7.23 不同单元数阵列的远场斯特列尔比随 D/r_0 的变化关系曲线（彩图见封底二维码）

实线为基于最优化光纤耦合波前复原的校正结果，虚线为理想校正结果：（a）仅补偿活塞像差；
（b）同时补偿活塞像差和倾斜像差

7.3 分布式孔径哈特曼波前探测实验验证

7.3.1 实验装置

利用基于 7 单元 AFOC 阵列的波前传感器对低阶像差进行探测，实验装置如图 7.24 所示。其中，分布式孔径的哈特曼实验结构如图 7.25 所示，由 AFOC 阵列、光电探测器、高压放大器和控制器/处理器共同组成波前传感器的功能模块。AFOC 阵列为六边形排布，子孔径直径 d=28mm，相邻孔径中心间距为 32mm，因此阵列填充因子为 0.875。AFOC 准直透镜的焦距 f_c=150mm。被测像差由圆形玻璃板引入，主要包括前 9 阶 Zernike 模式。玻璃板的有效孔径和 AFOC 阵列孔径都是 92mm。这里的信标光束是由光功率为 2W、波长为 1064nm 的激光源从光纤端面（纤芯直径 10μm）发出，经过压电偏转镜反射后被焦距为 1.5m 的变换透镜准直成平行光束。当测量开始时，玻璃板由电导轨带动并行进到可刚好覆盖整个 AFOC 孔径的位置。

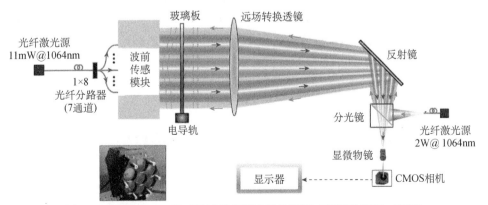

图 7.24 基于 AFOC 阵列的波前探测实验装置图（彩图见封底二维码）

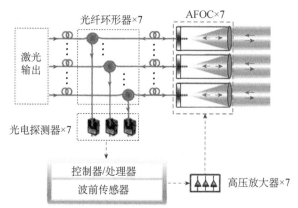

图 7.25　分布式孔径的哈特曼实验结构示意图（彩图见封底二维码）

波前传感的主要过程如下所示：

（1）首先在未放置玻璃板的情况下，进行 7 单元 AFOC 阵列的主动耦合。采用 SPGD 算法，以光电二极管探测器（PD）探测到的耦合光强信号为性能指标，对 AFOC 的驱动电压进行迭代，使得性能指标最优化。在性能指标收敛后，记录在相互正交的两方向上对每路 AFOC 施加的驱动电压 $V_{j,0}^X$ 和 $V_{j,0}^Y$。结束后，耦合控制开环施加的电压继续保持。

（2）由步进电机驱动导轨带动玻璃板移至其可覆盖整个 AFOC 孔径的位置，步进电机的执行步数事先已经得到校准。

（3）在第一次性能指标收敛后各路 AFOC 驱动电压的基础上，再次进行 7 单元 AFOC 阵列的主动耦合。在各路性能指标收敛后，记录在相互正交的两方向上对每路 AFOC 施加的驱动电压 $V_{j,1}^X$ 和 $V_{j,1}^Y$。

（4）计算前后两次耦合控制稳定收敛后各路 AFOC 上驱动电压的差值

$$\Delta V_j^X = V_{j,1}^X - V_{j,0}^X, \quad \Delta V_j^Y = V_{j,1}^Y - V_{j,0}^Y \tag{7.20}$$

根据式（7.21）可算出各单元孔径上波前斜率 s_j^X 和 s_j^Y，其中矩阵参数 T_j^1、T_j^2、T_j^3 和 T_j^4 为不同 AFOC 的从执行电压至光纤端面偏移量之间的变换系数，该矩阵可事先通过比较标定得到。

$$\begin{bmatrix} s_j^X \\ s_j^Y \end{bmatrix} = k \begin{bmatrix} T_j^1 & T_j^2 \\ T_j^3 & T_j^4 \end{bmatrix} \begin{bmatrix} \Delta V_j^X \\ \Delta V_j^Y \end{bmatrix} \tag{7.21}$$

（5）根据子孔径空间排布方式和得到的各子孔径波前斜率，利用式（7.14）和式（7.15）即可实现波前复原。

7.3.2 实验结果及分析

通过干涉仪测量得到的玻璃像差板（简称玻璃板）及其携带像差的前 35 阶 Zernike 模式系数，如图 7.26 所示。前两阶 Zernike 模式所代表的倾斜像差不包括在内，因为它们可能由其他问题引入，如反射镜和光路调整。考虑到 7 路 AFOC 阵列的小尺度和空间稀疏性，测试玻璃主要包含低阶像差。图 7.27 显示了 AFOC 阵列子孔径排布方式，为方便起见，将各子孔径编号为#1 到#7。

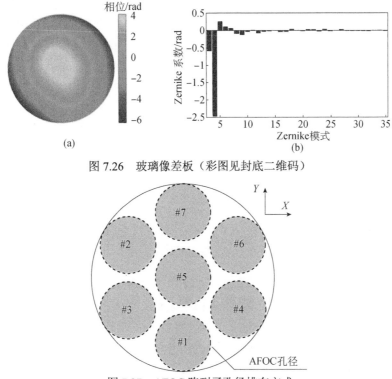

图 7.26 玻璃像差板（彩图见封底二维码）

图 7.27 AFOC 阵列子孔径排布方式

波前复原过程中（1）和（3）两个耦合步骤的 7 个 AFOC 归一化耦合接收光功率的时间变化曲线，如图 7.28 所示。耦合接收光功率最大化的同时，子孔径内波前倾斜也得到了校正。在如图 7.28（a）所示的第一次倾斜校正（TT）过程过后，每个 AFOC 耦合接收信标光的能量非常接近最优值，这意味着各子孔径光轴在 AFOC 阵列中基本相互平行，也几乎与入射信标同轴。由于控制残差的存在，各 AFOC 仍存在少量光学对准误差并且彼此稍有不同。第一次 TT 过程在传统的 AO 系统中，通常额外考虑整个孔径上的倾斜像差。采用额外的相机和校正器（如快反镜）来校正整体指向误差。传统的哈特曼波前传感器总是在闭环下工作，相位残差比较小。这里的情况完全不同，分布式孔径哈特曼波前传感器是在开环下工作，这是因为 AFOC 阵列还充当激光发射器并补偿子孔径波前倾斜像差。整个阵列的指向误差减小了分布式孔径哈特曼波前传感器的动态范围。在实际应用中，AFOC 阵列的整体指向误差是通过万向架等粗跟踪设备来加以消除的。剩余的指向误差也是通过第一次 TT 过程得到抑制。第一个 TT 过程中的 AFOC 驱动电压曲线如图 7.29（a）和（b）中第一段曲线所示，电压稳步上升并稳定在最优值附近，稳态电压的抖动可能是由 AFOC 器件中双压电驱动器的非线性效应引起，同时，高压放大器内部噪声和不稳定性也可能造成不良影响。第一个 TT 步骤类似传统哈特曼波前传感器工作过程中的信标标定，标定的好坏直接影响波前探测的性能。

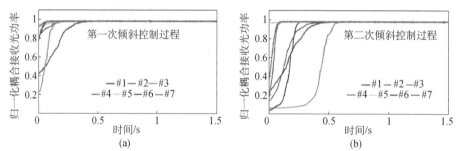

图 7.28   第一次（a）和第二次（b）倾斜校正过程中的归一化耦合接收光功率的
时间变化曲线（彩图见封底二维码）

在第一个 TT 步骤结束后，已通过 AFOC 耦合接收光功率最大化这一过程获取各子孔径上平面波光束聚焦光斑位置信息，施加到 AFOC 上的驱动电压继续保持。然后，通过电动平移台将像差玻璃板放置在 AFOC 阵列和远场变换透镜中间，以引入固定的静态像差分布。玻璃板携带的整体倾斜像差对波前探测具有不利影响，这里利用反射镜补偿整体倾斜像差。经过玻璃板插入和反射镜补偿两个过程后，各 AFOC 的耦合接收光能量指标，相较于第一次 TT 结束后的最优值，降低至不同值。该性能指标的降低主要是玻璃板分布在各子孔径内像差造成的。当第二次 TT 开始后，性能指标再次得到提升。这次的提升主要得益于各子孔径上的倾斜像差得以校正。各子孔径内光束经玻璃像差板传输后形成聚焦光斑的质心位置信息，反映在第二次 TT 过程中施加到 AFOC 上的驱动电压上。第二次 TT 过程中施加到 AFOC 的 X 方向和 Y 方向的电压，如图 7.29（a）和（b）的第二段曲线所示，对应的归一化耦合接收光功率的时间变化曲线如图 7.28（b）所示。

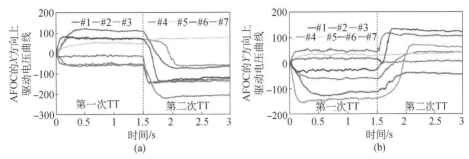

图 7.29　第一次和第二次 TT 过程中 AFOC 的 X 方向（a）和 Y 方向（b）上
驱动电压变化曲线（彩图见封底二维码）

第二次 TT 真正实现波前探测，而其中最有用的信息是第一次和第二次 TT 闭环后施加到 AFOC 上的电压差，该电压差代表了子孔径上波前的梯度。这里，该测量过程重复进行 20 次。第一次和第二次倾斜闭环后 AFOC 平均电压差的多次统计均值和标准差，如表 7.1 所示。20 次实验结果基本保持一致，这也与被测对象是静态像差相符合。

表 7.1　第一次和第二次倾斜闭环后 AFOC 平均电压差的多次结果统计

AFOC 序号	#1	#2	#3	#4	#5	#6	#7
X 方向平均电压差的平均值/V	−209	−198	−85	−142	117	−215	−185
X 方向平均电压差的标准差/V	2.26	2.93	2.53	2.42	2.66	2.78	1.35
Y 方向平均电压差的平均值/V	166	−138	154	120	−59.4	226	115
Y 方向平均电压差的标准差/V	1.98	4.01	3.06	2.77	2.84	1.89	1.71

分布式孔径哈特曼波前探测的下一步就是要从电压差信息得到子孔径波前梯度信息。这里通过事先标定的方法，获得从电压差信息至子孔径波前梯度的变换关系。图 7.30（a）给出了施加至各 AFOC 的 X 和 Y 方向上电压序列所构成的曲线。图 7.30（b）给出了由相机采集到的电压变化过程中的 AFOC 出射光束远场质心位置曲线。从图 7.30（b）中可以明显看出，不同 AFOC 指向响应的大小和偏移方向各不相同。实际上，如图 7.10 所示，AFOC 中光纤端面是固定在十字梁上的，十字梁的横向和纵向分别对应 AFOC 的 X 轴和 Y 轴。因光纤激光阵列相干合成对偏振一致性的要求，在 AFOC 阵列装置中需要调整各十字梁的旋转角度以使得偏振达到一致，而各 AFOC 的旋转角度不同，因此导致 AFOC 执行方向各不相同。同时，由于各 AFOC 中驱动器响应有一定的偏差，因此相同电压对不同 AFOC 的执行量也有不同。因此，需要提前标定 AFOC 驱动电压和归一化到统一二维坐标系下的波前子孔径斜率之间的关系。实际上，由于压电驱动器的迟滞效应、机械误差影响以及高压放大器不稳定性，这两者之间的关系是非线性的。通过计算，

两者的线性相关系数达到了 0.98，因此可以按照近似线性去处理。在实际应用中，可以通过设置位移探测器的方法，精确测定 AFOC 中光纤端面的位移量。

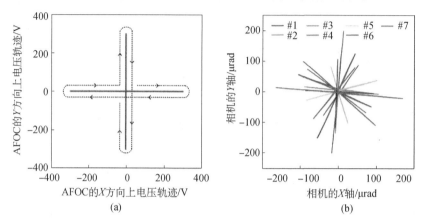

图 7.30   AFOC 驱动电压轨迹（a）和相应的远场质心位置曲线（b）（彩图见封底二维码）

图 7.30 中所示的电压和子孔径斜率之间的关系可用式（7.22）表示，其中 $\boldsymbol{T} = \left[T_j^1, T_j^2; T_j^3, T_j^4 \right]$ 为变换关系矩阵，α (β) 为 X (Y) 方向上的倾斜角，V_j^X 和 V_j^Y 为施加到 AFOC 上的电压。

$$\begin{bmatrix} \alpha_j \\ \beta_j \end{bmatrix} = \begin{bmatrix} T_j^1 & T_j^2 \\ T_j^3 & T_j^4 \end{bmatrix} \begin{bmatrix} V_j^X \\ V_j^Y \end{bmatrix} \tag{7.22}$$

变换矩阵 $\boldsymbol{T}$ 的估计可表示为

$$\boldsymbol{T}_{\text{est}} = \begin{bmatrix} T_j^1 & T_j^2 \\ T_j^3 & T_j^4 \end{bmatrix}_{\text{est}} = \begin{bmatrix} \alpha_{j0} & \alpha_{j1} & \cdots & \alpha_{jN} \\ \beta_{j0} & \beta_{j1} & \cdots & \beta_{jN} \end{bmatrix} \cdot \begin{bmatrix} V_{j0}^X & V_{j1}^X & \cdots & V_{jN}^X \\ V_{j0}^Y & V_{j1}^Y & \cdots & V_{jN}^Y \end{bmatrix}^{-1} \tag{7.23}$$

其中，N 为 $-300 \sim 300\text{V}$ 电压序列的采样点数。通过 20 次测试来估计 T 值，这样子孔径斜率信息就可以通过式（7.24）来获得。

$$\begin{bmatrix} s_j^X \\ s_j^Y \end{bmatrix} = k \cdot \boldsymbol{T}_{\text{est}} \cdot \begin{bmatrix} \Delta V_j^X \\ \Delta V_j^Y \end{bmatrix} \tag{7.24}$$

通过自适应光纤耦合电压信息，计算得到的子孔径上波前斜率结果，如图 7.31 所示。在绝大部分子孔径上所得到的测量结果都十分接近真实值，这里真实值是通过计算玻璃板分布在各子孔径上像差的一阶梯度得到的，而玻璃板像差可通过干涉仪精确测量得到。子孔径波前斜率的测量误差的均方根值为 7.35μrad，约等于 $0.19\lambda/d$。该测量误差是由两个因素造成的。其一是光电探测器和高压放大器的噪声；其二是前面提到的 AFOC 执行量与驱动电压之间的非线性关系，还有就是 AFOC 子孔径实际尺寸决定了其上分布的像差不仅是倾斜相位，还有更高阶的像差会带来额外的远场质心偏移，使得波前梯度测量失去准确性。

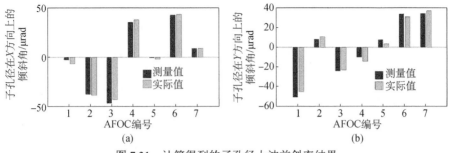

(a)　　　　　　　　　　　(b)

图 7.31　计算得到的子孔径上波前斜率结果

在子孔径波前斜率测量的基础上，利用前述方法，可以得到玻璃像差板的 Zernike 模式系数，其中 3～9 阶的 Zernike 模式系数，如图 7.32 所示。作为对比，理想复原得到的模式系数也显示在图 7.32 中。这里的理想复原，是指依据干涉仪测得的玻璃板透射像差分布，以及 AFOC 阵列排布，并通过计算得到各子孔径上像差一阶梯度，进而复原得到的模式系数。理想复原给出了分布式孔径哈特曼波前传感器所能达到的最优探测结果。从图 7.32 中可以看出，低于 9 阶的模式系数与真实值十分接近。AFOC 阵列哈特曼波前传感器测得的波前分布及复原残差分布，如图 7.33 所示。初始波前的 RMS 值为 0.674μm，分布式孔径哈特曼波前传感器的探测残余误差 RMS 为 0.116μm，是初始值的 0.17 倍。理想复原结果如图 7.34 所示，复原残余误差 RMS 值为 0.0433μm，是初始误差的 0.064 倍，通过对比图 7.33（b）和图 7.34（b），波前探测的残余误差具有高阶像差成分，而这些像差成分是超出 AFOC 阵列哈特曼波前传感器能力的。为了提升对更高阶像差的探测能力，需要更进一步降低阵列的单元尺寸。以上实验结果表明，AFOC 阵列所构成的分布式孔径哈特曼波前传感器，以光纤自适应耦合为技术基础，可以完全起到以空间分光和阵列型探测器为技术特点的传统哈特曼波前传感器的作用，实现波前探测[26]。

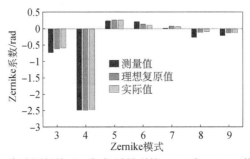

图 7.32　实验测得的及理想复原得到的 3～9 阶 Zernike 模式系数

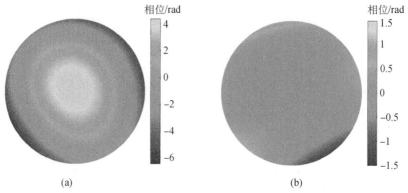

图 7.33　AFOC 阵列哈特曼波前传感器测得的波前分布（a）及复原残差分布（b）
（彩图见封底二维码）

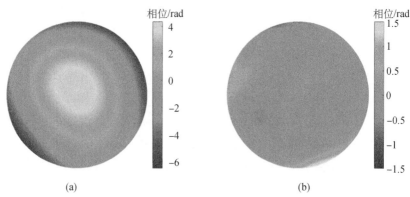

图 7.34　理想复原波前分布（a）及复原残差分布（b）（彩图见封底二维码）

　　在使用分布式孔径哈特曼波前传感器时需要考虑一些因素的影响。图 7.12 所示的光纤耦合效率随聚焦光斑中心与纤芯位置偏差变化曲线表明，最大点附近的曲线是平坦的。这意味着在工作点耦合效率对倾斜角的敏感性较低，因此任何可能影响耦合效率的因素，都会对子孔径倾斜角的估计产生不良影响。这些因素要求倾斜控制的有效带宽应足够高，以应对强度波动。可能的办法是通过光纤光栅等器件消除背景光噪声的影响，或通过仔细选择探测器来降低探测噪声的影响，比如带冷却装置的探测器。

7.4　基于分布式孔径哈特曼波前探测的像差校正

7.4.1　基于分布式孔径哈特曼波前探测的像差校正工作原理

7.2 节和 7.3 节中介绍了基于光纤耦合的分布式孔径哈特曼波前像差探测的

原理，并通过实验加以验证。本小节介绍基于分布式孔径哈特曼波前探测的像差校正工作原理。前述中提到，分布式孔径光纤激光相控阵的发展趋势是向更大阵列规模（百单元以上）和实际大气传输应用这两个方向去发展。为了实现阵列光束经远距离传输后在目标平面上实现相干合成，则必需校正分布在传输路径上并以大气湍流像差为代表的动态波前像差。现有解决该问题的主要技术思路是基于TIL 的闭环校正，其核心思想是本地设置光束接收装置，获得与反映远场目标表面上激光光束集中度的桶中功率指标（PIB）呈正相关的目标回光指标，并采用盲优化控制算法（SPGD 等）以迭代寻优的方式使得目标回光指标最大化，进而实现目标处的相干合成。通过前述内容可知包括美国 DARPA 和中国科学院光电技术研究所等单位，都通过实验验证了该方案在有限传输距离下的可行性，但该方案依然存在诸多潜在问题。首先，该方案存在理论上的最高有效校正带宽，这是由激光束由本地至目标的双向传输所花费时间决定的。当传输距离进一步加大时，有效校正带宽下降而大气湍流扰动强度变得更强，校正效果将急剧下降。再者，该方案是通过单性能指标输入来控制多路校正信号，当阵列规模更近一步发展时，控制收敛速度将变得很低。尤其是分布式孔径光纤激光相控阵系统中，单元孔径上的倾斜像差校正器件的执行带宽仅有 kHz 量级，而需要控制的倾斜校正通道数是阵列单元数的两倍，这将使得倾斜控制的难度进一步加大。以上两个因素将使未来数百单元、米级口径且瞄准远距离传输的分布式孔径光纤激光相控阵系统的实现变得困难。

　　为了避免现有优化控制方案的劣势，本小节给出了基于分布式孔径哈特曼波前探测的外部像差校正方案。该方案将实现对分布式孔径光纤激光相控阵传输路径上外部像差的校正。基于分布式孔径哈特曼波前探测的像差校正工作原理，如图 7.35 所示。来自目标的激光束携带大气湍流等外部波前像差信息，以该光束为信标光束，通过 7.2 节中所介绍的波前像差探测方法进行外部像差的主动探测，获得外部像差所对应的畸变波前。通过运算可得到畸变波前分布在单元孔径上的活塞相位，基于该信息对通过环形器和单元孔径的发射光束的活塞相位进行主动调制，则阵列发射光束在反向经过信标光束的传输路径之后到达目标处时，其传输路径的活塞像差已得到预补偿校正。除了该活塞相位补偿的校正外，该过程还包括了对单元孔径倾斜像差的预补偿校正，该过程是通过在单元 AFOC 对信标光束最大化耦合接收这一控制过程中实现的。主动光纤耦合接收，既是对信标光束在单元孔径上分布的倾斜像差的校正，同时也是对本地激光束单元孔径上倾斜像差的预补偿校正。

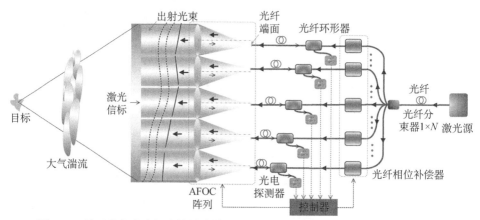

图 7.35　基于分布式孔径哈特曼波前探测的光纤激光相控阵外部像差校正示意图
（彩图见封底二维码）

　　式（7.16）给出了如何从波前斜率向量 s 来得到复原模式系数 b，并根据式（7.14）得到实际的复原波前。复原的活塞相位向量 $P=\{P_1,\cdots,P_j,\cdots,P_{N\text{sub}}\}$ 可以通过对复原波前在单元孔径上进行平均得到

$$P_j=S_{\text{sub}}^{-1}\int_{\Omega_j}\phi(x,y)\mathrm{d}x\mathrm{d}y \tag{7.25}$$

将式（7.16）和式（7.14）代入上式，可以得到复原的活塞相位向量 P 的计算公式

$$\boldsymbol{P}=\boldsymbol{D}_{TP}\boldsymbol{G}^+\boldsymbol{s} \tag{7.26}$$

其中，$\boldsymbol{D}_{TP}$ 为变换矩阵

$$\boldsymbol{D}_{TP}=\begin{bmatrix} D_{TP}^{1,1} & \cdots & D_{TP}^{1,k} & \cdots & D_{TP}^{1,N} \\ \vdots & \ddots & \vdots & \ddots & \vdots \\ D_{TP}^{j,1} & \cdots & D_{TP}^{j,k} & \cdots & D_{TP}^{j,N} \\ \vdots & \ddots & \vdots & \ddots & \vdots \\ D_{TP}^{N_{\text{sub}},1} & \cdots & D_{TP}^{N_{\text{sub}},k} & \cdots & D_{TP}^{N_{\text{sub}},N} \end{bmatrix} \tag{7.27}$$

其中，元素表达式为

$$D_{TP}^{j,k}=S_{\text{sub}}^{-1}\int_{\Omega_j}Z_k(x,y)\mathrm{d}x\mathrm{d}y\,,\quad k=1,\cdots,N \tag{7.28}$$

　　当阵列的排布方式和单元孔径参数确定时，式（7.26）中的参数 $\boldsymbol{D}_{TP}\boldsymbol{G}^+$ 也相应确定，亦即外部像差对应的活塞相位可通过子孔径斜率向量直接得到。从 7.3 节中可知，子孔径斜率可通过 AFOC 中光纤主动耦合过程得到。以上得到的活塞相位值，可通过图 7.35 中所示结构，对出射光束进行活塞相位预补偿量的加载，进而在远场目标处得到校正外部像差后的相干合成光束。需要注意的是，由于分布式孔径光纤激光相控阵的系数排布，基于分布式孔径哈特曼波前探测的外部像差校正是部分校正。

7.4.2　实验装置

基于分布式孔径哈特曼波前探测的外部像差校正的实验装置，如图 7.36 所示，采用与 7.3 节中一样的 7 单元 AFOC 阵列装置和实验装置布局。其中 PM 为相位补偿器，HVA 为高压放大器。不同之处有两点：其一是在本地光源经分束器分束后，各分光束的光纤传输路径上加入相位补偿器；其二在远场变换透镜的焦平面前方另设置一个分光棱镜，用以分出阵列出射光束的一部分能量，其后放置带针孔的光电探测器来探测光强，针孔大小与阵列出射光束整体口径一倍衍射极限相当，因此该光强值反应了远场处的 PIB 指标。光电传感器得到的电压值，作为输入量控制 AFOC 和相位补偿器。这里的相位补偿器，是压电陶瓷环式的相位调制器件，半波电压为 1.3V，一阶谐振频率约为 32kHz。

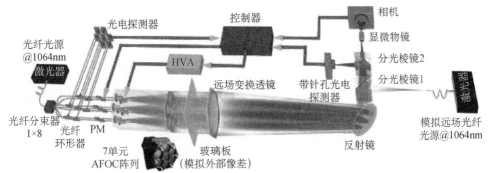

图 7.36　基于分布式孔径哈特曼波前探测的外部像差校正的实验装置图
（彩图见封底二维码）

实验步骤如下：

步骤一：首先开环状态，设置 AFOC 和相位补偿器的作用电压为零，记录本地 7 路光电探测器的电压值以及远场光电探测器得到的 PIB 电压值，同时采集远场图像。

步骤二：进行波前传感校准，远场变换透镜将模拟信标激光准直，采用 SPGD 算法利用 AFOC 阵列对该准直信标光束进行主动最优化耦合，控制稳定后各 AFOC 光轴将相互平行。AFOC 的驱动电压继续保持并记录为 V_{ts}。

步骤三：进行系统内部活塞相位的校正，该部分活塞相位主要是 AFOC 阵列系统内部光纤长度差异造成的，是准静态的。具体实现方法为，利用 PIB 电压值作为指标，对相位补偿器的驱动电压进行 SPGD 算法的迭代。当控制闭环稳定后，内部活塞相位得到校正，此时相位补偿器的驱动电压继续保持并记录为 V_{ps}。

步骤四：将玻璃像差板放置在 AFOC 阵列和远场变换透镜之间，为了平衡整体倾斜像差，这里将偏转镜向光束整体偏转的反方向作适当调整。为不失一般性，这里采用与 7.3 节中不同的玻璃像差板。

步骤五：进行波前探测，再次采用 SPGD 算法使得 AFOC 阵列校正玻璃板带来的子孔径倾斜像差，AFOC 的驱动电压继续保持并记录为 V_{te}。

步骤六：进行外部像差的预补偿，根据 AFOC 的驱动电压差 $\Delta V_t = V_{te} - V_{ts}$，采用 7.3 节中所述方法进行波前复原，并通过式（7.28）得到复原的子孔径活塞相位 P。经事先标校，可得到各相位补偿器所需施加的预补偿电压差 ΔV_p，进而将实际电压 $V_{ps} + \Delta V_p$ 施加到相位补偿器上。

步骤七：进行更进一步的盲优化相位补偿器电压迭代以实现效果作为对比，这里采用 SPGD 算法，利用 PIB 电压值作为指标，对相位补偿器的驱动电压进行 SPGD 算法的迭代。可认为在系统闭环之后，阵列出射光束在远场处获得十分接近理想的相干合成分布。闭环收敛后的各相位补偿器驱动电压记为 V_{pe}。

7.4.3　实验结果及分析

需要注意的是，本节内容主要是瞄准如何通过分布式孔径哈特曼波前探测，来解决分布式孔径光纤激光相控阵外部像差的问题，而分布式孔径光纤激光相控阵需要通过别的方式来加以消除。在本实验系统中内部倾斜像差和活塞像差的校正，是通过步骤二和步骤三来实现的，实际上，内部活塞像差可通过相关文献所报道的方法[27-28]来校正。如 7.3 节中所述，AFOC 的倾斜执行量可通过施加于其上的驱动电压反演得到。

图 7.37 显示了在步骤三系统内部活塞相位校正及步骤七进一步盲优化闭环，这两个过程中相位补偿器驱动电压的收敛曲线。迭代速率为 500Hz，横坐标起始时间从步骤一开始算起。在图示两个控制过程中，驱动电压分别收敛至不同的特定值处。内嵌图为两过程在控制稳定收敛后，相机采集到的远场衍射光斑分布。可以看出，光斑分布十分接近于理想相干合成的分布，可以认为在闭环稳定后，阵列子光束的活塞相位锁定于阵列发射瞳面处。在图 7.37（a）所对应的过程中，由光纤光程差异导致的准静态活塞相位差被校正掉。实际上，光纤长度差异在毫米量级，该误差远小于光源相干长度。在图 7.37（b）所对应的过程中，实验持续时间（约 20s）内累计的活塞相位漂移被校正掉。可以看出，图 7.37（a）中闭环后电压相较于开环时的差值，比图 7.37（b）中所示的要大得多。相位补偿器的执行相位值与驱动电压之间的比例系数经事先标定约为 0.77λ/V（λ 为工作波长 1064nm）。

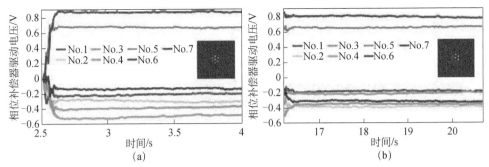

图 7.37　相位补偿器驱动电压的收敛曲线图（彩图见封底二维码）

图 7.38 给出了玻璃板经干涉仪测得的像差分布（图 7.38（a））、复原的波前结果（图 7.38（b））及复原残差分布图（图 7.38（c））。如前所述，为不失一般性，选用了与 7.3 节实验不同的玻璃板。玻璃板面型对应的波前像差，其 RMS 值为 0.62μm，复原残差为 0.11μm（约 1/(10λ)），该值也符合相干合成对活塞相位控制残差的一般要求。图 7.38（c）所示的复原残差分布也超出了 7 单元 AFOC 阵列分布式孔径哈特曼波前传感器的空间探测能力。因此，本实验中仅校正了整体孔径平面上的低阶像差。随着未来阵列的增大和单元孔径尺寸的小型化，更高阶的像差校正将得以验证。

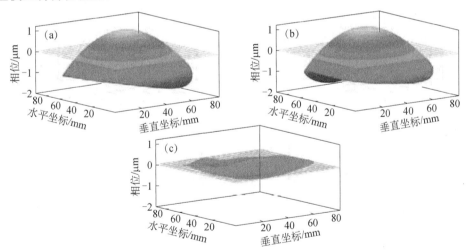

图 7.38　（a）玻璃板经干涉仪测得的像差分布；（b）波前复原结果；（c）复原残差分布图
（彩图见封底二维码）

分布式孔径光纤激光相控阵离散孔径的特点，决定其波前相位操控只能在单元孔径上进行，而活塞相位和倾斜相位是可被补偿的最常见的相位。活塞相位可通过光纤集成相位调制器或压电环光纤相位调制器来进行调制。倾斜相位可通过

AFOC 来执行。而离焦、彗差等更高阶的像差暂无相应校正器件。这里采用自制的压电环光纤相位调制器来对外部像差的活塞相位进行预补偿。如图 7.39 所示为子孔径平均活塞相位的计算结果。中间 No. AFOC 具有相较于其他孔径而言最大的活塞相位。活塞相位的复原残差最大值为 0.1λ，而其均值为 0.055λ，相应 RMS 值为 0.062λ。从残差结果来看，该波前探测是符合相干合成应用需求的。

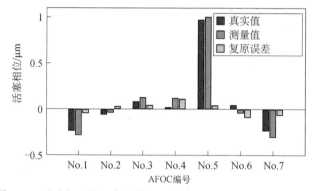

图 7.39 子孔径平均活塞相位的计算结果（彩图见封底二维码）

　　这里的倾斜控制是伴随着波前探测过程而实现的，当各孔径 AFOC 耦合接收的信标光束最强时，信标光束和出射光束在子孔径上的倾斜相位误差同时被校正。子孔径波前斜率的测量结果，一定程度上同样可以显示倾斜相位校正的效果。图 7.40 所示为所测得的子孔径 X（图 7.40（a））和 Y（图 7.40（b））方向的倾斜角度结果。由于玻璃板像差从离焦和像散等对称像差为主，因此中心 AFOC 的倾斜测量结果要小于其他子孔径。子孔径倾斜角度测量残余误差的绝对值，其 RMS 为 0.22λ/d，其均值为 0.16λ/d。子孔径尺寸的减小将提升子孔径倾斜相位误差的探测和校正能力。

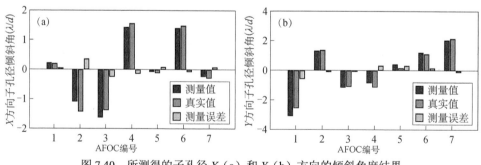

图 7.40 所测得的子孔径 X（a）和 Y（b）方向的倾斜角度结果

　　图 7.41 给出了在实验步骤一、二和三中，阵列出射光束远场合成光斑分布的三维图。在步骤一中由于 AFOC 阵列集成装配残留的机械误差导致各 AFOC 阵列

的非共轴误差，其远场光强分布并没有完全重叠。同时光纤路径差异导致的活塞相位误差，连同倾斜误差一起导致远场光斑的弥散，且条纹对比度较弱（图 7.41（a））。当经过步骤二中的子孔径倾斜相位校正后，远场峰值光强以及光束能量集中度得到初步提升（图 7.41（b））。随着步骤三中活塞相位的进一步校正，远场光强分布接近理想分布（图 7.41（c））。需要注意的是，由于阵列的填充因子有限（0.875），6 个一级旁瓣可以较为明显地看出来。实际上，当阵列填充因子降低至 0.7 以下时，12 个二级旁瓣也将变得明显。与此同时，由于玻璃像差板的高阶像差的存在，图 7.41（c）背景中存在较多较弱的散斑分布。

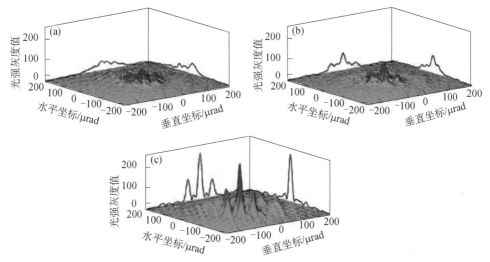

图 7.41　阵列出射光束远场合成光斑分布的三维图：（a）对应步骤一；（b）对应步骤二；（c）对应步骤三（彩图见封底二维码）

图 7.42 给出了在步骤四至步骤七过程中的远场光强分布。图 7.42（a）所示远场弥散光斑是玻璃板像差所导致的。而分布式孔径光纤激光相控阵系统在实际应用中，会受到大气湍流扰动、热晕等外部像差的影响，也会导致与之类似的远场光斑弥散，导致在目标上相干合成效果的退化。与图 7.41（b）类似，经倾斜像差补偿后，如图 7.42（b）中所示的远场光斑性能得到提升。图 7.42（c）为所测得的子孔径平均活塞相位，经步骤六预补偿后得到远场相干合成光斑分布。该光斑分布十分接近 7 单元 AFOC 阵列的理想远场分布。该实验结果也证明了本节所提出的基于分布式孔径哈特曼波前探测的光纤激光相控阵外部像差校正方法的正确性。为作更进一步对比，图 7.42（d）给出了在步骤七中，通过传统 SPGD 方法得到的相干合成光斑分布。这里的 SPGD 算法的性能指标为带针孔光电探测器所测得的 PIB 指标。通过对比图 7.42（c）和（d）可以得知，在校正分布式孔径光纤激光相控阵外部像差方面，基于分布式孔径哈特曼波前探测方法可获得与传统

TIL 加盲优化方法近乎相同的校正效果。图 7.41 和图 7.42 的结果为 20 次重复性实验的平均结果。

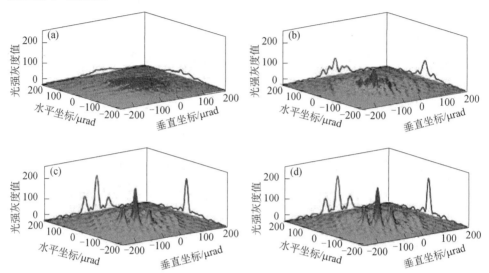

图 7.42　阵列出射光束远场光强分布的三维图：（a）对应步骤四；（b）对应步骤五；（c）对应步骤六；（d）对应步骤七（彩图见封底二维码）

　　实验过程中远场归一化 PIB 指标如图 7.43 所示，其中 PIB 桶直径为 7 单元 AFOC 阵列整体孔径一倍衍射极限。该结果是通过对图 7.41 和图 7.42 中所示远场光斑分布进行计算得到的。相较于引入玻璃板像差后的步骤四，在经过主动波前探测和子孔径活塞相位预补偿的步骤六后，PIB 指标得到了约 3.5 倍的提升。需要注意到的是步骤六得到的归一化 PIB 值 0.74 要比步骤七对应的值 0.78 稍低些，这是主动波前探测残差及控制执行误差共同造成的。同时需要注意的是，步骤六和步骤七得到的 PIB 结果都要低于步骤三，其原因主要是玻璃板含有 AFOC 阵列无法校正的高阶像差。与此同时玻璃板的吸收和散射也造成透光光强的整体损失。

　　以上通过实验验证了所提出的基于分布式孔径哈特曼波前探测的像差校正方法的正确性。该方法可补偿分布式孔径光纤激光相控阵这种新型光束收发方式在实际传输中遇到的外部像差。该方法的好处是更少受到光束传输延迟的影响，而且能够适应大规模阵列的发展需求。而且该方法是直接集成到分布式孔径光纤激光相控阵系统内部，不需要额外的复杂空间光学器件[29]。该方法的可见用途是在激光传输及无线激光通信等应用中，校正外部大气湍流像差。未来该方法将与系统内部像差校正方法进行集成，以解决全程传输像差校正的问题。该方法同样存在挑战：其一是以大气湍流代表的典型动态变化像差，要求子孔径倾斜像差的校

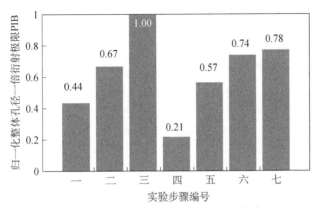

图 7.43　实验过程中远场归一化 PIB 指标

正具有更高的有效校正带宽（超百赫兹）；其二是系统离散孔径结构使得系统的空间校正频率限制在 $1/d$（d 为单元孔径尺寸），因此需要更小的单元孔径尺寸，但这会增加系统的复杂度和制造难度。

参 考 文 献

[1] Esposito S，Tozzi A，Puglisi A，et al. First light AO system for LBT：toward on-sky operation[J]. Proceedings of SPIE，2006，6272：62720A.

[2] Close L. A review of astronomical science with visible light adaptive optics[J]. Proceedings of SPIE，2016，9909：99091E.

[3] Fan T Y. Laser beam combining for high-power，high-radiance sources[J]. IEEE Journal of Selected Topics in Quantum Electronics，2005，11（3）：567-577.

[4] Dawson J W，Messerly M J，Beach R J，et al. Analysis of the scalability of diffraction-limited fiber lasers and amplifiers to high average power[J]. Optics Express，2008，16（17）：13240-13266.

[5] Ma Y，Wang X，Leng J，et al. Coherent beam combination of 1.08 kW fiber amplifier array using single frequency dithering technique[J]. Optics Letters，2011，36（6）：951-953.

[6] Yu C，Augst S，Redmond S，et al. Coherent combining of a 4 kW，eight-element fiber amplifier array[J]. Optics Letter，2011，36（14）：2686-2688.

[7] Geng C，Luo W，Tan Y，et al. Experimental demonstration of using divergence cost-function in SPGD algorithm for coherent beam combining with tip/tilt control[J]. Optics Express，2013，21（21）：25045.

[8] LeshchenkO V. Coherent combining efficiency in tiled and filled aperture approaches[J]. Optics

Express，2015，23（12）：15944-15970.

[9] Vorontsov M，Filimonov G，Ovchinnikov V，et al. Comparative efficiency analysis of fiber-array and conventional beam director systems in volume turbulence[J]. Applied Optics，2016，55（15）：4170-4185.

[10] Becker N，Hädrich S，Eidam T，et al. Adaptive pre-amplification pulse shaping in a high-power，coherently combined fiber laser system[J]. Optics Letters，2017，42（19）：3916-3919.

[11] Darpa. Excalibur prototype extends reach of high-energy laser[OL]. https://phys.org/news/2014-03-excalibur-prototype-high-energy-lasers.html，2014-3-14/2022-6-14.

[12] Guo W，Binetti P，Althouse C，et al. Two-dimensional optical beam steering with InP-based photonic integrated Circuits[J]. IEEE Journal of Selected Topics in Quantum Electronics，2013，19（4）：6100212.

[13] Shaltout A M，Shalaev V M，Brongersma M L. Spatiotemporal light control with active metasurfaces[J]. Science，2019，364:eaat3100.

[14] Weyrauch T，Vorontsov M，Mangano J，et al. Deep turbulence effects mitigation with coherent combining of 21 laser beams over 7km[J]. Opt. Lett.，2016，41（4）：840-843.

[15] 耿超，张小军，李新阳，等. 自适应光纤光源准直器的结构设计[J]. 红外与激光工程，2011，40（9）：1682-1685.

[16] Geng C，Li X Y，Zhang X J，et al. Coherent beam combination of an optical array using adaptive fiber optics collimators[J]. Optics Communications，2011，284（24）：5531-5536.

[17] Beresnev L，Vorontsov M A. Design of adaptive fiber optics collimator for free-space communication laser transceiver[C]. Proc. of SPIE，Target-in-the-Loop：Atmosphere Tracking，Imaging，and Compensation Ⅱ，San Diego，2005，5895：58980R.

[18] Beresnev L A，Weyrauch T，Vorontsov M A，et al. Development of adaptive fiber collimators for conformal fiber-based beam projection systems[C]. Proceedings of the SPIE，Conference on Atmospheric Optics-Models，Measurements，and Target-in-the-Loop Propagation，San Diego，2008，7090：709008.

[19] Vorontsov M A，Weyrauch T，Beresnev L A，et al. Adaptive array of phase-locked fiber collimators：analysis and experimental demonstration[J]. IEEE J. Sel. Top. Quantum Electron.，2009，15（2）：269-280.

[20] Zhi D，Ma P F，Ma Y X，et al. Novel adaptive fiber-optics collimator for coherent beam combination[J]. Opt. Express，2014，22（25）：31520-31528.

[21] Zhi D，Ma Y X，Chen Z，et al. Large deflection angle，high-power adaptive fiber optics collimator with preserved near-diffraction-limited beam quality[J]. Opt. Lett.，2016，41（10）：2217-2220.

[22] 李枫，左竞，黄冠，等. 19孔径光纤阵列激光经2km湍流传输实现目标在回路的相干合成

[J]. 中国激光，2021，48（3）：0316002.

[23] 任国光，伊炜伟，齐予，等，美国战区和战略无人机载激光武器[J]. 激光与光电子学进展，2017，54（10）：100002.

[24] Mostly Missile Defense. Chronology of MDA's plans for laser boost-phase defense[OL]. http：// mostlymissiledefense.com/2016/08/26/chronology-of-mdas-plans-for-laser-boost-phase-defense-august-26-2016/.

[25] 李枫，耿超，黄冠，等. 基于光纤耦合的光纤激光阵列像差探测[J]. 光电工程，2018，45（4）：170691-1-170691-10.

[26] Li F，Geng C，Huang G，et al. Wavefront sensing based on fiber coupling in adaptive fiber optics collimator array[J]. Optics Express，2019，27（6）：8943-8957.

[27] Bowman D，King M，Sutton A，et al. Internally sensed optical phased array[J]. Opt. Lett.，2013，38（7）：1137-1139.

[28] Roberts L，Ward R，Francis S，et al. High power compatible internally sensed optical phased array[J]. Opt. Exp.，2016，24（12）：13467-13479.

[29] Geng C，Zou F，Li F，et al. Experimental demonstration of adaptive optics correction of the external aberrations for distributed fiber laser array[J]. IEEE Acess，2021，9：51464-51472.

第8章　基于哈特曼波前传感器的应用

8.1　哈特曼波前传感器在自适应光学中的应用

8.1.1　自适应光学的基本概念

自适应光学技术是以光学波前为对象的自动校正技术，该技术利用对光学波前的实时测量-控制-校正，使光学系统具有自动适应外界条件变化、始终保持良好工作状态的能力。其主要由三个部分组成：波前传感器、波前控制器（如图 8.1 所示）和波前校正器。波前传感器主要用于对目标进行探测，波前校正器主要用于补偿畸变，波前控制器主要用于算法实现。

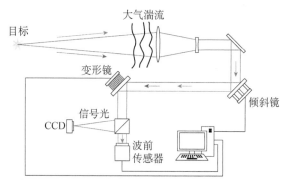

图 8.1　自适应光学系统结构（彩图见封底二维码）

根据相位共轭的原理，自适应光学系统首先对携带像差的波前进行探测，得到其波前的形状，然后将信号发送到波前校正器，接着由波前校正器产生与入射波前共轭的校正波前，两者的波前面形相同而方向相反，因此，到达目标的光波就自动对大气湍流的影响进行了补偿，得到无像差的平面波（如图 8.2 所示）。

图 8.2　平面镜反射与变形镜反射示意图

8.1.1.1　波前传感器

波前传感器是自适应光学系统的眼睛,用来探测系统伺服回路的波前畸变。它通过实时测量系统入瞳面上光学波前的相位畸变,提供实时的电压控制信号给波前校正器,系统经闭环校正后获得接近衍射极限的图像。为了校正大气湍流造成的波前畸变,波前传感器的空间和时间分辨率必须与扰动信号的空间和时间尺度相匹配,即要求波前传感器的子孔径尺寸小于大气的相干长度,CCD 的采样频率和大气的相干时间相匹配。

目前常用的波前传感器主要有四种:横向剪切干涉仪、哈特曼波前传感器、波前曲率探测器和点衍射干涉仪。其中横向剪切干涉仪和哈特曼波前传感器测量的是波前斜率而不是波前相位,点衍射干涉仪可以直接测量波前相位,这三种波前传感器的输出信号不能直接用于驱动波前校正器,需要经过波前控制计算才能得到波前校正器的电压驱动信号;而波前曲率探测器只要和薄膜或双压电变形反射镜配合使用,它的输出信号就可以直接驱动波前校正器。

横向剪切干涉仪可以利用光栅衍射效应产生的波前横向剪切干涉图样测量波前的相位分布。这种方法的主要优点是系统信噪比高,可以在白光下工作,可以方便地调整波前传感器的灵敏度和动态范围,对振动和光学系统调整误差等有较强的抗干扰能力。但是横向剪切干涉仪的光能利用率较低,存在 2π 不确定问题,而且探测非对称波前畸变的精度不高,所以这种波前传感器不适合应用于信号光很弱的空间或天文观测中,仅适用于激光光束补偿和主动光学这类光信号较强的系统中。

波前曲率探测器测量的是光学波前的曲率信息,而不是波前的斜率信息。波前曲率探测器的输出信号可以直接控制变形镜的变形量以补偿入射波前的畸变,从而使系统的计算时间大大缩短,系统的反馈速度得到提高,这一点对实现自适应光学系统的实时性来说是非常有利的。另外,波前曲率探测器的价格便宜、制造简单。其缺点是对高阶像差的测量精度比较低,只适用于波前畸变中低阶像差的探测与校正,从而使得它的应用和推广受到了限制。

点衍射干涉仪的工作原理:把被测光束聚焦在中心位置有针孔的半透明掩模板上,被测光束的相位信息就包含在透过掩模板的被测波面与针孔衍射产生的参考球面的干涉图中。被测波前的畸变信息可以直接用点衍射干涉仪测量,而且产生干涉的两路光束之间有固定的相位关系,它们的光程几乎相等,因此点衍射干涉仪对相干性要求不高,白光也可以作为光源。另外点衍射干涉仪结构简单,是一种共光路型的干涉仪,它的基准参考光来自于被测光束本身,抗干扰性能好。

但是点衍射干涉仪只适用于光强条件较好的波前检测或光束诊断系统，因为它对光源的利用率较低。

哈特曼波前传感器主要由微透镜阵列和 CCD 传感器两部分组成。其主要工作原理如图 8.3 所示，微透镜阵列将入射波前聚焦到 CCD 的感光面上，形成一个光斑阵列图像，求出各子孔径内光斑的质心相对参考质心的偏移量，通过一定的波前复原算法就能恢复出入射波前。

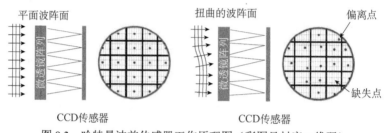

图 8.3 哈特曼波前传感器工作原理图（彩图见封底二维码）

哈特曼波前传感器光能利用率高、不存在 2π 不确定问题、结构简单紧凑、动态探测范围大、既可用于脉冲光也可用于连续光测量，是当前大多数自适应光学系统普遍采用的波前检测方法。但是由于子孔径的尺寸限制，哈特曼波前传感器的空间分辨率是有限的，在用有限个基底的模式法重构波前时，会引入模式截断误差，当波前重构的阶数取的较大时，又会引入模式混淆误差，因此存在最优重构阶数的选取问题。

8.1.1.2 波前控制器

波前控制器是自适应光学系统的大脑。它的主要功能是实时处理波前传感器输出的波前误差信号，重构畸变波前，为波前校正器提供实时控制信号。可以说，波前控制器是整个自适应光学系统的信号处理核心。波前控制器的任务流程，如图 8.4 所示。

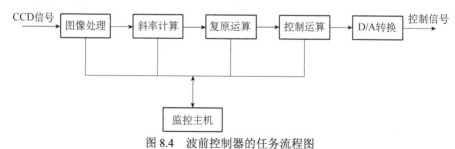

图 8.4 波前控制器的任务流程图

波前控制器的任务主要包括：

图像处理：实时接收哈特曼波前传感器中 CCD 传感器输出的畸变波前图像数据，并分配和传输图像数据到波前子孔径斜率计算单元。

斜率计算：计算图像采集传输过来的图像数据，输出波前的子孔径斜率数据。

复原运算：根据波前的子孔径斜率数据，通过一定的波前重构算法，得到波前的相位差。

控制运算：由波前的相位差，通过一定的波前控制算法，获得变形镜驱动单元的控制电压。

D/A 转换：将变形镜驱动单元的控制电压从数字信号转换成模拟信号，并传送到变形镜的高压放大器。

自适应光学系统对波前控制器的实时性要求：哈特曼波前传感器必须在第 N ＋1 帧图像输出结束以前，完成对第 N 帧图像的处理并输出变形镜各单元的控制电压，即波前控制器的运算延时 Δt 必须小于 CCD 的采样周期 T。在需要对大气湍流进行实时校正的自适应光学系统中，哈特曼波前传感器的采样周期在毫秒量级，在这么短的时间内完成波前控制器的运算任务难度非常大，因此要求设计专用的高速波前控制器来满足系统实时性的要求。

8.1.1.3　波前校正器

1）基本概念

自适应光学系统中的能动器件就是波前校正器，其校正示意图如图 8.5 所示，它通过改变光束横截面上各点的光程长度，达到校正波前畸变的目的。一般可以通过反射镜面的位置移动或传输介质折射率的变化来实现光程长度的改变。其中在自适应光学系统中应用最为广泛的是基于反射镜面位置移动的波前校正器（通常称为变形镜），其具有响应速度快、变形位移量大、工作谱带宽、光学利用率高、实现方法多的优良特性。基于传输介质折射率变化的波前校正器空间分辨率高，但光能利用率低、响应频率低、校正动态范围小、适用谱带窄。例如，液晶空间光相位调制器就是利用液晶的电光效应来改变折射率以产生可控的相位延迟，但是在一些实时性要求不是很高的场合，液晶空间光相位调制器也慢慢开始在自适应光学系统中使用。

波前畸变的整体倾斜一般通过高速倾斜反射镜（简称倾斜镜）来单独校正。倾斜镜利用安装在反射镜面后的两个独立运动的驱动器来调整光束的倾斜方向。一般要求这种元器件具有校正动态范围大、响应速度快、调整精度高的特点。

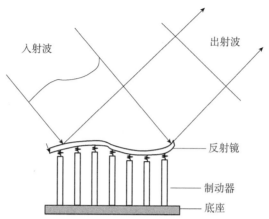

图 8.5　哈特曼波前传感器校正示意图（彩图见封底二维码）

除倾斜项外，高阶的波前畸变一般采用变形镜来校正。这种波前校正器可以包含多个驱动器，产生形状更为复杂的波前。变形镜根据表面的连续性可分为连续表面变形镜与分立表面变形镜。与连续表面变形镜相比，分立表面变形镜波前校正的动态范围更大，容易装配、维修和调换，但是空间分辨率较低、镜面形状与待校正畸变波面形状之间适配误差较大、各单元镜面之间存在的间隙会造成衍射效应和能量损失，因此连续的表面变形镜应用最为广泛。不过目前新一代体积小巧、驱动单元数多、成本低廉的基于微机电可变形反射镜（MEMS）的波前校正器多数采用分立表面形式。

由于校正波前畸变整体倾斜的高速倾斜反射镜的驱动方式相对比较简单，因此目前研究的重点都是校正高阶像差的变形镜。接下来详细介绍这种变形镜的基本工作原理及控制算法。

2）自适应控制算法

变形镜变形的两个重要规律是：①各个驱动器单独作用时变形量的线性叠加等于变形镜总的变形量；②在单个驱动器作用下，变形镜的变形与驱动器上电压的平方成正比。这两个重要规律是控制变形镜变形的基础。

Wang 从理论上推导出变形镜的变形量与驱动器上控制电压的关系式为

$$\Delta\phi(x,y) = \phi(x,y) - \phi_0(x,y) = \sum_{i=1}^{n} V_i^2 \varphi_i(x,y) \tag{8.1}$$

其中，n 是变形镜驱动电极的总数目，$\Delta\phi(x,y)$ 是驱动器上电极加电压之后变形镜镜面的变形，$\phi(x,y)$ 是电极加电压之后变形镜镜面的形貌，$\varphi_i(x,y)$ 是单位电压作用下第 i 个驱动器在镜面上引起的变形量，$\phi_0(x,y)$ 是变形镜镜面的初始形貌，V_i 是施加在第 i 个电极上的电压。

因为 Zernike 多项式是定义在单位圆内的正交多项式，所以和波前的 Zernike

分解一样，可以将 $\varphi_i(x,y)$ 表示成为一组 Zernike 多项式的组合

$$\varphi_i(x,y)=\sum_{j=1}^{m}b_{ij}Z_j(x,y) \tag{8.2}$$

其中，m 是选择的 Zernike 多项式的总项数，b_{ij} 是第 i 个驱动电极对应于第 j 项 Zernike 多项式 Z_j 的系数。因此，公式（8.1）可以写成

$$\Delta\phi(x,y)=\sum_{i=1}^{n}V_i^2\varphi_i(x,y)=\sum_{i=1}^{n}V_i^2\left(\sum_{j=1}^{m}b_{ij}Z_j(x,y)\right)=\sum_{j=1}^{m}\left(\sum_{i=1}^{n}V_i^2b_{ij}\right)Z_j(x,y)$$
$$\tag{8.3}$$

如果定义 c_j 为 Zernike 多项式的系数，c_j 等于

$$c_j=\sum_{i=1}^{n}V_i^2b_{ij} \tag{8.4}$$

那么，

$$\Delta\phi(x,y)=\sum_{j=1}^{m}c_jZ_j(x,y) \tag{8.5}$$

即变形镜的变形也可用一组 Zernike 多项式表示。新的 Zernike 多项式系数的矩阵表示形式为

$$\boldsymbol{C}=\boldsymbol{B}\boldsymbol{V} \tag{8.6}$$

其中，$\boldsymbol{C}=\left[c_1,c_2,\cdots,c_m\right]^{\mathrm{T}}$，是 $m\times1$ 的列矩阵，对应于驱动电极加上电压后变形镜镜面变形的 Zernike 多项式系数；$\boldsymbol{V}=\left[V_1,V_2,\cdots,V_m\right]=\left[v_1^2,v_2^2,\cdots,v_n^2\right]$ 是施加在驱动电极上的电压的平方构成的列矩阵；$\boldsymbol{B}$ 是 $m\times n$ 阶变形镜的面形影响函数矩阵，一般可以通过实验测试得出。

控制变形镜的目的是在给变形镜驱动器施加电压之后，镜面的变形量能够抵消入射光的畸变量 $\Phi(x,y)$，即

$$\Delta\phi(x,y)=-\Phi(x,y) \tag{8.7}$$

因为 $\Phi(x,y)$ 也可以分解为

$$\Phi(x,y)=\sum_{j=1}^{m}a_jZ_j(x,y) \tag{8.8}$$

如果把上式的系数记为矩阵形式 $\boldsymbol{A}=\left[a_1,a_2,\cdots,a_m\right]^{\mathrm{T}}$，那么为了达到补偿波前畸变的目的，必须

$$\boldsymbol{C}+\boldsymbol{A}=0 \tag{8.9}$$

可以得到

$$\boldsymbol{F}^+\boldsymbol{G}+\boldsymbol{B}\boldsymbol{V}=0 \tag{8.10}$$

于是有

$$G = -FBV \tag{8.11}$$

如果将矩阵 FB 记为 D，那么上式的最小二乘解为

$$V = -D^+G \tag{8.12}$$

由此就可以计算出各个电极上的驱动电压 $v_i (i = 1, 2, \cdots, n)$

$$[v_1, v_2, \cdots, v_n]^T = \left[\sqrt{V_1}, \sqrt{V_2}, \cdots, \sqrt{V_m} \right]^T \tag{8.13}$$

从而达到相位补偿的目的。

8.1.2 大气湍流相关概念

大气湍流是大气中一种重要的运动形式，它的存在使大气中的动量、热量、水气和污染物的垂直及水平交换作用明显增强，并远大于分子运动的交换强度，同时会对光波、声波和电磁波在大气中的传播产生一定的干扰作用。

8.1.2.1 大气湍流理论模型

自适应光学技术最初主要用来克服大气湍流对光波传播造成的影响，因此与大气湍流理论密切相关。

1941 年，Kolmogorov 等建立了表征湍流结构基本性质的 Kolmogorov 定理后，湍流统计理论在关于湍流的研究中就居于统治地位，并被成功地运用到实际中，成为研究湍流现象的主要理论工具。

在建立湍流的统计理论过程中，Kolmogorov 提出了三个基本假设：

（1）虽然流体整体是非各向同性的，但在给定的微小区域内，可以近似把它看作各向同性的。

（2）在局部均匀各向同性区域中，流体运动仅由内摩擦力和惯性力决定。

（3）在大雷诺值时，存在惯性范围的尺度区间 $l_0 \leqslant r \leqslant L_0$，在此范围内，内摩擦力是不重要的，运动图像由惯性力决定。

在上述三条假设的基础上，Kolmogorov 推论出著名的"三分之二定律"，即大气的风速结构函数可表示为

$$D_{rr}(r) = C(\varepsilon r)^{2/3}, \quad l_0 \leqslant r \leqslant L_0 \tag{8.14}$$

其中，r 为空间两点间的距离，C 为比例常数，ε 为能量耗散率，l_0 和 L_0 分别为大气湍流内尺度和外尺度。

对大气湍流的研究都是利用湍流统计理论得到的。作为一种光学传输介质，大气的折射率是大气温度、压力等的函数，而大气的温度、压力等物理量随时随地都在发生变化，所以大气湍流的折射率也在时间和空间上随机起伏。Tartarski 的

分析表明，在满足上述三个假设条件下，大气折射指数结构函数与湍流结构常数的关系也服从三分之二定律，其结构函数为

$$D_n(r) = \left\langle [n(r_1) - n(r_1 + r)]^2 \right\rangle = C_n^2 r^{2/3}, \quad l_0 \leqslant r \leqslant L_0 \tag{8.15}$$

式中，$n(\cdot)$ 为空间某点的折射率函数；$\langle \cdot \rangle$ 表示随机场的系综平均；C_n^2 为大气折射率结构常数，单位为 $\mathrm{m}^{-2/3}$，用于衡量大气折射率的起伏波动程度。在满足局地均匀各向同性的假定和结构函数的"三分之二"定律下，大气湍流强度可以用折射率结构常数 C_n^2 来表示。一般可以根据大气折射率结构常数的大小，将湍流强度大致分为强、中、弱三类，如表 8.1 所示。

表 8.1　大气折射率结构常数分类表

序号	湍流强度	C_n^2 范围
1	弱湍流	$C_n^2 < 10^{-18}$
2	中等强度湍流	$10^{-18} < C_n^2 < 10^{-14}$
3	强湍流	$C_n^2 > 10^{-14}$

Kolmogorov 理论给出了在谱的惯性子区域内湍流折射率起伏的功率谱密度为

$$\phi_n(\rho) = 0.033 C_n^2 \rho^{-11/3} \tag{8.16}$$

其中，ρ 为空间频率。该式被称为大气湍流折射率起伏的 Kolmogorov 谱。实际大气比 Kolmogorov 谱描述得更加复杂，另外还有 Andrews 模型和 van Karman 模型谱等用来分析折射率起伏。但 Kolmogorov 谱理论形式简洁，可以解释光波大气湍流传播时遇到的大多数现象，因而在大气湍流研究中影响比较大。

光波的传输由麦克斯韦方程组确定。由于大气湍流的复杂性，求解光波大气传输的麦克斯韦方程组非常困难，必须采取某种近似方法，如 Rytov 近似、几何光学近似等。Rytov 近似法同时考虑了相应折射率起伏和对数振幅起伏。几何光学近似忽略了光波对数振幅起伏，对于不考虑闪烁的场合得到的结果也能让人满意。几何光学近似的条件下，到达接收孔径的波前相位是光传输路径上折射率起伏的线性叠加：

$$\phi(r) = k \int_0^L n(r,z)\mathrm{d}z \tag{8.17}$$

其中，k 为波数，$k = 2\pi / \lambda$，λ 为波长；L 是传输路径的总长度；z 是沿路径上的积分变量；n 是传输路径上的折射率起伏。通常用相位结构函数来分析湍流畸变波前的特性：

$$D_\phi(r) = \left\langle [\phi(r_1 + r) - \phi(r_1)] \right\rangle \tag{8.18}$$

8.1.2.2 大气折射率结构常数 C_n^2

在大气的湍流运动中，大气折射率直接影响的参数为大气密度，该参量是温度、气压、湿度的函数，由于气体材料光学特性与光波波长有关，故大气折射率也是波长的函数。1973 年，Marini 等给出了任意气象条件下光波段实际大气折射率模数拟合公式：

$$N(\lambda) = 2.8438 \times 10^{-3} N_0(\lambda) \frac{p}{T} - 0.1127 \frac{e}{T} \tag{8.19}$$

式中，λ 为光波波长，单位为 μm；T 为温度，单位为 K；p、e 分别为大气压和水汽压，单位为 Pa；N 为实际大气折射率模数且 $N = (n-1) \times 10^6$；N_0 为标准大气折射率模数，根据电磁波传播理论，N_0 表达式为

$$N_0(\lambda) = 272.5794 + 1.5832\lambda^{-2} + 0.015\lambda^{-4} \tag{8.20}$$

在大气湍流场特性的求取过程中，采用被动保守标量可以将推导难度降低。所谓被动是指该物理量的变化不会影响湍流的动力学特征；所谓保守是指该物理量在所考虑的时间和空间范围内，与区域外的其他物理量没有能量交换作用。由于折射率 n 对湍流动力学的影响微乎其微，故将折射率 n 看作是被动保守标量。由于温度 T 和水汽压 e 是变量，不适合当作被动保守标量，故引入位温 θ 和比湿 q 对大气湍流特性进行推导。

在一个不大的高度范围内，位温与实际温度之间的关系为

$$\theta = T + \gamma_d h \tag{8.21}$$

式中，h 为海拔，单位为 m；γ_d 为温度的绝热递减率，其实测值随水汽含量的变化而变化，在标准大气情况下取值为 0.0098℃/m。

比湿与实际水汽压之间的关系为

$$q = 0.622 e/P \tag{8.22}$$

随后引入 n_1 来表征大气折射率相对于折射率均值 1 的随机涨落情况，即

$$n_1 = n - 1 \tag{8.23}$$

将式（8.21）、式（8.22）代入式（8.23）中，且对等式两边同时微分可得

$$\delta n_1 = \delta n = a\left(\frac{T\delta P - P\delta T}{T^2}\right) - b\left(\frac{T\delta e - e\delta T}{T^2}\right)$$
$$= \frac{aP}{T}\left(\frac{\delta P}{P} - \frac{\delta T}{T}\right) - \frac{be}{T}\left(\frac{\delta e}{e} - \frac{\delta T}{T}\right) \tag{8.24}$$

式中，$a = 2.8438 \times 10^{-9} N_0(\lambda)$，$b = 1.127 \times 10^{-7}$。若气压是在同一高度上测量的，则 δP 可忽略，最后将位温 θ 和比湿 q 代入可得

$$\delta n = A\delta\theta - B\delta q \tag{8.25}$$

式中，$A = (aP + Be)/T^2$，$B = bP/(0.622T)$。

8.1.2.3　大气相干长度 r_0

大气相干长度 r_0，最早由 Fried 在 1965 年研究光学望远镜时引入，因此也被称作 Fried 参数，它是衡量大气动态扰动强度常见的参数之一，综合表征了大气湍流中传输光束横截面上的空间相干特性，即光波通过大气湍流传播的衍射极限。随着 r_0 的增加，大气湍流的强度越弱。大气相干长度 r_0 与光波波长、传输距离等光束特征参量都有关系并定义为：给定一个固定的测量口径，如果该孔径上的相位起伏方差在一段时间内的统计值可达到 1rad，则该孔径的半径即为该时刻的 r_0 值。光波相位起伏的相位空间结构函数 $D_\varphi(r)$ 与相位空间相关函数 $B_\varphi(r)$ 之间的关系为

$$D_\varphi(r)=2\left[B_\varphi(0)-B_\varphi(r)\right] \tag{8.26}$$

对于传输路径长度为 z，大气折射率为 n 的大气信道，积分可得光束相位漂移 φ：

$$\varphi=k\int n\mathrm{d}z \tag{8.27}$$

相位空间相关函数 $B_\varphi(r)$ 可定义为

$$B_\varphi(r)=\varphi(\rho)\varphi(\rho+r) \tag{8.28}$$

光束在满足 Kolmogorov 局地均匀各向同性湍流统计理论的条件下，传输距离为 L 时的相位空间结构函数 $D_\varphi(r)$ 为

$$D_\varphi(r)=2.91k^2r^{5/3}\int_0^L C_n^2(h)\mathrm{d}h \tag{8.29}$$

式中，h 为沿光束传播路径的积分变量；k 为激光波束；r 为各向同性时的距离标量。

Fried 研究了湍流对近地面光学系统成像质量的影响，得到光学系统接收孔径大于实际湍流中的大气相干长度值的结论，继续增大接收端的直径无法提高成像系统的性能，即图像分辨率达到最大值，引入 r_0 后式（8.29）可化简为

$$D_\varphi(r)=6.88(r/r_0)^{5/3} \tag{8.30}$$

在同等湍流强度条件下，使用球面波和平面波测量得到 r_0 的值有所区别，使用平面波在大气中传输时，r_0 的计算公式为

$$r_0=\left[0.423k^2\sec\varphi\int_0^L C_n^2(h)\mathrm{d}h\right]^{-3/5} \tag{8.31}$$

式中，φ 为天顶角；$C_n^2(h)$ 为大气折射率在高度 h 上的结构常数。

使用球面波在大气中传输时，r_0 的计算公式为

$$r_0=\left[0.423k^2\sec\varphi\int_0^L C_n^2(h)(h/L)\mathrm{d}h\right]^{-3/5} \tag{8.32}$$

在 Kol-mogorov 谱、平面波型下，其计算模型可简化为

$$r_0 \approx \left\{ 0.423 C_n^2 k^2 L \right\}^{-3/5} \tag{8.33}$$

其中，k 为波数，$k = 2\pi/\lambda$，λ 为激光波长。

由于在不同季节、不同时间大气湍流的变化都不一样，对同一观测点，大气相干长度起伏也较大。图 8.6 和图 8.7 为某地实验观测得到的大气相干长度值，从图中可看出由于白天湍流强度比较强，白天的大气相干长度均小于晚上，且白天大气相干长度的变化范围较大，夜间大气相干长度的变化比较平稳。

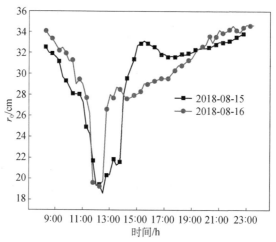

图 8.6　某地白天大气相干长度测量数值

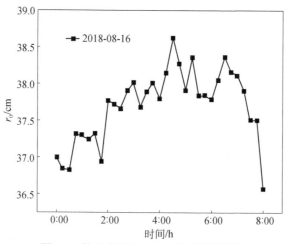

图 8.7　某地夜间大气相干长度测量数值

在给定 C_n^2 的条件下，不同波段的光的大气相干长度随高度的变化，如图 8.8～图 8.10 所示。

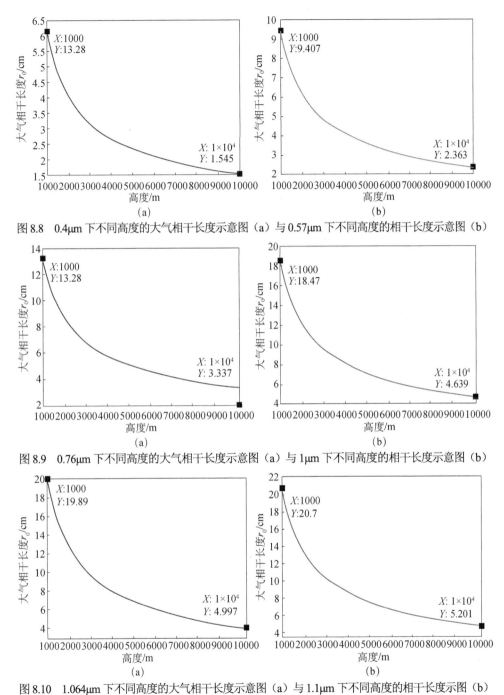

图 8.8　0.4μm 下不同高度的大气相干长度示意图（a）与 0.57μm 下不同高度的相干长度示意图（b）

图 8.9　0.76μm 下不同高度的大气相干长度示意图（a）与 1μm 下不同高度的相干长度示意图（b）

图 8.10　1.064μm 下不同高度的大气相干长度示意图（a）与 1.1μm 下不同高度的相干长度示图（b）

固定 C_n^2 时，大气相干长度随高度的增加而减小；随着波长的增加，大气相干长度不断增加。

8.1.3   哈特曼测量大气湍流原理及测量精度计算

8.1.3.1   大气湍流测量原理

目前使用哈特曼波前传感器测量湍流强度的方法有差分像运动法和波面复原算法。

差分像运动法是由 Stock 和 Keller 在 1960 年提出的，该方法是将目标发出的光通过两个子孔径后，在 CCD 上成两个分离的像，记录这两个分离像的质心在一段时间内的抖动量方差，此方法要求两个子孔径中心的距离大于两倍以上子孔径直径。按照两个正交方向分别计算抖动量方差，相对于子孔径中心的连线方向，一个为径向，另一个为横向，其计算公式分别为

$$\sigma_x^2 = 2\lambda^2 r_0^{-5/3}(0.179D^{-1/3} - 0.0968d^{-1/3})$$
$$\sigma_y^2 = 2\lambda^2 r_0^{-5/3}(0.179D^{-1/3} - 0.145d^{-1/3}) \tag{8.34}$$
$$\sigma^2 = \sigma_x^2 + \sigma_y^2$$

式中，σ_x^2 和 σ_y^2 分别为 x 方向和 y 方向上的斜率方差，d 是哈特曼子孔径尺寸，D 为哈特曼主孔径尺寸。通过上式可以计算出 45° 对角线两点的 r_0

$$r_0 = \left[\frac{(0.358D^{-1/3} - 0.2418d^{-1/3}) \cdot 2\lambda^2}{\sigma^2}\right]^{3/5} \tag{8.35}$$

波面复原法，先对波面进行复原，再通过波面结构常数计算 r_0。哈特曼子孔径斜率与 Zernike 模式系数间的关系为

$$G = Z \cdot a$$
$$a = Z^+ \cdot G \tag{8.36}$$

式中，a 是 Zernike 系数向量，G 是斜率向量，Z^+ 是斜率响应矩阵的伪逆。

根据复原出的 Zernike 系数可以计算出各孔径上的波前畸变：

$$\varphi(r) = \sum_{i=1}^{p} a_i z_i(r) \tag{8.37}$$

式中，p 是 Zernike 模式阶数。$z_i(r)$ 是 i 阶基波 r 孔径的相位差。根据 Kolmogonov 湍流统计理论，由波前可以进一步计算出相位结构函数

$$D_\varphi(\rho) = \left\langle\left[\varphi(r) - \varphi(r + \rho)\right]^2\right\rangle = 6.88(\rho/r_0)^{5/3} \tag{8.38}$$

式中，ρ 是间隔距离。

8.1.3.2   湍流强度测量精度计算

设哈特曼波前传感器的测角精度为 e，根据像差分运动法，可反解得到大气相

干长度 r_0 为

$$r_0 = \left[\frac{(0.358 D^{-1/3} - 0.2418 d^{-1/3}) \cdot 2\lambda^2}{\sigma^2} \right]^{3/5} \qquad (8.39)$$

上式对 σ 求导之后可得到精度为

$$e_1 = -\frac{6}{5} \cdot \frac{\left[(0.358 D^{-1/3} - 0.2418 d^{-1/3}) \cdot 2\lambda^2 \right]^{3/5}}{\sigma^{11/5}} \cdot e \qquad (8.40)$$

其中，$\sigma^2 = \sigma_r^2 + \sigma_t^2$，$e$ 为 $\Delta\sigma$ 倾斜测量精度，e_1 为 r_0 测量精度。

如图 8.11 所示为像差分运动法精度仿真图。当 r_0 较大时其测量精度也较大，同时当倾斜角测量精度为 0.23μrad 时，r_0 的测量精度约为 13%。

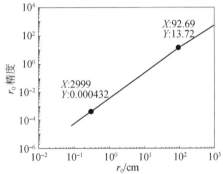

图 8.11 像差分运动法精度仿真图

根据波面复原算法，由式（8.38）可反算出

$$r_0 = 3.18 \frac{\rho}{D_\phi(\rho)^{3/5}} \qquad (8.41)$$

令 $d_\phi(\rho) = \sqrt{D_\phi(\rho)}$，上式对 $d_\phi(\rho)$ 求导得

$$\Delta r_0 = -1.91 \rho d_\phi^{-11/5} \Delta d_\phi \qquad (8.42)$$

波面复原算法精度仿真如图 8.12 所示。

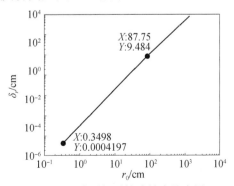

图 8.12 波面复原算法精度仿真图

当 r_0 较大时其测量精度也较差，同时当波面测量精度为 20nm 时，r_0 的测量精度约为 13%。

8.1.4　实验系统原理

自适应光学系统按补偿波前畸变的原理可分为校正式和非线性光学式两大类，目前技术较成熟的是波前校正式自适应光学系统。这种自适应光学系统带有伺服机构，形成闭环系统校正波前畸变。它的工作方式主要基于相位共轭原理、波前补偿原理、高频振动原理和图像清晰化原理。其中波前补偿原理适用于被动成像系统，本文选择的实验系统就是基于波前补偿原理。

在激光通信中使用的自适应光学典型原理，如图 8.13 所示。从激光发射系统发射出来的激光束首先在波前校正器（变形反射镜）上反射，到达分束镜后其中的一大部分光进入激光接收系统，小部分光入射到波前传感器，波前传感器将探测到的波前畸变信息传递到波前控制器，由波前控制器产生控制信号并控制波前校正器对畸变光束进行校正。从激光通信系统的信号发射机发射来的光束，受到大气湍流的影响，若未经校正，在光学系统的像面上将生成一个模糊和晃动的目标像，这将导致探测信号的误码率提高。利用波前校正器、波前传感器和波前控制器形成的闭环系统可以校正大气湍流带来的波前误差。

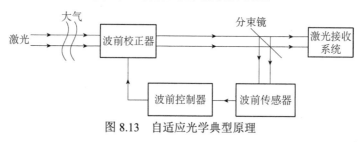

图 8.13　自适应光学典型原理

图 8.14 为较典型的天文观测用自适应光学系统的工作原理图，从星体目标发出的近似平面波在入射到望远镜时，由于大气湍流的影响而引入波前像差，其光场强度为 $E = e^{j\varphi}$，φ 为大气湍流造成的相位起伏。经过系统的一系列处理，产生一个与之相位共轭的光场，其强度为 $E = e^{-j\varphi}$，两个光场相互叠加，从而抵消了两者之间的相位差，这样一来，通过自适应光学系统后的波前又恢复到平面。

采用了自适应光学技术的大口径光学系统，其成像探测性能不再受限于大气湍流的影响，达到了衍射极限的分辨能力。图 8.15 给出了美国空军采用 91 单元自适应系统对国际空间站的成像效果[1]。

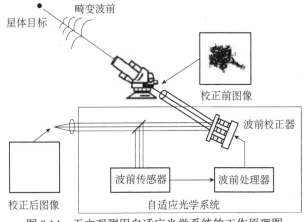

图 8.14 天文观测用自适应光学系统的工作原理图

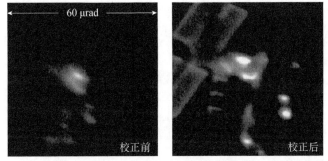

图 8.15 美国空军采用 91 单元自适应系统对国际空间站的成像效果

8.2 哈特曼波前传感器在人眼像差中的应用

8.2.1 人眼像差检测原理与方法

8.2.1.1 人眼色差的定义

任何光学介质，对不同波长的单色光都具有不同的折射率，而人眼光学系统对不同波长的光成像时，各波长光将会由于折射率不同而产生色散，各波长光分别沿着不同的路径传播，最终在成像位置造成差异，这种差异可以定义为人眼色差。

1）几何像差

几何像差是由光线经光学系统的实际光路相对于理想光路的偏离来度量的，在几何光学中，可以将人眼色差分为横向色差（LCA）和轴向色差（TCA），描述两种色光对轴上物点成像位置的差异，造成视网膜成像的离焦。横向色差由人眼光学系统本身色散性质造成，在视网膜成像中表现为图像放大率的不同和空间位移的改变。

若将人眼由角膜、前房、虹膜、晶状体和玻璃体组成的成像系统看成一个透镜组系统，又由于物方为实物，物方色差为 0，可以定义轴向色差为

$$\delta l'_{\mathrm{ch},k} = \frac{1}{n'_k u'_k} \sum C_I \tag{8.43}$$

其中，$\sum C_I$ 为初级轴向色差系数，也定义为第一色差和数；n'_k 为不同组成部分的折射率；u'_k 为每一部分的视场角。

类似地，横向色差可以定义为

$$\delta y'_{\mathrm{ch},k} = \frac{1}{n'_k u'_k} \sum C_{II} \tag{8.44}$$

其中，$\sum C_{II}$ 为初级横向色差系数，也定义为第二色差和数。从横向色差的公式可以看出，初级横向色差仅与视场角 u'_k 的一次方成比例，表明光学系统在视场不大时，横向色差的影响依旧不可忽视，人眼色差形成简图，如图 8.16 所示。

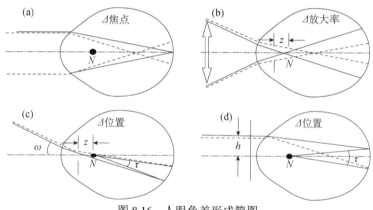

图 8.16 人眼色差形成简图

图 8.16 中虚线和实线分别表示不同波长的两束光，图 8.16（a）表示轴向色差引起焦点的差别；图 8.16（b）为横向色差引起的放大率差异；图 8.16（c）为横向色差斜入射引起的位置差异；图 8.16（d）为横向色差平行光轴入射小孔产生的位置差异。

2）波色差

以几何光学为基础将色差划分为轴向色差和横向色差，该方法可以直观、具象地对色差进行理解和分析比较，几何像差的值可以用来描述一点成像时的光线密集程度，可对成像质量进行评估。但是光学本身就是一个抽象的概念，几何光学对色差的划分更多应用在理解色差的层面，在很多情况下，几何色差的结果与实际情况不符，而且几何像差是不可能校正到 0 的。因此，基于光的波动性，引

入波像差和波色差，波像差和几何像差之间是可以相互转换的，波像差就是在参考波面上实际光线与参考光线的光程差。

单色球面波经过人眼光学系统后，由于人眼像差而发生形变，而复色球面波经过人眼系统后，因不同波长各自的像差的不同而导致不同程度的变形，这两种色光的波面之间的偏移量用来表征色差，这种波像差之前的偏移量，也可以称之为波色差。

假设有两种不同波长的光：A 光和 B 光，它们的波像差分别用 W_A 和 W_B 来表示，则波色差可以表示为

$$W_{AB} = W_A - W_B \qquad (8.45)$$

人眼是一个精致且复杂的光学系统，近年来对人眼像差的研究，都是采用波像差来描述的。

8.2.1.2　人眼波前像差测量技术

8.2.1.1 小节提到的人眼波色差，可以通过不同波长的单色波前像差经过运算获得。也就是说，人眼色差可以由不同波长单色像差通过运算获得。而单色像差的存在，造成了眼底视网膜成像分辨力的降低，也降低了人眼自身视功能的对比敏感度。从多波长的单色像差运算获得色差，首先需要对单色波前像差进行准确测量，信标光通过人眼各组织到达视网膜，而活体人眼视网膜上的光斑情况无法直接用探测器测量，这是人眼单色波前像差测量的难点。而且，活体人眼有自我调节能力和随时都在进行的眨眼、震颤、微扫视、漂移等运动，造成人眼波前像差也随之不停变化。因此，通过不同波长单色像差计算获取色差的实验中，必须尽可能地保证不同波长单色像差测量的实时性。

人眼波前像差测量方法与所采用的仪器和测量技术相关联，根据被测者是否需要主观参与，可以将波前像差测量分为主观测量与客观测量。主观测量波像差是较为早期的测量方法，主要采用主观的光线追击技术，Yong 于 1801 年首先应用主观的光线追击技术测量得到人眼的球差。Ivanoff 在 1946 年与 1952 年，在主观光线追击波前像差测量中引入了非常重要的双通系统技术，测量了人眼的球差和色差。Smimov 于 1962 年，改进了主观光线追击技术，测量出了令人信服的人眼波前像差。之后，Howland 和 Howland 等通过光线追击技术测量了人眼的高阶像差。1998 年，He 等采用空间分辨折射计（spatially resolved refractometer）主观测量人眼波前像差，虽然在测量时间上较前人的研究有很大的突破，但实际上每一次测量仍需要接近四分钟。光线追击这一主观的波前像差测量技术发展的历史很长，它的优点为像差的测量范围比较大，它的缺点在于过度依赖被试的主观意志、测量速度慢、采样点少等。

但是，波前像差的研究从来没有停滞，1984 年，Walsh 等改进了前人的主观像差测量仪，首次提出了另一种客观测量人眼波前像差的方法。通过将波前信息转化为波前倾斜，再由复原矩阵在计算机中复原波前。直到 1994 年，Liang 等首次提出采用哈特曼波前传感器测量人眼波前像差。这是一种借鉴于天文望远镜中，测量天空中湍流波前的技术，实现将哈特曼波前传感器的 CCD 相机面与人眼瞳孔面共轭，直接测量人眼瞳孔处的波前，将此波前与理想波面的偏差定义为人眼的波前像差，并将波前像差拟合为 Zernike 多项式，通过 Zernike 多项式的各个系数分别表示不同像差，可以直接获得单色像差的数值。1997 年有学者对哈特曼波前传感器像差测量系统进行了改进，提高了测量精度，而且提高了测量速度，并加入自适应光学系统，还采用了超过 10 阶（65 项）的 Zernike 多项式拟合人眼波前像差，通过变形镜将测得的人眼波前像差校正，使得活体眼底视网膜成像分辨力达到了可以看清一个视细胞尺寸的程度，并且提高了人眼视功能的对比敏感度，因此这一技术成为了目前最普遍的人眼像差测量技术，已经开始了临床应用。

8.2.2 哈特曼波前传感器在人眼像差检测中的研究

8.2.2.1 Zernike 多项式对人眼像差的表征

为了便于对人眼像差进行探测和分析，首先应研究人眼像差的表征方法。与普通光学系统一样，人眼光学系统像差也分为单色像差和色差。由于一般用来进行人眼像差探测的光源为单色光源，所以主要对单色像差进行分析。在众多的像差表征方法中，由于 Zernike 多项式的低阶项模式与 Seidel 像差中的低阶项部分相对应，并且波面拟合的收敛性好、精度高，因此被广泛应用于波前像差的表征中。Zernike 多项式已经在第 1 章进行了介绍，这里不再赘述。

人眼不是一个理想的光学系统，它不仅存在有离焦、散光等低阶像差，还存在有球差、彗差和一定量不规则的高阶像差。由于哈特曼波前传感器对畸变波前的有限采样以及 Zernike 多项式在圆域内的不完全正交性（离散形式），因此利用 Zernike 多项式进行人眼波前像差重构时存在着模式耦合与混淆现象。

模式耦合是由于波前重构矩阵的列向量不正交引起的，当重构模式阶数少于实际模式阶数时，引起某些高阶模式的像差被解释为低阶模式像差。当重构阶数大于等于实际的模式阶数时，模式耦合消失，因此对于未知的波前应该用尽可能多的阶数重构来消除模式耦合。模式混淆是由于波前重构矩阵的列向量存在线性相关，即用于波前重构的高阶模式与低阶模式之间线性相关而引起混淆。模式混淆产生的根本原因是波前传感器的子孔径具有一定的大小，在子孔径内无法将用于波前重构的高阶像差与低阶像差区分开来。对于一定空间分辨率的子孔径数，混淆程度随重构阶数的增加而增加，数学表现为重构矩阵列向量之间的相关性增加。由于波前传感器可识别的模式阶数有限，因此可以通过适当减少重构模式阶数来消除模式混淆。

　　利用 Zernike 多项式对人眼像差进行波前重构时，模式耦合和模式混淆都会影响波前重构精度。当哈特曼波前传感器的子孔径布局一定时，波前传感器的空间采样频率 ν 也就确定了，于是波前传感器只能识别小于或等于空间采样频率 ν 的前 N 阶 Zernike 多项式。如果选取波前重构模式阶数 $N_r \leqslant N$，则不会出现模式混淆；同时，N_r 越大，模式耦合的影响越小，波前重构精度越好。因此，选取合适的 Zernike 模式数，才能保证重构精度，准确地拟合出人眼波前像差。同时，Zernike 模式的多少，也表示了人眼像差的复杂性，人眼像差中所含的 Zernike 模式越多，证明其越复杂。

8.2.2.2　人眼像差 Zernike 模式数测量

　　利用高精度人眼像差哈特曼波前传感器测量了一系列人眼像差，并统计其特性，以便于选取合适的 Zernike 模式数用于重构人眼波像差，实验光路如图 8.17 所示。

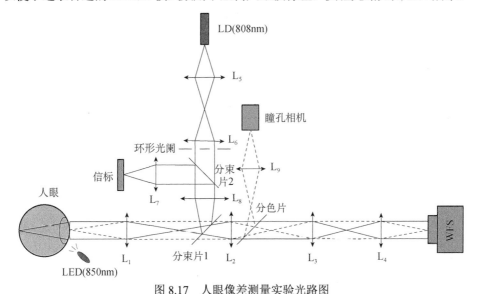

图 8.17　人眼像差测量实验光路图

LD：近红外激光；LED：发光二极管；WFS：波前传感器

　　照明光学系统中，用 808nm 的近红外激光（LD）照明人眼视网膜，从视网膜反射回来的光被用于人眼像差探测。信标用于调整照明光在人眼视网膜上的位置，并且可以控制人眼的调焦状态。当信标液晶屏上的字母"E"改变位置时，人眼的视轴也会随之相应地改变，可以测量到人眼的离轴像差。信标光为人眼较为敏感的可见光，但非常弱，防止因为刺激而导致人眼瞳孔收缩变小。

瞳孔监测系统用于实时探测人眼瞳孔的大小和位置，保证瞳孔中心与光轴重合。如果瞳孔中心偏离光轴，会增加哈特曼波前传感器的探测误差，不能精确测量出人眼的波前像差。瞳孔检测系统采用 850nm 波段的近红外二极管在人眼一侧照明，反射光经透镜 L_1，L_2，分色片，透镜 L_9 后，成像于瞳孔相机上，实现人眼瞳孔的实时监控。

LD 发出的近红外光经透镜 L_5，L_6，L_8，分束片 1，透镜 L_1 后，聚焦到人眼视网膜上，然后被视网膜反射后，经人眼瞳孔，透镜 L_1，L_2，L_3，L_4，哈特曼波前传感器的微透镜阵列后，在 CCD 相机上形成光斑图。人眼瞳孔跟微透镜阵列要始终保持共轭关系，否则探测精度受到很大影响。

首先对一组年轻人（瞳孔直径为 6mm）的眼像差进行了探测，他们的年龄范围在 20～30 岁。这些人中近视度数小于 500°，散光度数小于 100°，受测者眼波像差分布，如图 8.18 所示。而对于近视度数为 800° 以及散光度数为 300° 的年轻人，其眼波像差分布，如图 8.19 和图 8.20 所示。为了具有普适性，对年龄分布在 50～65 岁的中老年人的眼睛进行了像差测量，测量结果如图 8.21 所示。

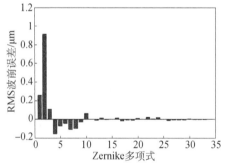

图 8.18　年轻人眼波像差分布图（近视度数小于 500°，散光度数小于 100°）

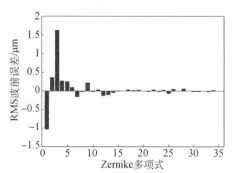

图 8.19　年轻人眼波像差分布图（近视度数 800°）

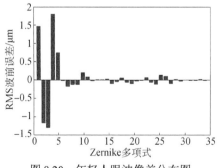

图 8.20　年轻人眼波像差分布图（散光度数 300°）

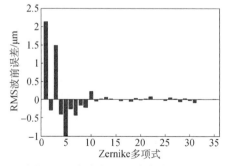

图 8.21　中老年人眼波像差分布图（50～65 岁）

从图 8.18～图 8.20 可以看出，对于近视度数在 500° 以下，散光度数 100° 以下的年轻人来说，25 项后的眼波前像差 RMS 值都小于 0.01μm。而对于 800°近视以及 300° 散光的年轻人，其 28 项后的眼波像差 RMS 小于 0.01μm。从图 8.21 可以看出，对于中老年人来说，其眼波像差分布主要集中于 Zernike 模式 31 项之前，其后的波像差 RMS 都小于 0.01μm。

从上面的研究分析以及目前的文献调研来看，大多数研究组都利用 7 阶 36 项 Zernike 模式进行波前重构，能较精确地拟合出人眼波前像差，其中涵盖了高龄人眼的情况。因此采用 7 阶 36 项 Zernike 模式符合人眼波前像差的范围。

8.2.2.3　人眼波像差相干长度的研究

一般来说，激光在大气中传播时，由于大气湍流效应，激光光束会随机漂移、扩展、畸变、闪烁等，破坏了激光的相干性。在激光大气传输和自适应光学相位校正技术中，描述湍流效应的影响，评价激光传输及其相位校正的效果时，广泛采用一个物理量即 Fried 常数，又叫大气相干长度 r_0。大气相干长度表征了湍流的强度，r_0 越大，表示大气条件越好，湍流强度越小，反之亦然。为了有效地评价人眼波像差的剧烈程度及其相位校正效果，将相干长度引入人眼像差的研究中。

相干长度 r_0 的定义为：在直径为 r_0 的圆域内，由扰动物质引起的波前畸变 RMS 值为 1rad。根据此定义来统计分析人眼波像差的相干长度 r_0。具体方法如下：首先计算出不同人眼波像差的畸变波前相位分布，然后在此相位中任意找取一点为中心，计算半径为 r 的圆域内的波前畸变 RMS 值。半径 r 是一个变量，从小到大变化，会对应一系列的 RMS 值，找出 RMS 值为 1rad 对应的半径 r，此时的 $2r$ 就为人眼波像差的相干长度 r_0。用此方法，测量统计了 20 个人的人眼（瞳孔直径为 6mm）波像差相干长度 r_0，这些人涵盖了近视度数 0° ～1000°，散光度数 0° ～400° 的年轻人以及年龄分布在 50～65 岁之间的中老年人，实验结果如图 8.22 所示。

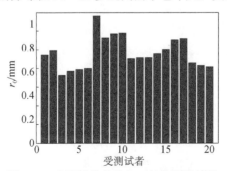

图 8.22　人眼波像差的相干长度测量结果

从图 8.22 可以看出，对于近视度数从 0° ～1000°，散光度数从 0° ～400° 的年轻人以及年龄在 50～65 岁之间中老年人来说，其眼波像差相干长度 r_0 从

0.58mm 变化到 1.1mm。r_0 越小，表示人眼波像差变化越剧烈。

一般来说，哈特曼波前传感器微透镜的口径必须小于或等于相干长度 r_0，这样利用微透镜阵列分割的各个子波前才能作为平面波处理。而畸变波前入射到微透镜阵列上，被分割的各个平面子波前会聚到微透镜焦面上的光斑质心将偏离标准中心，通过质心偏移量的计算就可以得到对应子孔径上的波面方向并可进一步解算出整个波面的形状。因此，应该选取像差变化最剧烈时对应的相干长度 r_0 来确定其哈特曼波前传感器所需的微透镜数 J，这样才能进行有效的人眼像差测量。其中 J 与相干长度 r_0 的关系为

$$J \geqslant \left(\frac{D}{r_{0\min}} \right)^2 \tag{8.46}$$

利用上述公式可以得到合适的哈特曼波前传感器微透镜个数，从而完成人眼像差探测。

8.3　哈特曼波前传感器在镜片面形检测中的应用

大口径镜片面形的检测方法主要有：大口径干涉仪法、Skip-Flat 法、Ritchey-Common 法、子孔径拼接法、五棱镜扫描法。大口径干涉仪法简单，检测精度最高，但是需要大口径的平面标准镜头，不过平面标准镜头制作难度大，周期长，成本高。Skip-Flat 法优点在于通过斜入射减小了干涉仪和参考平面镜的口径，但是随着入射角的增加，灵敏度会降低。Ritchey-Common 法利用口径大于平面镜的球面反射镜替换平面参考镜，球面波斜入射平面镜，由于入射角分布的差异会影响波像差与面形差的转换关系，会引入误差，且随着入射角的增大，检测灵敏度减小。子孔径拼接法只需要小口径的干涉仪，在干涉仪口径与平面镜口径相差很大时，会引入相当大的拼接误差。五棱镜扫描法采用高精度自准直仪，五棱镜与大行程直线导轨相结合，观察被测面上若干条轮廓线的法向角度变化，通过积分拼接出全口径面形，受直线导轨的误差影响大，检测精度较低。

哈特曼扫描拼接检测方法是基于哈特曼波前传感器探测头扫描的斜率检测方法，借鉴子孔径干涉检测的拼接思想，用哈特曼波前传感器采集到的各个子孔径信息拼接出整个口径的斜率信息，利用基于 Zernike 多项式的模式重构方法恢复检测面形。检测方法简单，采样密度大，可实现高精度的面形检测。

8.3.1　哈特曼扫描拼接检测平面镜原理

哈特曼扫描拼接检测平面镜原理示意图，如图 8.23 所示，其主要装置为哈特曼波前传感器检测头（HASO）。激光发出的点光源经过准直镜后产生的平行光被

分束镜反射到待测反射镜，从平面镜反射回来的光束透过分束镜被微透镜阵列会聚到位于其焦面的 CCD 探测器上，形成光斑阵列图。微透镜各子孔径对应平面镜相应区域。各子孔径上波前斜率对应平面镜各区域的面型 PV 值。

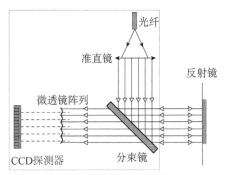

图 8.23　哈特曼扫描拼接检测平面镜原理示意图

然后通过质心算法提取出 CCD 上的离散光斑位置，比较实际光斑与理想光斑的位置偏离，求出检测区域在 x 方向与 y 方向的波前斜率 S_x 和 S_y，利用基于 Zernike 多项式的模式法波前重构进行波前恢复，并用极大范数下最小二乘法求解出模式系数，代入 Zernike 多项式中可以重构出波前[3]。

8.3.2　哈特曼法非零位检测旋转对称非球面反射镜

干涉测量法检测旋转对称非球面反射镜时，因检测系统中使用了补偿器等其他辅助元件，探测波面在经过补偿器后所有光线沿法线照射到非球面反射镜上，经反射镜反射后，光线将沿原路返回，到达像面时所有光线的光程差相等，形成等相位干涉图，实现零位检测。哈特曼波前传感器非零位检测旋转对称非球面时，在检测系统中没有补偿器等其他辅助元件的相位补偿，因此探测器出射的球面波经非球面反射镜反射后，波前带有很大的系统像差，到达探测面时，探测器探测得到的波面是包含有很大系统像差和镜面面形误差的总波面，需要通过软件处理才能得到镜面面形误差数据，从而在硬件上实现哈特曼波前传感器的非零位检测。这种硬件-软件相结合的波前检测，好处是待测波前不需要在硬件上进行补偿，从而降低了对检测系统的硬件要求，方便操作和检测。

8.3.2.1　非零位检测旋转对称非球面的总体方案和步骤

哈特曼波前传感器在进行质心偏离量的计算时，根据光斑参考点的不同分为绝对检测和相对检测。绝对检测是指光斑的参考点为理想参考点，即规则的点阵；相对检测是指光斑的参考点是某一次光斑采集后经过计算得出的光斑质心阵列。因微透镜的制作及探测器的组装误差，通常情况下在使用哈特曼波前传感器时都需要提前对探测器标定，在这种情况下，所有的高精度哈特曼检测都为相对检测。因此，在对非球面进行非零位检测时我们也采用相对检测。理想的非零位检测非球面面形的步骤是用一个与被检面完全相同的非球面对检测系统进行标定，标定得到的光斑质心阵列作为相对检测时的参考点，此时所有系统像差都已经包含在参考点的阵列排布中，标定文件作为参考文件，之后再对被检面进行检测，所得光斑质心与参考点位置相减求出光斑相对于参考点的偏离量，再经过波前重构即可得到被检面面形误差。

但实际情况是我们没有与被检面完全相同的完好的非球面，因此需要通过数据处理的方法去除系统像差。图 8.24 所示为哈特曼波前传感器非零位检测非球面反射镜面形的流程图。首先采用模拟仿真的方法对检测系统进行理想系统的像差追迹，之后再与探测器的镜头标定结果相叠加，形成参考文件，之后再对实际的被检面进行非零位检测，所得检测波面与参考文件中的波面相减，所得结果即为被检面面形误差。

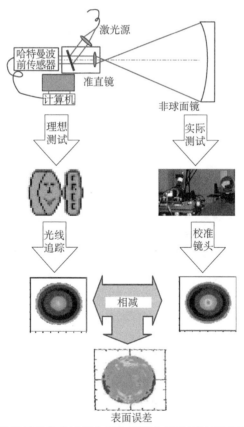

图 8.24　哈特曼波前传感器非零位检测非球面反射镜面形的流程图

（彩图见封底二维码）

8.3.2.2　检测装置的优化设计

因哈特曼波前传感器检测的波面是平面波或近平面波，因此在探测器前需要加入准直透镜。对于给定 $R^{\#}_{\mathrm{mirror}} \geqslant R/D$ 的被检镜，需要合理选择满足使用条件的 $R^{\#}_{\mathrm{collimation}} \geqslant f/\Phi$ 的准直镜:

$$R^{\#}_{\mathrm{collimation}} < R^{\#}_{\mathrm{mirror}} \tag{8.47}$$

为了最大程度地利用探测器微透镜像元，最好的选择是使用略小于 $R^{\#}_{\mathrm{mirror}}$ 的准直镜。选定好准直镜后，对探测器进行组装，激光光纤作为点光源发出球面波，经过两次准直镜后，转变为标准球面波，球面波经被检镜反射后再一次经过准直镜后转变为平面波并到达微透镜阵列，波前经微透镜阵列分割后在焦面 CCD 处形成光斑阵列。哈特曼法非零位检测非球面装置，如图 8.25 所示。

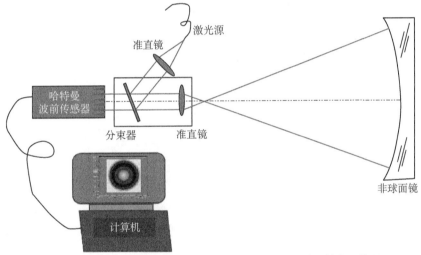

图 8.25　哈特曼法非零位检测非球面装置示意图（彩图见封底二维码）

8.3.2.3　系统误差分析及分离

在使用图 8.25 所示的检测系统时，首先要分析该系统的系统像差。检测系统采用非零位检测，哈特曼波前传感器发出的球面波，在到达非球面时会由于球面与非球面之间的偏差而引入非球面偏差 A，准直镜设计本身的缺陷误差 D 及加工误差 W，哈特曼波前传感器组制造及组装误差 F，光线经过被检镜返回时的非共路误差 $N_{\mathrm{asphere\text{-}ideal}}$，检测过程中反射镜的调整误差 M。

因此，理想检测系统总的系统像差为

$$W_{\mathrm{asphere\text{-}ideal}} = A + D + N_{\mathrm{asphere\text{-}ideal}} \tag{8.48}$$

而实际检测系统总的像差为

$$W_{\text{measurement}} = (A + M + 2\Sigma) + D + (W + F) + N_{\text{asphere-ideal}} \quad (8.49)$$

其中，Σ 为反射镜面形误差。经过上述分析就可以把被检面面形误差从众多系统像差中分离出来，因此下一步是要对其他系统像差定量计算并去除。

分离出镜面误差 Σ 后，需要对其他误差进行处理。探测器因优良的加工工艺等保障，其本身的加工误差很小，并经过精密装调和校准，其加工装调误差 F 优于$(1/50)\lambda$，并且该误差可以通过离线标定法进行去除。

准直镜头的设计误差 D 及加工组装误差 W 可以认为是检测系统本身固有的误差项，因此这一部分的误差需要通过离线标定探测器的方法进行去除，图 8.26 所示为用一面形误差优于$(1/50)\lambda$ RMS 的标准镜对探测器进行标定的结果。标定结果包含的误差项 $W_{\text{sphere-real}}$ 为

$$W_{\text{sphere-real}} = D + W + F + N_{\text{sphere-real}} \quad (8.50)$$

其中，$N_{\text{sphere-real}}$ 为实际检测球面镜时的非共路误差。

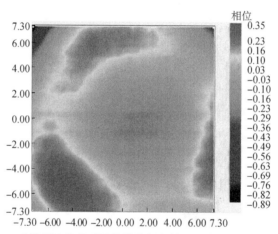

图 8.26　哈特曼波前传感器的镜头标定结果（彩图见封底二维码）

对于球面和非球面之间的偏差而引入的非球面偏差 A，在给定非球面面形方程后可以通过计算得到，但是因为这部分波前偏差在返回探测器时由于系统结构的影响而引入非共路误差 $N_{\text{sphere-ideal}}$，因此采用光线追迹的方法对理想检测系统进行光线追迹，这样做的好处是追迹结果包含非球面偏差 A、非共路误差 $N_{\text{sphere-ideal}}$ 和准直镜设计本身缺陷误差 D。光线追迹结果包含的像差项为

$$W_{\text{asphere-ideal}} = D + W + F + N_{\text{asphere-ideal}} \quad (8.51)$$

8.3.2.4　参考文件的制作

由 8.3.2.3 小节可知，采用哈特曼波前传感器非零位检测非球面时，需要采用

相对测量，即需要某次测量结果作为参考文件，而参考文件中所包含的波前像差可以认为是检测系统的系统像差，而最终的面形误差则是检测波前和参考文件中包含的波前相比较而得到的测量结果。

准直镜头的制造误差和装配误差对非共路误差的影响很小，而检测系统检测球面镜时的非共路误差则几乎可以认为 $N_{\text{asphere-ideal}} = N_{\text{asphere-real}}, N_{\text{sphere-real}} = N_{\text{sphere-ideal}} = 0$，所以可以认为图 8.27 所示为球面镜对理想检测系统的光线追迹结果，追迹得到的波前像差所包含的像差项为

$$W_{\text{sphere-real}} = D + N_{\text{sphere-ideal}} = D \tag{8.52}$$

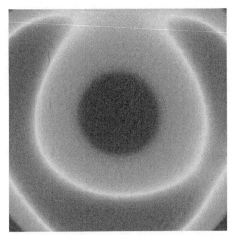

图 8.27 球面镜对理想检测系统的光线追迹结果（彩图见封底二维码）

通过以上像差分析及各种像差的组合，就得到了用于非零位检测非球面的系统像差，即参考波前：

$$W_{\text{reference}} = W_{\text{asphere-ideal}} + W_{\text{sphere-real}} - W_{\text{sphere-ideal}} \tag{8.53}$$

式中，$W_{\text{asphere-ideal}}$ 为非球面镜的理想像差，$W_{\text{sphere-real}}$ 为球面镜的实际像差，$W_{\text{sphere-ideal}}$ 为球面镜的理想像差。

8.3.2.5 哈特曼法非零位检测旋转对称非球面实验验证

为了验证哈特曼法非零位检测旋转对称非球面理论分析的正确性和可行性，中国科学院长春光学精密机械与物理研究所的张金平利用该方法对正处于精研阶段的旋转对称非球面进行了非零位测量。检测的非球面为旋转对称双曲面，镜面参数为：有效口径 D =350mm，顶点曲率半径 R =4188.04mm，二次曲面常数 k = -2.816915。

实验用的哈特曼波前传感器参数为微透镜数：128×128；微透镜口径：0.114mm；

微透镜焦距：4.1mm；像素数：2048×2048pixels；像素尺寸：7.3μm；工作波长：0.635μm。检测仪器和装置如图 8.28 所示，哈特曼波前传感器安装在五维调整架上，可以实现三个方向的平动、俯仰及扭摆；被检镜放置在二维精密转台上，可以精确调整被检面的俯仰和扭摆。整个检测装置安装在防振气浮平台上。

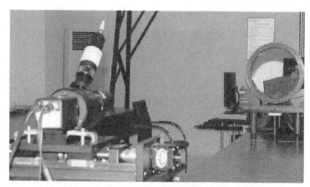

图 8.28　哈特曼波前传感器非零位检测旋转对称非球面实验装置图

1）制作参考文件。

首先将检测系统以及被检镜结构参数输入 Zemax 光学设计软件中，对检测系统进行光线追迹，所得波前记为 $W_{\text{asphere-ideal}}$；然后将非球面换成球面再进行光线追迹，所得波前记为 $W_{\text{asphere-ideal}}$；根据非球面参数合适的探测器准直镜头，并用一标准球面镜对探测器进行标定，标定所得波前记为 $W_{\text{asphere-ideal}}$；最后根据公式（8.53）制作最终的参考波面，并将此波面保存在参考文件中。图 8.29 所示为本次实验中使用的参考文件的制作过程，图 8.30 所示为本次实验中使用的参考波面。

2）调整与检测

检测系统搭建完成后，将被检镜大致放置在探测器发出的球面波中心处；打开控制软件，将上一步骤制作的参考文件选中并添加到控制软件中；对被检镜进行粗调，直到经被检镜返回的波面处于探测器探测区域中间位置；通常到达这一步，探测结果（减去参考波面后的波面）会存在较大的倾斜和彗差，以及离焦像差，因此需要调整探测的俯仰和扭摆，使倾斜误差近似为零。图 8.31 为减去参考波面后的镜面面形误差。

3）测量结果正确性验证

为了验证哈特曼法非零位检测旋转对称非球面的正确性，将检测结果与非球面采用零位补偿干涉测量的结果进行对比，比较分析可知，哈特曼法非零位检测得到的面形与零位补偿测量的面形其误差分布是一致的，两者面形偏差的 RMS 值和 PV 值分别为 0.002λ 和 0.009λ，因此可以认为哈特曼法非零位检测的结果是正确可靠的，这也说明对该方法的系统误差分析及参考文件的制作是正确的，可以应用此法对非球面进行非零位检测[4]。

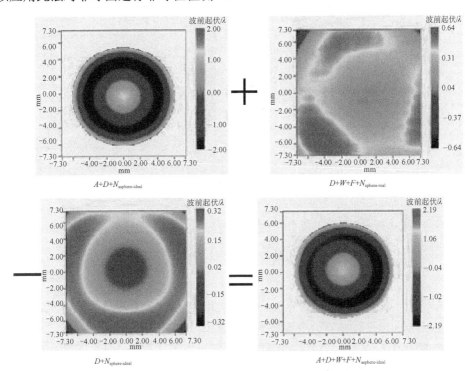

图 8.29 参考文件的制作过程（彩图见封底二维码）

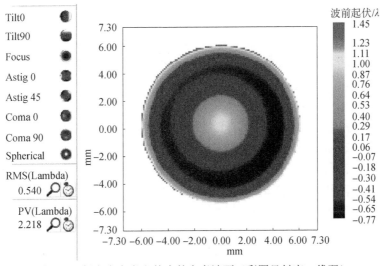

图 8.30 保存在参考文件中的参考波面（彩图见封底二维码）

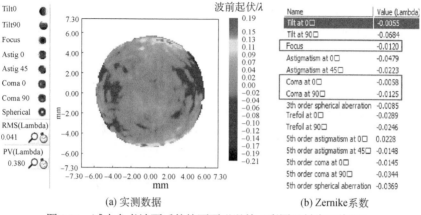

(a) 实测数据　　　　　　　　　　(b) Zernike 系数

图 8.31　减去参考波面后的镜面面形误差（彩图见封底二维码）

8.4　哈特曼波前传感器在非制冷光力学红外成像系统中的应用

　　基于光学读出的双材料微悬臂梁阵列受热变形红外成像技术是 20 世纪 90 年代后期出现的一种热型非制冷红外成像技术[5-11]。与传统的量子型和热型红外辐射探测器[8]相比，这种探测器件的开发和制作成本都比较低，随着技术的发展，该技术有希望发展成为低成本高性能的红外成像器件。由于红外热成像仪工作时无须任何光源照明，所以它能揭露伪装，并能发现存在的暂留图像，对高远目标同样能清晰显示，在国防、公安、科研等领域中有着广泛的用途。

　　光学读出是光-机械微悬臂结构的热型红外焦平面探测系统中一个重要环节。目前大多采用的是谱平面滤波的方式[12-15]，将微悬臂梁的角度变化转换为反射光强的变化，利用 CCD 各像素输出灰度的改变量来复原被检测物体的红外辐射图像。在实际使用中，输出图像的质量在很大程度上依赖于刀口摆放的位置和刀口的质量，系统不容易组装和调试，实验的重复性和精确性受到很大的影响。利用哈特曼波前传感器来检测微悬臂梁阵列形变，将微悬臂梁的角度变化转换为光斑质心位置变化，利用光斑质心位置的改变量来复原被检测物体的红外辐射量。哈特曼波前传感器具有结构简单、精度高的特点，所以该读出系统组装容易，并且能够高精度地复原物体的红外辐射图像。

8.4.1　非制冷光力学红外成像原理

　　双材料微悬臂结构利用两层材料之间热膨胀系数不同，当吸收红外辐射导致温度发生变化时，两层材料之间的相互约束会使得双层结构发生弯曲变形。微梁的转角与温升呈线性关系，通过光学读出方式检测热致转角，就可以得到温度的分布图像。

微悬臂梁结构和变形原理图，如图 8.32 所示。反光吸热部分为几何平板结构，附着金属薄膜的表面可以反射可见光，背面可以吸收红外能量，当热隔离变形部分因温升发生变形时，反光吸热部分的转角单调对应于入射红外线的能量大小。梁的多重回折可以提高单元的热变形效率，而隔离梁和变形梁交替连接，使变形放大。

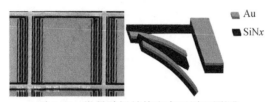

图 8.32　微悬臂梁结构和变形原理图[16]

哈特曼波前传感器光力学红外成像读出系统示意图，如图 8.33 所示，焦平面阵列上的微悬臂梁阵列受到物体的经成像透镜后的红外辐射后，微悬臂梁会偏转一个角度，微悬臂梁反光面的反射光也会相应地倾斜一定的角度，其反射光通过匹配透镜后进入哈特曼波前传感器，利用探测得到的波前斜率改变量重构出 FPA 的热致转角。利用哈特曼波前传感器对应子孔径探测到反射光倾斜的角度就可以复原出该微悬臂梁接收到的红外辐射量，将焦平面阵列上微悬臂梁阵列的每个微悬臂梁接收到的红外辐射都复原后就可以得到被探测物体的图像。

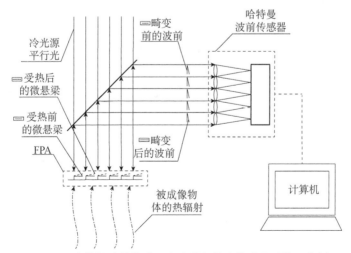

图 8.33　哈特曼波前传感器光力学红外成像读出系统示意图

8.4.2 系统性能分析

1) 系统灵敏度

根据前面的分析，单个 FPA 单元光学读出光路，如图 8.34 所示。图中 L_1、L_2 是匹配透镜，其作用是将单个微悬臂梁的反射光与哈特曼波前传感器的一个子孔径相对应；L_3 是哈特曼波前传感器与该 FPA 单元相对应的子孔径透镜。其中 L_1 的焦距是 f_1，L_2 的焦距是 f_2，L_3 的焦距是 f_3。

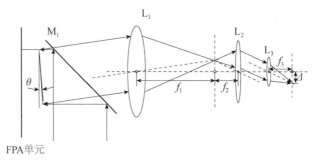

图 8.34　单个 FPA 单元光学读出光路图

f_1、f_2 由微悬臂梁的长度 L_{leg} 和微透镜的口径 d 决定

$$\frac{f_2}{f_1} = \frac{d}{L_{leg}} = M \tag{8.54}$$

其中，M 表示缩束比。

所以当 FPA 单元上微悬臂梁发生 θ（θ 非常微小）的形变时，在 L_3 的后焦面上光斑移动的距离为

$$\Delta = \frac{2\theta}{M} \cdot f_3 \tag{8.55}$$

进而得到哈特曼波前传感器的灵敏度

$$W = \frac{\partial \Delta}{\partial \theta} = \frac{2f_3}{M} \tag{8.56}$$

FPA 的灵敏度 $R^{[17\text{-}20]}$ 表示被探测物体的温升 ΔT 所引起的热致转角 $\Delta \theta$，它与微悬臂梁的热转换效率 H 和微悬臂梁的热机械响应 S_T 有关

$$R = \frac{\partial \theta}{\partial T} = H \cdot S_T \tag{8.57}$$

系统的灵敏度 κ 由 FPA 的灵敏度 $R = \dfrac{\partial \theta}{\partial T}$ 和哈特曼波前传感器的灵敏度 $W = \dfrac{\partial \Delta}{\partial \theta}$ 决定。

$$\kappa = \frac{\partial \Delta}{\partial T} = W \cdot R = \frac{2f_3 R}{M} \qquad (8.58)$$

图 8.35 是该系统的灵敏度曲线（$f_3 = 4\text{mm}$）。由式（8.58）和图 8.35 可得，当 FPA 的灵敏度 R 一定时，在满足系统需求的情况下，适当减小缩束比 M 和增加微透镜焦距 f_3 可以提高整个系统的灵敏度。

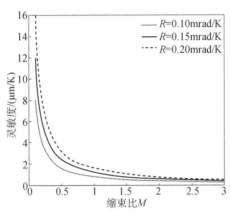

图 8.35　系统灵敏度与缩束比 M 和 FPA 灵敏度的关系曲线

2）噪声等效温度差

由于光学读出系统噪声的影响，重构得到的物体红外辐射图像并不准确，由噪声引起的温度起伏量 $\Delta T_{\min}$ 定义为噪声等效温度差（noise equivalent temperature difference，NETD），它表示了系统的分辨率[18-20]。

哈特曼波前传感器探测的光斑质心位置坐标由下式决定：

$$X_c = \frac{\sum\limits_{ij} X_i S_{ij}}{\sum\limits_{ij} S_{ij}}, \quad Y_c = \frac{\sum\limits_{ij} Y_i S_{ij}}{\sum\limits_{ij} S_{ij}} \qquad (8.59)$$

其中，X_c 和 Y_c 是质心坐标；X_i 和 Y_i 是每个像素位置；$S_{ij} = P_{ij} + N_{ij}$ 表示每个像素读出信号的两部分：真实光信号 P_{ij} 和噪声信号 N_{ij}。

影响哈特曼波前传感器分辨率的主要因素有离散采样噪声、读出噪声和光子起伏噪声。当质心探测的均方根误差为 σ_{xc}，单个像素边长为 a 时，系统的 NETD 为

$$\text{NETD} = \frac{\sigma_{xc} a}{\kappa} \qquad (8.60)$$

其中，κ 由（8.58）式决定。

图 8.36 是当 $M = 2.17$、$a = 83\mu\text{m}$、$f_3 = 4\text{mm}$ 时，噪声等效温度差与质心探测均方根误差和 FPA 灵敏度的关系，从图上可以看出，当质心探测的均方根误差为 0.02 个像素时，系统的噪声等效温度差为 2.2K。

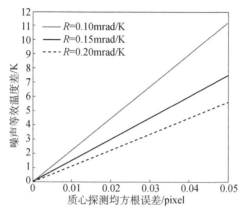

图 8.36 噪声等效温度差与质心探测均方根误差和 FPA 灵敏度的关系

3）动态范围

由哈特曼波前传感器的工作原理可知,每个子孔径的光斑只能在 CCD 靶面上的一定区域内移动,否则可能会引起相邻子孔径的光斑质心测量不准确(如图 8.37 所示)。

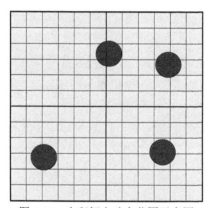

图 8.37 光斑超出动态范围示意图

当每个子孔径中包含 $N \times N$ 像素,像素尺寸为 a,光斑直径为 d_f 时,单个子孔径能够测量的光斑移动距离为

$$\Delta_{\max} = a \cdot N - d_f \tag{8.61}$$

其温度测量的动态范围为 $\left[0, \dfrac{\Delta_{\max}}{\kappa} \right]$ 或 $\left[-\dfrac{\Delta_{\max}}{2\kappa}, +\dfrac{\Delta_{\max}}{2\kappa} \right]$。

当 $M = 2.17$, $f_3 = 4\text{mm}$, $a = 83\mu\text{m}$ 时,该光学读出系统的动态范围示意图,如图 8.38 所示。由图可以看出,当子孔径像素阵列为 4×4 时,其动态范围已经超过 500K。

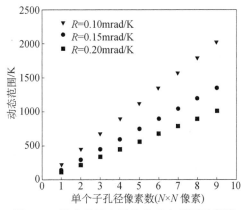

图 8.38　该光学读出系统的动态范围示意图

8.4.3　实验结果及分析

1）实验装置

实验装置如图 8.39 所示，系统中各器件的参数列于表 8.2。

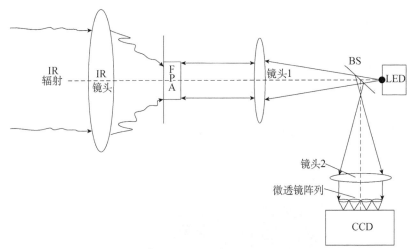

图 8.39　实验装置示意图

IR：红外；FPA：焦平面阵列；BS：分光棱镜

表 8.2　实验装置示意图中各器件的参数

器件	参数	备注
FPA	像素尺寸：60μm×60μm 像素阵列：120×120	受到哈特曼波前传感器子孔径阵列数的限制，只利用了 FPA 上 34×38 的像素数
镜头 1	焦距：90mm	

续表

器件	参数	备注
微透镜阵列	子孔径尺寸：$130\mu m \times 130\mu m$ 阵列数：34×38	
镜头 2	焦距：195mm	$f_2 = \dfrac{130\mu m}{60\mu m} \cdot f_1 = \dfrac{130\mu m}{60\mu m} \times 90mm = 195mm$

2）实验步骤

（1）在红外透镜前不加高温物体，采集图片 A_1 作为 FPA 未发生形变时的波前光斑阵列；

（2）加上温度为 T_m 的高温物体，焦平面阵列的吸热时间相同为 t，采集图像 B_k；

（3）重复步骤（1）和步骤（2），完成 m 次采集。

3）数据处理

受哈特曼波前传感器子孔径数的限制，本次实验只选取了 FPA 中 34×38 区域成像。利用式（8.59）计算出 FPA 未发生形变时的在第 i 行 j 列处光斑质心 (x_{0ij}, y_{0ij}) 和发生形变后在第 i 行 j 列处光斑质心 (x_{kij}, y_{kij})，由于微悬臂梁的旋转方向可能与哈特曼波前传感器的坐标轴不重合，所以光斑质心的位移量为

$$\Delta_{kij} = \sqrt{(x_{kij} - x_{0ij})^2 + (y_{kij} - y_{0ij})^2}\,(\text{pixel}) \qquad (8.62)$$

将系统参数代入式（8.59）计算出系统的灵敏度为 $61.2\text{K}/\text{pixel}$，所以 FPA 第 i 行 j 列对应物体处的温度与环境的温度之差的绝对值为

$$\Delta T_{kij} = 61.2\Delta_{kij}(\text{K}) \qquad (8.63)$$

图 8.40 是对十字孔用热辐射（451.3℃）照明后的红外成像。

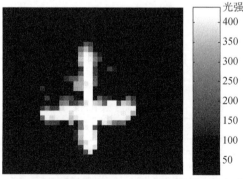

图 8.40　对十字孔用热辐射（451.3℃）照明后的红外成像

如图 8.41 所示，连续采集 100 次数据，分别取出 A 点、B 点、C 点处微悬臂梁的偏转角度 α_i 和复原得到的温度差 ΔT_i。其中，A 像素点代表微悬臂梁被红外辐射完全照明后复原得到的温度差；B 像素点代表微悬臂梁被红外辐射部分照明后复原得到的温度差；C 像素点代表微悬臂梁没有受到红外辐射时复原得到的温度差。测量得到的热辐射源的温度为 451.3℃，室温为 16.2℃，所以 A 处的理论值为 435.1K；由于不知道 B 处受到红外辐射的强度，所以 B 处的理论值未知；而 C 处的起伏代表室温的起伏和系统噪声的影响。

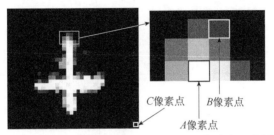

图 8.41　在红外图像上取得的 A、B、C 像素点示意图

图 8.42 为 A、B、C 三处在 100 次测量中，复原得到的温度差起伏的示意图。其起伏是由噪声引起的，其平均值 $Av_{\Delta T}$ 和方差 $\sigma_{\Delta T}^2$ 分别为

$$Av_{\Delta T} = \frac{1}{100} \sum_{k=1}^{100} \Delta T_k \qquad (8.64)$$

$$\sigma_{\Delta T}^2 = \frac{1}{100} \sum_{k=1}^{100} (\Delta T_k - Av_{\Delta T})^2 \qquad (8.65)$$

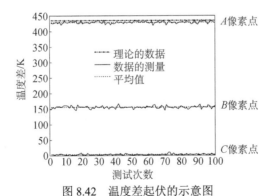

图 8.42　温度差起伏的示意图

计算得到 A、B、C 三处的采样结果，如表 8.3 所示。其中，A 处平均值与理论值相差 5.9K，主要是因为在利用波前斜率复原温度时，取 FPA 上微悬臂梁的响应度为 0.2mrad / K，但实际 A 处微悬臂梁的响应度略低于取值（约 0.197mrad / K），所以该系统还可用于微悬臂梁响应度的标定上。当室温变化缓慢时，可以认为在

C 处的理论值是 0，但是由于室温起伏和系统噪声的影响，C 处的平均值与理论值有 2.88K 的差距。测量得到的均方根值在 A、B、C 三处可以认为是系统的噪声等效温度差。因为室温的变化较慢，而热辐射源受到由于自身的稳定性和空气流动等干扰，在 FPA 上会有起伏，所以 A 处和 B 处的 NETD 略高于 C 处的 NETD，系统的 NETD 可以取其平均值 3.8K。

表 8.3　对 A、B、C 三处采样计算的结果

	平均值	理论值	方差	RMS（NETD）
A 像素点	429.2K	435.1K	14.43K	3.79K
B 像素点	158.2K	—	18.19K	4.28K
C 像素点	2.88K	0	12.32K	3.51K

参 考 文 献

[1] 李兆坤. 自适应光学系统在自由空间光通信中的波前像差校正研究[D]. 吉林：吉林大学，2017. https://kns.cnki.net/kcms/detail/detail.aspx?dbcode=CDFD&dbname=CDFDLAST2017&filename=1017156 057.nh&uniplatform=NZKPT&v=hX7mQS0rkiptIg5jqBiUcXqYUjMW5mZ3PDkQvh3KB0evn72pHbnyqqAUl5TqSb2x. [2017-06-01].

[2] 夏明亮. 高精度人眼像差哈特曼探测器的研制[D].长春：长春光学精密机械与物理研究所，2011. https://kns.cnki.net/kcms/detail/detail.aspx?dbcode=CDFD&dbname=CDFD1214&filename=1012291427.nh&uniplatform=NZKPT&v=oLYgoP4yz8BU3NgdaaMQJ8AIMIxJUGeMtajipjnzLjM9bLLm3aL-PbzdU6JbLcOY.

[3] 王晶，王孝坤，胡海翔，等. 夏克-哈特曼扫描拼接检测平面镜（特邀）[J]. 红外与激光工程，2021，50（10）：67-73.

[4] 张金平. 夏克-哈特曼波前传感器检测大口径非球面应用研究[D]. 长春：长春光学精密机械与物理研究所，2012. https://kns.cnki.net/kcms/detail/detail.aspx?dbcode=CDFD&dbname=CDFD1214&filename=1012397743.nh&uniplatform=NZKPT&v=vwTsyRYwKGzsxQ3h-D0uJBpr4x7JioLSnRentSyTFaXtNpNQT03GN6On EBh1qU79. [2012-05-01].

[5] 潘亮，张青川，伍小平，等. 基于 MEMS 的光力学红外成像[J]. 实验力学，2004，19（4）：403-407.

[6] Timothy W，Charles M，Neal B. Uncooled infrared sensor with digital focal plane array for medical applications [C]. IEEE，1996：2081-2082.

[7] Oden P I，Datskos P G，Thundat T，et al. Uncooled thermal imaging using a piezoresistive

microcantilever[J]. Applied Physics Letters，1996，69（21）：3277-3279.

[8] Rogalski A. Infrared detectors: status and trends [J]. Progress in Quantum Electronics，2003，27: 59-210.

[9] Senesaca L R，Corbeil J L，Rajicab S，et al. IR imaging using uncooled microcantilever detectors[J]. Ultramicroscopy，2003，97: 451-458.

[10] Mao M，Perazzo T，Kwon O，et al. Direct-view uncooled micro-optomechanical infrared camera [C]. MEMS '99，Twelfth IEEE International Conference，17-21 Jan，1999: 100-105.

[11] Senesaca L R，Corbeil J L，Rajicab S，et al. IR imaging using uncooled microcantilever detectors[J]. Ultramicroscopy，2003，97: 451-458.

[12] Zhao Y，Choi J，Horowitz R，et al. Characterization and performance of optomechanical uncooled infrared imaging system[J]. Proceedings of SPIE-The International Society for Optical Engineering，2003，4820: 164-174.

[13] Howard G B. Application of airborne thermal infrared imaging for the detection of unexploded ordnance [J]. Proceedings SPIE，2001，4360: 149-160.

[14] Zhao Y，Mao M Y，Horowitz R，et al. Optomechanical uncooled infrared imaging system: design，microfabrication，and performance[J]. Journal of Microelectromechanical Systems，2002，11（2）: 136-136.

[15] Zhao Y. Optomechanical uncooled infrared imaging system [D]. Berkeley: Dissertation of UC，Berkeley，2002.

[16] Soller C，Wenskus R，Middendorf P，et al. Interferometric tomography for flow visualization of density fields in supersonic jets and convective flow[J]. Applied Optics，1994，33（14）: 2921-2932.

[17] Guo Z Y，Zhang Q C，Dong F L，et al. Performance analysis of microcantilever arrays for optical readout uncooled infrared imaging[J]. Sensors and Actuators A，2007，137: 13-19.

[18] Dong F，Zhang Q，Chen D，et al. An uncooled optically readable infrared imaging detector [J]. Sens. Actuators A，2007，133: 236-242.

[19] Miao Z Y，Zhang Q C，Chen D P，et al. An optical readout method for microcantilever array sensing and its sensitivity analysis [J]. Optics Letters，2007，32（6）: 594-596.

[20] Zhao Y，Mao M，Horowitz R，et al. Optomechanical uncooled infrared imaging system: design，microfabrication，and performance[J]. Journal of Microelectromechanical Systems，2002，11（2）: 136-146.

第9章　基于哈特曼波前传感器的
开发实例

9.1　基于哈特曼波前传感器的面形检测系统设计

9.1.1　主要功能与设计指标

哈特曼波前传感系统由哈特曼波前传感器和标定光学系统（模拟光源）两部分组成。其中哈特曼波前传感器的功能是测量激光的波前及变化情况；标定光学系统提供标定哈特曼波前传感器的基准光波前和作为模拟光源。该系统主要用于测量光学镜片的面形和相位板的相差测量，并且可以对激光经传输介质（大气）传输后波前的变化情况进行测量和分析。哈特曼波前传感器能够对两个波段的激光实现波前测量，主要指标如下：

（1）工作波段 650/1064nm；

（2）通光口径 120mm；

（3）子孔径阵列数≥128×128；

（4）采样帧频≥1kHz（@64×64 子孔径）；采样帧频≥500Hz（@128×128 子孔径）；

（5）准直光源 650/1064nm。

9.1.2　结构设计

哈特曼波前传感器系统的结构设计，如图 9.1 所示。

通过探测器内部产生平行光，可测量反射面的面形；也可通过光源产生的标准平行光经传输介质入射到哈特曼波前传感器，实现对激光经传输介质（大气）传输后波前的变化情况的测量和分析。

该系统有三种工作方式：

（1）标定模式：通过准直光源产生的高精度平面波对整套系统进行标定；

（2）介质测试模式：测量准直光源产生的平面波透过传输介质后的波前畸变量；

（3）面形测试模式：测量内部光源产生的平面波经待测物体反射后的波前畸变量。

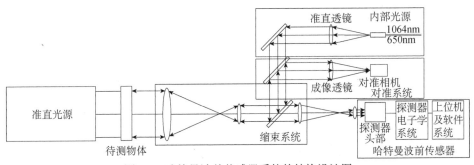

图 9.1　哈特曼波前传感器系统的结构设计图

9.1.3　分系统设计说明

哈特曼波前传感器主要由 φ120mm 缩束光学系统、哈特曼波前传感器、对准系统、内部光源、平面波标定光学组成。

1）准直光源系统

激光光源为 650nm 和 1064nm 的两个激光二极管，通过耦合合束到一根光纤中，其输出功率为 0～10mW。准直光源系统将点光源准直为高精度的平面波，其结构如图 9.2 所示。

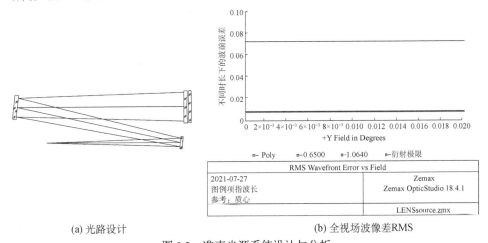

(a) 光路设计　　　　　　　　　　(b) 全视场波像差RMS

图 9.2　准直光源系统设计与分析

图 9.2 为该准直光源系统的 Zemax 仿真图，光源准直采用双分离消色差设计，对 0.65μm 和 1.064μm 波长消色差，通过两块反射镜对光路进行折叠，减小光学系统长度，光学系统全视场波像差 RMS 值小于 0.01λ；满足系统设计要求。其加工实物如图 9.3 所示。

在反射镜上镀金属银反射膜，其在波长 550～1070nm 的反射率大于 95%。保证了光学系统在 650nm 及 1064nm 波长下的性能。

图 9.3 准直光源系统实物图

2）哈特曼波前探测器

哈特曼波前传感器设计，如图 9.4 所示：由缩束系统、对准系统、内部光源、哈特曼组件组成。

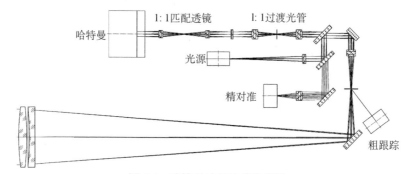

图 9.4 哈特曼波前传感器设计

缩束系统由前缩束镜和后缩束镜组成，系统的入瞳位于前缩束镜的焦面上，波前传感器中入瞳位于后缩束镜的焦面上。其 Zemax 设计和分析，如图 9.5 所示。

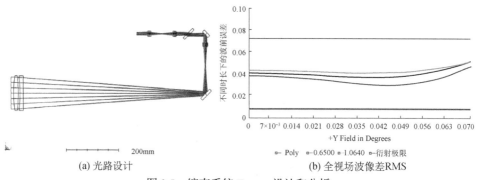

(a) 光路设计   (b) 全视场波像差RMS

图 9.5 缩束系统 Zemax 设计和分析

主缩束采用开普勒式缩束结构，后端加 1：1 过渡光学系统；全系统在 0.65μm 和 1.64μm 波段消色差，全系统全视场内波像差 RMS 值小于 0.06λ。

内部光源的波长为 650nm 和 1064nm，采用两片双胶合消色差透镜组将点光源准直为平行光，然后通过扩束系统扩束至 φ120mm，进行面形检测。其 Zemax 设计与分析如图 9.6 所示。

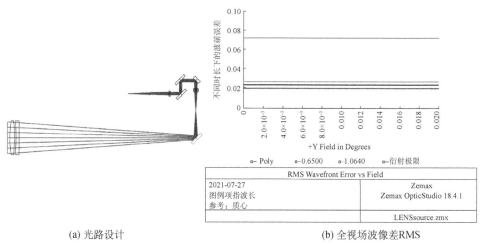

(a) 光路设计　　　　　　　　　(b) 全视场波像差RMS

图 9.6　内部光源 Zemax 设计与分析

内部准直透镜采用消色差双胶合透镜，光源发射 F 数为 15，波像差 RMS 值小于 0.03λ，在衍射极限以内，斯特列尔比为 0.98；满足技术要求。

对准系统可以在传感器装配时预先标定，在使用时，将入射进来的光斑调整到标定位置即可。通过采用适当的设计，可以保证当精对准系统正常工作时，不用再通过查看探测器子光斑阵列位置来判断是否已经调整好系统。

哈特曼波前传感器由微透镜阵列数、匹配系统、CCD 相机组成，用于波前的分割测量、计算、显示和控制。

图 9.7 为哈特曼波前传感器实物图。该实物采用 128×128 连续面形的微透镜阵列，结合前端消色差的匹配透镜，实现多波段的波前分割。微透镜材料选用熔融石英，熔融石英在紫外到红外波段有良好的传输特性。微透镜具有平凸外形，排列在方形网格中，透镜以固定间距排列，有较高的占空比。还可以设置掩模，阻止光穿过微透镜之间的空隙，从而增强对比度。

图 9.7　哈特曼波前传感器实物图

将准直光源系统与哈特曼波前探测系统相结合，以完成球面波标定与系统性能测试。

9.1.4　探测精度检测

哈特曼波前探测系统的精度检测测试框图如图 9.8 所示，首先将点光源准直为平行光束导入哈特曼波前传感器并标定哈特曼波前传感系统，此时 RMS 值无限趋近于 0；然后将点光源往后拉 3mm、5mm、7mm、10mm、15mm 形成球面波。通过对比哈特曼波前传感器测得的 RMS 值与离焦像差的理论值，计算得到 RMS 的误差。其检测原理为球面波标定原理如图 9.9 所示，具体公式如式（9.1）～（9.3）所示。

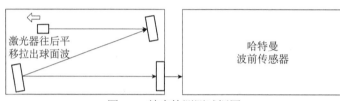

图 9.8　精度检测测试框图

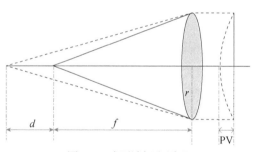

图 9.9　球面波标定原理

$$R = \frac{f^2}{d} \tag{9.1}$$

$$PV = R - \sqrt{R^2 - r^2} \tag{9.2}$$

$$RMS_{理论} = PV / 2\sqrt{3} \tag{9.3}$$

式中，f 为焦距；d 为光源移动距离；R 为球面波半径；r 是通光口径；PV 是球面波顶点到通光口的距离；$RMS_{理论}$ 为离焦像差的理论值，通过与 RMS 实际值的对比，完成标定。

将 RMS 理论值对光源移动距离 d 求导得到

$$\frac{\partial RMS_{理论}}{\partial d} = 2\sqrt{3}\left(\frac{f^4 d^{-3}}{\sqrt{f^4 d^{-2} - r^2}} - f^2 d^{-2} \right) \tag{9.4}$$

由式（9.4）和图 9.10 可以看出光源移动距离 d 对 RMS 理论值的改变极小，大约为 1∶0.0001，说明该方法能够良好地控制 RMS 的精度。

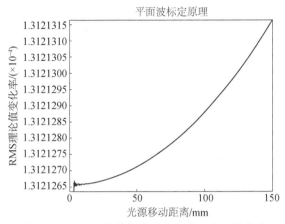

图 9.10　RMS 理论值变化率与移动距离 d 的关系

表 9.1 和图 9.11 中的数据为实验测量的数据结果。

表 9.1　实验测量的数据

距离	3mm	5mm	7mm	10mm	15mm
理论值/μm	0.393560	0.656158	0.918440	1.312028	1.968090
平均值/μm	0.393181	0.649224	0.917716	1.322535	1.972332
误差/μm	−0.000378	−0.006933	0.000724	0.010507	0.004241
RMSE	0.008847	0.011813	0.010521	0.013033	0.008901

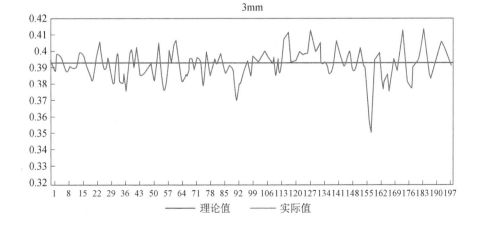

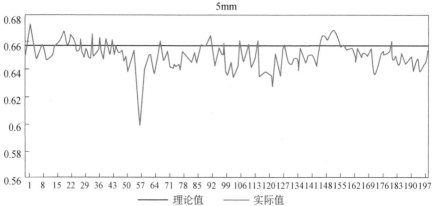

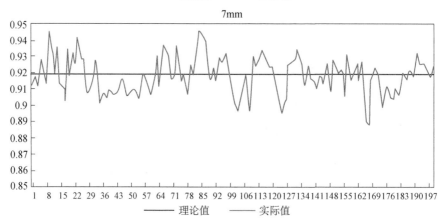

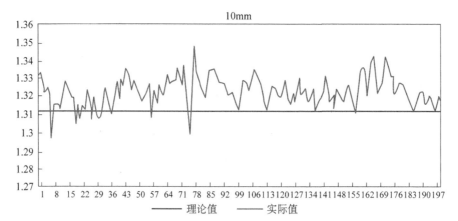

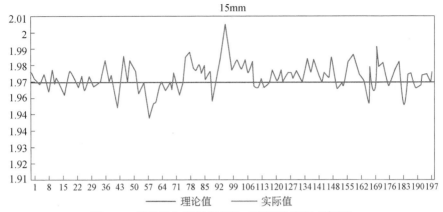

图 9.11　理论值与实际值对比（彩图见封底二维码）

表 9.1 中 RMSE 表示 RMS 的精度，其计算公式为

$$RMSE = \sqrt{\frac{\sum_{i=1}^{n}(x_i - \bar{x})^2}{n}} \qquad (9.5)$$

由表 9.1 和图 9.11 的测试结果可知，该检测系统的 RMS 精度优于 $1/20\lambda$，并且平面波标定法能够良好地控制 RMS 的精度。

9.2　基于哈特曼波前传感器的自适应光学高分辨率成像系统

9.2.1　自适应光学系统组成

自适应光学（AO）系统主要包含精跟踪子系统、高阶校正子系统和 AO 操控子系统，自适应光学系统位于 $\varphi200$ 望远镜缩束系统后端，图 9.12 所示为自适应光学系统布局示意图。

（1）精跟踪子系统。

精跟踪子系统包括相关跟踪波前传感器、倾斜波前校正实时控制器和倾斜波前校正器，用于校正跟踪误差和由大气、风矩等动态干扰引起的倾斜抖动。

（2）高阶校正子系统。

高阶校正子系统由哈特曼波前传感器、高阶波前校正器、高阶校正波前实时控制器以及必要的中继与再成像组件组成，用于校正望远镜自身以及大气湍流引起的高阶波前误差。

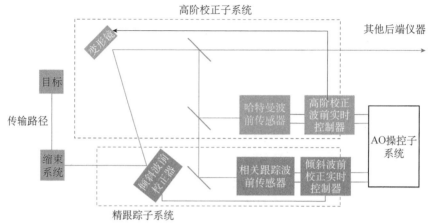

图 9.12　自适应光学系统布局示意图

（3）AO 操控子系统。

AO 操控子系统负责整个自适应光学系统的设备管理、实时运算和组织运行。是自适应光学分系统正常工作的组织者、设备安全运行的管理者以及人机交互的信息枢纽，通过 AO 操控子系统的指令调度和设备管理，确保自适应光学分系统的各项功能按照指定流程和用户要求正确执行，同时对自适应光学分系统中重要器件的工作状态进行监视保护和应急处理，确保自适应光学分系统能安全高效地工作在最佳状态。

9.2.2　自适应光学系统功能

$\varphi200$ 成像系统的自适应光学分系统需要具备如下功能。

（1）具有探测系统静态像差并稳定补偿的功能。

系统在光学加工、装校、运行等阶段，会不可避免地产生固有像差，对于多片镜面的光学系统来说，虽然很好地控制了单个光学元件的波前像差，但是整个系统的累积静态光学像差依旧可能对系统的性能产生影响。自适应光学分系统可以探测这部分静态像差，并且通过校正单元进行校正补偿。

（2）具有对低对比度扩展目标进行倾斜像差提取的功能。

对于扩展目标，可以基于相关算法提取波前倾斜像差信息。为了保证自适应光学分系统的长期稳定运行，其精跟踪系统需要具有对倾斜像差进行高精度探测的功能。

（3）具有快速校正光学系统倾斜误差的功能。

大气湍流引起的波前倾斜误差，通常具有较高的频率，因此为了获得稳定的跟踪效果，需要精跟踪系统具有快速校正系统倾斜误差的能力，包括波前传感器具有很高的探测帧频以及校正器具有快速响应的能力。

（4）具有实时校正光学系统高阶动态波前像差的功能。

大气湍流引起的高阶波前误差，通常具有较高的频率，因此需要高阶校正系统具有较高的校正带宽，以应对快速变化的大气湍流。

（5）具有自我保护功能。

高阶波前校正器在高压电源的驱动下，控制压电驱动器产生二维校正面形，因此在设备工作时，不但有高压，还有几百数千赫兹的工作频率。需要系统具有完善的保护网络，以防在设备工作异常时导致设备损坏。

9.2.3　自适应光学系统设计方案

9.2.3.1　光学系统设计方案

自适应光学系统主要包括精跟踪子系统、高阶校正子系统以及相应的 AO 操控子系统。自适应光学系统位于 $\varphi 200$ 望远镜缩束系统后端。光被引入自适应光学系统后，先后经过倾斜镜、变形镜、分光镜和过渡组件、精跟踪系统以及哈特曼波前传感器，光学设计方案如图 9.13 所示，无人机高分辨率观测系统模装图如图 9.14 所示。

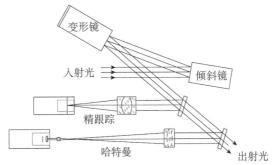

图 9.13　自适应光学系统光学设计方案

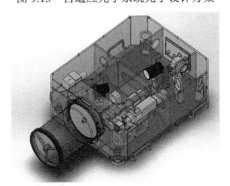

图 9.14　无人机高分辨率观测系统模装图

目标先后经过自适应光学分系统和高分辨力成像分系统。为了最大化地提高光的光能利用率和使用平台空间，两套分系统将进行集成设计。由于自适应光学系统是一种负反馈的控制系统，因此光通过成像装置的焦面后，先由准直透镜准直，先后进入倾斜波前校正器（倾斜镜）和高阶波前校正器（变形镜），再进入精跟踪波前传感器和相关哈特曼波前传感器。

另一方面，由于变形镜的校正位置需要严格与瞳面共轭，因此倾斜镜位于接近共轭面的位置上，其倾斜校正将会引起变形镜上微小的瞳面漂移，两者之间的距离需要严格控制，保证其引起的瞳飘不超过变形镜驱动器间距的十分之一。

对于自适应光学系统来说，高阶波前校正器的有效校正口径决定系统的整体物理尺寸。根据本项目的实际需求，在设计时并未采用极小间距的变形镜，综合多方面因素考虑，确定系统高阶波前校正器的有效校正口径为24.5mm。

校正后的光经过一系列分光组件，分别进入自适应光学分系统的波前传感器和高分辨力成像分系统。其中跟踪波前传感器和相关哈特曼波前传感器均采用（450~900nm）波段进行波前探测。

9.2.3.2 精跟踪子系统设计方案

对于亚角秒精度的高分辨力成像，需要配备精跟踪系统。对于扩展目标而言，精跟踪子系统需要基于无人机目标进行跟踪探测和闭环校正，即基于相关算法的倾斜波前传感器探测图像抖动，并控制倾斜镜对图像抖动进行闭环校正。

精跟踪子系统主要用于校正成像装置的跟踪误差和大气湍流引起的波前倾斜误差，提高跟踪精度，将目标稳定在自适应光学系统的视场中，由相关跟踪探测器、实时控制器和跟踪校正器组成。

光经 $\varphi 200$ 成像系统缩束进入后端平台后，经准直镜准直成24.5mm的平行光，并且先后进入倾斜镜和变形镜。校正后的光束经过分光组件分别进入精跟踪波前传感器、哈特曼波前传感器和成像通道。在精跟踪子系统中，利用精跟踪波前传感器所提取的波前整体倾斜控制倾斜镜的角度从而校正全系统的波前倾斜像差。

（1）跟踪精度设计。

按照 Parenti 等的分析，跟踪精度需要达到成像分辨力的2~5倍。$\varphi 200$ 成像系统要求图像能够达到 1.3″分辨率，跟踪精度按照 2~5 倍衍射极限计算，可得跟踪精度要求在 0.3″~0.6″，系统设计中，取精跟踪校正精度为优于 0.5″。

（2）探测帧频设计。

精跟踪系统的探测帧频跟大气湍流的泰勒频率直接相关，通常情况下，湍流扰动越强，风速越大，其泰勒频率越高，要求系统倾斜波前探测帧频越高。本项目根据项目适用场景和实际需求，自适应光学系统主要对低阶（前 35 项 Zernike）、中低频（采样帧率~200Hz），以及大尺度（PV2~PV4μm）的水平大气像差进行探测校正，所以精跟踪波前探测频率在 100Hz 以上即可满足要求，本系统设计探测帧频不低于 100Hz，后续倾斜校正波前实时控制器设计全按照 100Hz/200Hz 进行计算，保证有足够的计算时间对波前实时处理。

（3）校正行程量设计。

精跟踪子系统主要利用倾斜镜校正整个成像通道内产生的倾斜波前像差，包括大气湍流引起的高频像差和成像装置结构变形以及运行过程中产生的低频像差。

由大气湍流引起的整体波前倾斜像差在角秒量级起伏，在确定倾斜校正量时，至少为均方根误差的 6 倍（考虑倾斜镜的反射面、倾斜镜的驱动器的正负单方向变形量为 2 倍）。此外，$\varphi200$ 成像系统缩束系统口径为 0.2m，倾斜镜校正口径为 24.5mm，倾斜镜上的倾斜角将放大 8 倍。设计倾斜镜行程为 120″，对应倾斜校正量为 240″。

9.2.3.3　相关跟踪波前传感器设计

在本项目中相关跟踪波前传感器是用于探测目标图像的抖动，完成光信号到电信号的转换，并且将倾斜波前校正实时控制器作为精跟踪系统的控制输入。其光学设计如图 9.15 所示。

精跟踪物镜　　　　　　　　　　　　探测相机

图 9.15　精跟踪子系统相关跟踪波前传感器组成图（彩图见封底二维码）

9.2.3.4　倾斜校正波前实时控制器设计

实时控制器是精跟踪分系统的运算核心，其功能主要包括：对精跟踪探测器或哈特曼波前传感器输出的图像进行采集和去噪处理，完成波前斜率提取和控制算法，并控制倾斜镜实时校正波前倾斜。

9.2.3.5　倾斜校正波前器设计

倾斜波前校正器是在光学系统中使光束实现快速微小角度偏转的一种可控平面反射镜，又称高速倾斜镜。它在自适应光学系统中可以校正倾斜误差，在天文观测、激光大气传输、目标跟踪等领域均有着广泛而重要的应用，除此以外，其在稳定的空间或机载光学系统视线、激光雷达探测等方面也有着广泛的应用前景。

高速压电倾斜镜主要由基板底面、压电驱动器、柔性铰链、镜子等组成。压电驱动器固定在底板上，并通过柔性铰链与镜子相连。四个压电驱动器沿圆周方向均布在中心支柱的周围，处于对角位置的两个压电驱动器为一组，通电时一个伸长、一个缩短，以推拉方式驱动镜面绕中心点旋转。压电驱动器的直线运动是通过柔性支撑转化为镜面的旋转运动的，可以使镜面产生俯仰和方位两个方向的转动。实际应用中倾斜镜是与安装弯板一起使用的。倾斜镜结构如图 9.16 所示。

图 9.16 倾斜镜结构示意图

常用的倾斜镜的镜面材料有玻璃、镁化硅和金属。其中，玻璃材料价格便宜而且镜面质量可以做得很高，但是它缺乏灵活的设计性和可加工性。铍和碳化硅具有特别高的刚度质量比，比一般的玻璃材料（BK7）和金属（铝、镁等）高出 4～6 倍，但是这些材料价格昂贵，加工难度大。考虑到加工难度和成本，系统中倾斜镜镜面将采用玻璃材料（BK7），能够保证面形精度，且刚度比较大。

压电陶瓷驱动器主要由切成薄片的压电材料封装在圆柱形钢结构中构成，通过对驱动器加上一个调制电压，利用压电陶瓷的逆压电效应形成微小的位移进程。单片压电陶瓷材料的变形量一般在亚微米级，常将多片压电陶瓷堆叠，通过这种方式可获得工程上常用的几十微米甚至几百微米的变形量。

倾斜镜的工作状态是将倾斜镜安装在支撑弯板上放置在光路中，因此支撑弯板的刚度尤为重要。在倾斜镜工作过程中，弯板随高速压电倾斜镜一起振动，弯板振动特性必然会影响到装配整体的振动性能，通常要求弯板自身的频率能够达到 1000Hz 以上。根据实际安装条件，弯板的结构参数需要反复调整，以达到最优。

倾斜镜的设计主要采用计算机辅助设计，本系统中倾斜镜三维结构设计方案，如图 9.17 所示。

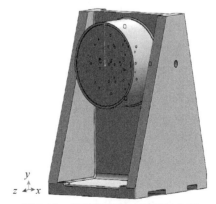

图 9.17 倾斜镜三维结构设计方案

9.2.4　高阶校正子系统设计方案

高阶校正子系统主要用于校正望远镜自身以及大气湍流引起的高阶波前误差，组成部件包括相关哈特曼波前传感器、实时控制器和高阶波前校正器。高阶校正子系统的工作原理如图 9.18 所示。

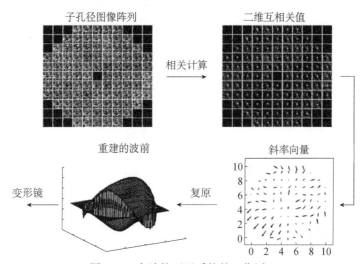

图 9.18　高阶校正子系统的工作原理

哈特曼波前传感器基于微透镜阵列对望远镜瞳面进行采样，形成子孔径图像阵列；参考图像和每个子孔径图像作相关运算，找出子孔径图像与参考图像的最佳匹配位置，获取参考图像与子孔径之间的二维相关值，并基于二维相关结果提取不同子孔径相对于参考子孔径的斜率向量；高阶校正波前实时控制器通过插值运算获得亚像素精度的位置坐标和局部倾斜信号，并以此重构波前误差信息，输出波前信号；变形镜在高压电源的驱动下，产生波前校正面形，对光学系统中的动态波前像差进行实时补偿。

由于自适应光学系统是一种负反馈的控制系统，因此光通过望远镜的焦面后，先由准直透镜准直，先后进入倾斜镜和变形镜，再进入相关哈特曼波前传感器和精跟踪波前传感器。

为了确定波前传感器和变形镜的布局匹配，对 37 单元和 61 单元布局方案进行了仿真比较，并依据校正能力及稳定性确定优化布局，本项目推荐采用 61 单元的布局方案。

37 单元基本参数如下：变形镜驱动器数 37，三角形排布；哈特曼波前传感器子孔径 7×7，有效子孔径数 30（去除中心遮拦），六边形排布，子孔径对应成像系统瞳面尺度约 3cm。具体 37 单元哈特曼波前传感器子孔径排布和变形镜驱动器排布及匹配关系，如图 9.19 所示。

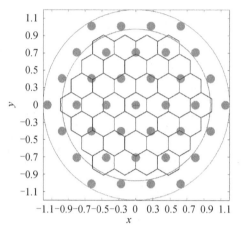

图 9.19　37 单元哈特曼波前传感器子孔径排布
和变形镜驱动器排布及匹配关系

采用该布局的高阶校正子系统对前 27 项 Zernike 像差具有非常好的校正能力，仿真结果如图 9.20 所示。

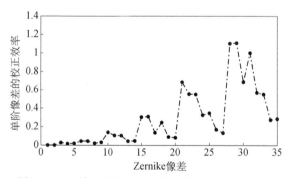

图 9.20　37 单元高阶校正子系统校正能力仿真结果

61 单元基本参数如下：变形镜驱动器数 61，三角形排布；哈特曼波前传感器子孔径 9×9，有效子孔径数 54（去除中心遮拦），六边形排布，子孔径对应成像系统瞳面尺度约 2cm。具体 61 单元哈特曼波前传感器子孔径排布和变形镜驱动器排布及匹配关系，如图 9.21 所示。

采用该布局的高阶校正子系统对前 35 项 Zernike 像差具有非常好的校正能力，仿真结果如图 9.22 所示。同时 37 单元和 61 单元高阶校正子系统校正能力对比，如图 9.23 所示。

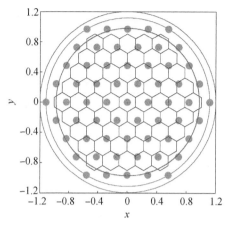

图 9.21　61 单元哈特曼波前传感器子孔径排布和变形镜驱动器排布

及匹配关系

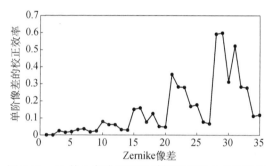

图 9.22　61 单元高阶校正子系统校正能力仿真结果

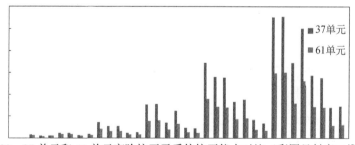

图 9.23　37 单元和 61 单元高阶校正子系统校正能力对比（彩图见封底二维码）

9.2.4.1　相关哈特曼波前传感器设计

波前传感器作为自适应光学系统的主要组成部分之一，其性能优劣直接决定了系统的最终性能。在自适应光学系统中，通常采用基于相关算法的哈特曼波前传感器。本系统采用的相关哈特曼波前传感器主要由匹配透镜组、微透镜阵列、探测相机和相应的机械支撑机构组成，其结构示意图如图 9.24 所示。

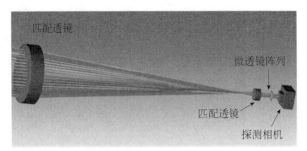

图 9.24 相关哈特曼波前传感器结构示意图（彩图见封底二维码）

1）匹配透镜组

匹配光学组件将在哈特曼波前传感器中构造新的焦面和瞳面位置，放置视场光阑和微透镜。通常采用由两组透镜组成的 4F 系统，来实现上述功能。作为探测部件，波前传感器中的匹配光学组件需要具备非常好的成像质量。由于哈特曼波前传感器针对（450～900nm）波段成像，匹配光学组件由两组订制的三胶合透镜组成，设计结果如图 9.25 所示。

图 9.25 相关哈特曼波前传感器匹配光学系统（彩图见封底二维码）

图 9.26 所示为探测器匹配光学系统波像差 RMS 值随视场变化的情况，其中黑色直线为衍射极限。图中显示，各个视场波像差均小于 0.035λ。从以上像差分析来看，成像系统成像质量均达到衍射极限。

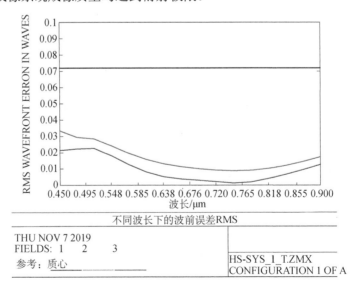

图 9.26 探测器匹配光学系统波像差 RMS 值随视场变化曲线（彩图见封底二维码）

2）微透镜阵列

微透镜阵列的作用是实现波前分割，每个分割子区域作为一个小的光瞳。微透镜阵列数直接决定哈特曼波前传感器的空间采样尺度，按照每个小光瞳对应 2～3cm 的尺度来计算，200cm 望远镜的哈特曼波前传感器，需要 9×9 的微透镜阵列。微透镜阵列将探测目标的阵列像成像在探测相机上，并满足设计的探测视场和像元分辨率。根据设计需要通过微细加工的手段订制满足要求的微透镜阵列，其排布如图 9.27 所示。

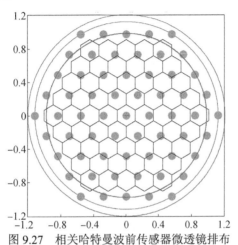

图 9.27　相关哈特曼波前传感器微透镜排布

3）探测相机

探测相机是哈特曼波前传感器中的最关键器件，其性能决定了整个高阶校正子系统的波前探测能力和测量精度。探测相机选用填充率较高的 CCD 或者科学 CMOS（sCMOS）相机。自适应光学系统的探测目标为无人机目标，每个子孔径视场对应的相机像素点较多，本系统中每个子孔径的大小拟为 48×40pixels，对探测相机的要求如下。

探测靶面：432×432pixels；帧频：≥100Hz；量子效率：可见光波段平均>30%；读出噪声：<40e-(rms)。

目前的可见光相机主要有基于 CCD 芯片和 CMOS 芯片两种类型，在量子效率、读出噪声等指标上，CCD 相机较 CMOS 相机更优。

4）机械支撑结构

机械支撑组件主要用于固定哈特曼波前传感器各个组件，保证彼此之间的几何关系和结构刚度。具体包括：波前传感器底座、前置滤光片支撑调节架、匹配光学组件支撑调节架、微透镜及变焦物镜支撑调节架、探测相机遮光罩、探测相机支撑和调节底座。为了保证系统的结构刚度和装调便利性，哈特曼波前传感器各功能组件需要安装在同一底座上，具有前后左右调节机构，并且具有机械自锁功能。

9.2.4.2 高阶校正波前实时控制器设计

高阶校正波前实时控制器是自适应光学高阶校正系统的控制运算核心。其功能主要包括：对相关哈特曼波前传感器输出的图像进行采集和去噪处理，完成波前斜率提取、波前复原和控制算法，并控制变形镜实时校正波前误差。高阶校正波前实时控制器的数据流程如图 9.28 所示。

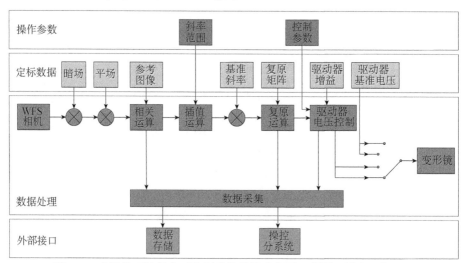

图 9.28 高阶校正波前实时控制器的数据流程图（彩图见封底二维码）

1）算法分析

高阶校正实时控制器采用相关算法获取子孔径图像的斜率向量。与精跟踪实时控制器一样，高阶校正实时控制器采用类似的插值算法和 PID 控制算法。但是，为了将测量的斜率向量重建为变形镜校正的波前误差，需进行复原运算来建立测量值和校正值之间的联系，常用的复原算法有区域法、模式法和直接斜率法等。根据前期研究，拟采用直接斜率法，该方法以变形镜各个驱动器的控制电压为波前复原的计算目标，可以免去区域法和模式法两次矩阵运算的缺点。

2）软件设计方案

相关哈特曼波前传感器的透镜阵列由 9×9 个子透镜组成，考虑去除中心遮拦，有效子孔径数为 54。按正方形排布，每个子孔径图像大小为 48×40pixels，参考图像可选择任意一个子孔径图像的中心区域，大小为 16×16pixels。根据子孔径大小及排布，相机靶面约为 432×432pixels，帧频为 200Hz。为满足计算需求，软件方面考虑采用多线程编程技术，将计算量最大的波前斜率计算部分和波前复原部分用多核多线程来进行加速处理。必要情况下考虑协处理器协同工作。

考虑到系统集成，高速传输等需求，相应地选取 Gige 千兆网接口，图像采集后完成图像的预处理，以及相关运算，插值获取亚像素精度的位置坐标，波前复原，完成 PID 控制运算，将波前误差信号转换成变形镜每个驱动器的控制电压，然后通过高压放大器的放大施加给变形镜。

同时上位机还需要完成图形界面的显示和监控，以及相机参数的设置等功能。高阶校正实时控制器软件流程图，如图 9.29 所示。

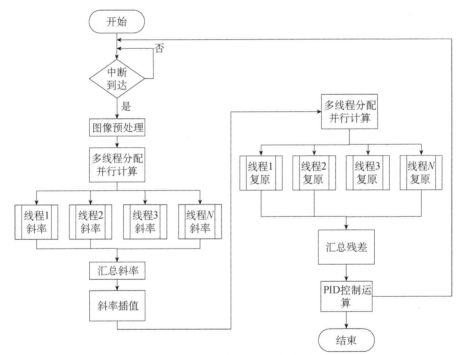

图 9.29　高阶校正实时控制器软件流程图

根据分析，斜率运算占据了大部分处理时间，且互相关算法的计算量比绝对差分算法的计算量大得多，而此部分最方便进行并行加速，采用多核的处理系统，其处理速度将进一步得到优化和提高。

9.2.4.3　高阶波前校正器设计方案

高阶波前校正器包括变形镜和压电驱动电源两部分。波前处理机的输出控制电压经过高压驱动电源放大后，控制变形镜产生特定的校正面形。变形镜是自适应光学系统的执行器件，其主要作用是在波前控制器的驱动下，产生受控镜面变形，引入波前误差，校正畸变波前。其主要构成部分包括超薄镜面、驱动器阵列和辅助支撑部件，图 9.30 为连续镜面变形镜结构示意图。

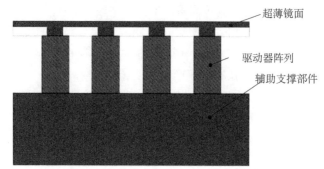

超薄镜面

驱动器阵列

辅助支撑部件

图 9.30　连续镜面变形镜结构示意图

1）超薄镜面

超薄柔性镜面位于变形镜最前端，作为自适应光学系统内一个光学面。镜面既要具有良好的稳定性，保证校正引入精确的波前误差，又要具有良好的响应特性，保证快速生成所需面形；同时，镜面作为系统内光学面，需要满足系统对光学面的一般需求，比如，反射率、表面粗糙度、中频误差等一系列指标。这类变形镜主要由整体式超薄镜面、驱动器阵列、辅助支撑部件/连接结构等部分构成。其中，整体式超薄镜面是变形镜的变形部件，在驱动器阵列的推拉下变形引入波前误差，要求具有较高的弹性、疲劳寿命和光学反射率。

2）驱动器阵列

驱动器阵列是变形镜的驱动部件，主要作用是在系统控制下通过高压伸缩驱动镜面变形，要求具有极高的响应速度、定位精度和刚度；变形镜驱动器既要像普通驱动器一样保证精度、响应速度，又要在严格的尺寸要求条件下，保证输出特性一致性和抗拉强度。小尺寸、一致性和抗拉强度的特殊要求，使得变形镜驱动器研制难度极大，主要通过定制、筛选的方式获得足够数量的合格驱动器。

3）高刚度基板

高刚度基板是变形镜的位置参考部件，主要作用是为驱动器提供位置参考，同时需要兼顾驱动器布线等需求，要求具有极好的稳定性，以确保变形镜面形稳定，主要采用高稳定性材料定制的方式制造。底座是镜面变形的参考，在驱动器阵列受控变形伸缩过程中提供位置基准。

4）辅助支撑部件

辅助支撑部件的主要作用是为变形镜提供核心装配体固定、机械变形隔离和其他接口安装等功能，通过与变形镜核心装配体综合优化设计的方式来保证功能和可操作性。

变形镜设计的实质是通过变形镜结构（镜面、驱动器、底座等部件）参数的调整，使其波前校正特性（影响函数形状、驱动器响应等）满足系统要求的过程，主要采用计算机辅助设计的方式实现。

根据自适应光学系统总体设计，变形镜采用小间距技术研制，校正单元数为61 个。高密度变形镜设计及分析工作围绕驱动器影响函数分析和最大应力校核开展，采用有限元法计算。采用 Solid Works 建立简化后的高密度变形镜三维模型，通过 Ansys 软件提供的数据接口导入 Ansys Workbench 后划分网格进行计算。

计算中刚性底座底面固定，驱动器与镜面接触面黏接，将中心驱动器底面与刚性底座接触面脱离，并在驱动器底面沿驱动器轴线方向施加单位位移（1μm），其余驱动器与刚性底座接触面黏接，输出镜面上表面光轴方向分量做为中心驱动器的影响函数。应力校核采用中心驱动器加载最大驱动位移条件，计算结果显示最大应力出现在极头与薄镜面接触位置。61 单元变形镜的设计建模及计算结果，如图 9.20 所示，其中图 9.31（a）为缩比模型，图 9.31（b）为缩比模型网格划分结果，图 9.31（c）为最大变形量，图 9.31（d）为其极限应力。计算结果表明：该变形镜影响函数交联值为 14.8%，最大变形量为±2μm 时，镜面最大应力为20.2MPa，在材料许用应力范围以内（60MPa），所有指标满足使用要求。

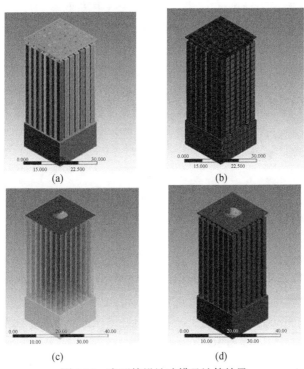

图 9.31　变形镜设计建模及计算结果

图 9.32 表示单元变形镜三维设计方案。

图 9.32　单元变形镜三维设计方案

9.2.5　AO 操控子系统设计方案

AO 操控子系统为 AO 系统正常工作提供必需的配套硬件设备和数据处理平台，是 AO 系统正常工作的组织者、设备安全运行的管理者以及人机交互的信息枢纽，通过 AO 操控系统的指令调度和设备管理，确保 AO 系统的各项功能按照指定流程和用户要求正确执行，同时对 AO 系统中重要器件的工作状态进行监视保护和应急处理，确保 AO 系统能安全高效地工作在最佳状态，因此 AO 操控系统负责整个 AO 系统的设备管理和组织运行。

AO 操控子系统的核心是 AO 的操控软件，该软件是针对实时处理和状态监控等功能开发的上位机系统处理软件，用于完成自适应光学系统的实时复原计算、功能调试、状态监视、命令控制和智能保护等核心功能，主要包括自适应实时控制、光学参数定标、功能模块参数设置、状态参数可视化、人机控制命令交互以及核心器件智能保护五个模块。

1）软件设计方案

操作控制分系统软件的开发环境包括 QT5.12 + Matlab R2018a、GPU 开发包 CUDA6.5、Windows7.0 操作系统、Wireshark 网络工具以及 PLXMon 调试工具等；软件设计的框架采用多线程模块协作结合 Matlab，用以提高软件运行效率，包括算法运算、按键响应和界面显示等，其基本思想是利用内部时钟（定时器触发，40～50Hz 可调），通过网络协议读取实时图像数据，完成图像预处理、相关运算、插值获取亚像素精度的位置坐标、波前复原和 PID 控制运算，将波前误差信号转换成变形镜每个驱动器的控制电压，然后通过高压放大器的放大施加给变形镜。其初步架构设计如图 9.33 所示。

2）软件界面功能

软件界面主要包括图形图像显示区域、命令参数设置区域和系统异常状态警示区域，其中命令参数设置区域采用悬浮停靠窗设计，可确保图形图像显示区域的比例为 16：9（实现对宽屏显示器的最大利用，分辨率大于 1920×1280）；图形图像显示区域划分为 5 个子区域，分别绘制哈特曼波前传感器图像、相关哈特曼波前传感器结果图像、斜率电压曲线、Zernike 畸变波前和变形镜驱动器电压，界面刷新频率每秒 15～20 帧，按键响应时间小于 0.1s；另一方面，系统在闭环工作状态时将降低界面刷新频率，保证 AO 控制运算的实时性。

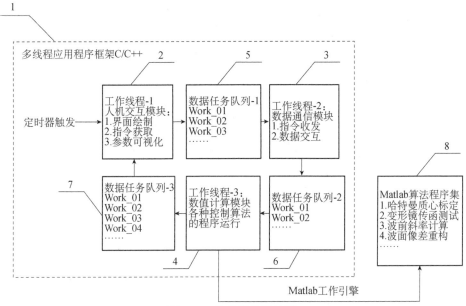

图 9.33 软件架构设计图

9.2.6 高分辨率成像探测自适应光学样机及实验结果

经过加工与组装，最终高分辨率成像探测自适应光学样机，如图 9.34 所示。

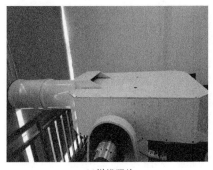

(a)样机照片   (b)各组件照片

图 9.34 高分辨率成像探测自适应光学样机

开展了远距目标观测实验。自适应光学系统校正前后的图像，如图 9.35 所示。

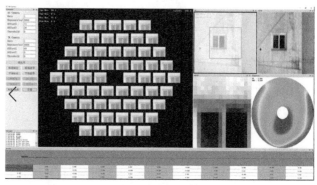

(a) 实验系统控制界面

(b) 红外校正前图像1

(c) 红外校正后图像1

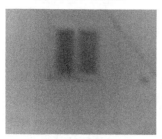

(d) 红外校正前图像2

(e) 红外校正后图像2

(f) 红外校正前图像3

(g) 红外校正后图像3

图 9.35　自适应光学系统校正前后的图像（彩图见封底二维码）

根据衍射极限公式 $\dfrac{2.44\lambda}{D}$ 可知，大气湍流的相干长度为 2cm 时，未进行自适应光学校正的成像系统的成像孔径仅为 2cm，其成像光学分辨率仅为 0.14mrad，而观测距离为 3km 远的目标时，翼展长为 0.4m 的无人机张角约为 0.133mrad，无人机成像模糊不清；经过自适应光学校正后，成像系统的孔径为 20cm，光学分辨率为 0.0159mrad，对无人机可以满足 8×8 的清晰成像。因此，采用自适应光学技术可以有效克服大气湍流的影响，提升成像观测分辨率，为目标识别与态势感知提供技术基础。